DES VÉGÉTAUX

RÉSINEUX,

TANT INDIGÉNES QU'EXOTIQUES,

T. II.

DES VÉGÉTAUX RÉSINEUX,

TANT INDIGÈNES QU'EXOTIQUES;

OU

DESCRIPTION COMPLÈTE

DES ARBRES, ARBRISSEAUX,

ARBUSTES ET PLANTES

QUI PRODUISENT DES RÉSINES;

Avec les Procédés pour les extraire; l'indication détaillée de leurs Propriétés et Usages dans la MÉDECINE, la PHARMACIE, l'ART VÉTÉRINAIRE, la PEINTURE, les VERNIS, la TEINTURE, la PARFUMERIE, l'ÉCONOMIE DOMESTIQUE, et en général dans tous les ARTS utiles et agréables.

On y joint la Synonymie; les Noms vulgaires en sept Langues; la Culture, etc.; et un Mémoire de J. NAUCHE, Médecin, membre de plusieurs Sociétés Savantes, sur la manière dont les Substances Résineuses agissent dans l'Economie animale.

PAR F. S. DUPLESSY,

Secrétaire perpétuel de la Société Académique des Sciences de Paris.

TOME SECOND.

—

A PARIS,

Chez DELALAIN, fils, Libraire, quai des Augustins, n°. 58.

AN XI (1802).

N O M S

En différentes Langues, des Végétaux conte-nus dans ce SECOND VOLUME.

Français et Latin.	LE LENTISQUE. *Lentiscus*
Grec.	Σχίνος.
Anglais.	Mastiche.
Italien.	Lentischio.
Allemand.	Der mastic baum.
Espagnol.	Mata lentisco.
Fr. Lat.	L'ARÉORIA. *Areoria lentiscus.*
It.	Lentischio arcoria.
Al.	Der mastic baum areoria.
Esp.	Lentisco areoria.
Fr. Lat.	LE MOLLÉ. *Schinus, seu Molle.*
Gr.	Σχίνος.
Ang.	Mastiche-molle.
It.	Molle.
Al.	Der mastic molle baum.
Esp.	Lentisco, molle.
Fr. Lat.	L'AREC. *Areca Cathecu, Faufel.*
Gr.	Κάρυα ποντικα.
Ang.	Arece, Indian nut.
It.	Areca, Avellana di India.
Al.	Das babiths straut.
Esp.	Areca. — Arecagoli Bramanorum.
Fr. Lat.	L'AREC LÉGUMINEUX ou CHOUX PAL-MISTE. *Areca oleracea, Palma nobilis.*
It.	Areca della natura dei legumini.
Al.	Das babiths straut, bulfen fruchte bet.
Esp.	Areca de legume.

Fr. Lat. ACACIA AU CACHOU. *Mimosa catechu*
Gr.   *Ακακια.*
Ang.   Thorn.
It.   Acazia.
Al.   Tegeptischer.
Esp.   Poincillado, acacia. — Ahecachie Arabum.

Fr. Lat. LE LIERRE. *Hedera.*
Gr.   *Κισσος.*
Ang.   Hedera, the ivy tree.
It.   Edera.
Al.   Epheu, das epheu.
Esp.   Edera, yedra.

Fr. Lat. LE GALÉ ou PIMENT ROYAL. *Galé.*
Gr.   *Πυς.*
Ang.   A tree of gale.
It.   Gale.
Al.   Der gale baum.
Esp.   Gale.

Fr. Lat. LA BRUYERE *Erica, Myrica.*
Gr.   *Ερικι.*
Ang.   Heth, heat.
It.   Maschia, cespuglio.
Al.   Heyden, heyde strauch.
Esp.   Queiro.

Fr. Lat. L'ICIQUIER. *Icica simira guianensis, Aoua-ri, Aracouchini.*
Fr. Lat. L'ICICARIBA. *Icicariba, Amyris elemifera.*
Fr. Lat. LE VOUAPA. *Vouapa simira.*
Fr. Lat. LE GOMMART. *Bursera gummifera.*
Fr. Lat. LE VATÉIRA. *Vateira indica, Poëna.*
Fr. Lat. LE THOA. *Thoa.*
Fr. Lat. LE PONGOLOTE. *Caïu gadelupa : pavonis monospermos tertia.*

Fr. Lat.	LE CAMIRIUM. *Camirium.*
Fr. Lat.	LE GRAND PANACOCO. *Robina, seu Pa-* *nacoco.*
Fr. Lat.	LE COPAL, COPALLI QUAHVILT, etc. *Copal, seu Arbor gummifera.*
Ang.	A tree of copal.
It.	Copal.
Al.	Der copal.
Esp.	Anime copal.
Fr. Lat.	LE CLUSIER. *Clusia alba, rosea, etc.*
Fr. Lat.	L'ALOES. *Aloë.*
Gr.	Αλοες σπα γοκερον αμφιβιον.
Ang.	The commun aloes, the soccotrine aloes.
It.	Aloe.
Al.	Aloes.
Esp.	Cavilla yerva diacibar, yerva babosa.
Fr. Lat.	L'ACAJOU. *Anacardus, Anacardium.*
Gr.	Ανακαρδοι.
Ang.	Anacardes.
It.	Acajou, anacardo.
Al.	Anacardien.
Esp.	Faba Malaca.
Fr. Lat.	LE CÉDREL ou ACAJOU A PLANCHES. *Cedrela odorata.*
Ang.	Cedrel tree.
It.	Cedro odorifero.
Al.	Ceder baum mobricchen.
Esp.	Cedro odorifero.
Fr. Lat.	LE COFASSUS. *Cofassus citrina.*
Fr. Lat.	LE HOUBLON. *Humulus lupulus, Lupus sa-* *lictorius.*
Gr.	Βρυον.

Ang. Bopffen.
It. Lupolo.
Al. Bappee hopfen.
Esp. Hombrezillos.

Fr. Lat. LE CHANVRE. *Cannabis mas et fœmina.*
Gr. Κανναβις, Κινμαβιον, Αστριον, Χυιιοτροφον.
Ang. Kamps.
It. Cape.
Al. Kimp., der hanf.
Esp. Canamo.

Fr. Lat. CHANVRE D'INDE. *Cannabis indica.*
Gr. Κανναβις.
Ang. Kemps of te Indes.
It. Cape di India.
Al. Der hanf Inded.
Esp. Canamo da Inde.

Fr. Lat. LE DOMBEI. *Dombeia chilensis.*
Fr. Lat. LE MÉLALEUQUE. *Melaleuca leptosper-mum.*

Fr. Lat. LA CARLINE. *Carlina, Carduus panis.*
Gr. Ακαυλος, Χαμαιλιον.
Ang. Camœleon.
It. Carlina.
Al. Chermursel.
Esp. Cardo pinto.

Fr. Lat. LA CAROTTE GUMMIFERE. *Daucus gummifera.*
Gr. Δαυκος.
Ang. Dauce.
It. Carotta, navone resinosa.
Al. Mehren tummel.
Esp. Cherivia resinosa.

Fr. Lat.	LA COSSINIA. *Cossinia triphylla et pinnata.*
Fr. Lat.	LE CACAOYER. *Theobroma, seu Cacao.*
Ang.	Cacao of tree, the coco nut tree.
It.	Albero cacao.
Al.	Cacao bohnen.
Esp.	Arbol cacao.
Fr. Lat.	LE BOULEAU. *Betula.*
Gr.	Θημισα, Συμυς, Σαμιδα.
Ang.	Birche tree.
It.	Betula, betola.
Al.	Birchen baum, Birken baum.
Esp.	Betola, alamo blanco.
Fr. Lat.	LE CASSIS ou GROSEILLIER NOIR. *Grossularia, Ribes nigra, piperita.*
Gr.	Οισος ϛαφυλη.
Ang.	Corans.
It.	Uva crespina, cassis.
Al.	Stachel beerien.
Esp.	Uva crespa negra.
Fr. Lat.	LE GROSEILLIER DE PENSILVANIE. *Ribes Pensilvanicum.*
Gr.	Οισος.
Ang.	Currant tree of Pensilvanie.
It.	Uva spina di Pensilvania.
Al.	Stachel beern ber Pensilvani, dutch, lorkenboom.
Esp.	Uva crespa da Pensilvania.
Fr. Lat.	LE GROSEILLIER DE SIBÉRIE. *Ribes flagrans.*
Gr.	Οισος.
Ang.	Currant tree of Siberi.

It.	Uva crespa di Siberia.
Al.	Stachen beern ber Siberien.
Esp.	Uva crespa da Siberia.

Fr. Lat. **LE GÉROFLIER** ou **GIROFLIER.** *Caryophyllus aromaticus.*

Gr.	Καρυοφιλλον.
Ang.	Negel , the clove.
It.	Gerofle.
Al.	Garofanno.
Esp.	Claro de espicia.

Fr. Lat. **LE CYNOMÈTRE** ou **TANOURA.** *Cynometra cauliflora et ramiflora, Cynomorium.*

Gr.	Κυνομετρος.

Fr. Lat. **LE BAUMIER DE LA MECQUE** ou **DE SYRIE.** *Amyris opobalsamum syriacum.*

Gr.	Βαλσαμον, Οποβαλσαμον.
Ang.	Balsam tree of the Mecca.
It.	Balsamo di Mecca.
Al.	Balsam baum ber Arabien.
Esp.	Balsamo da Mecca.

Fr. Lat. **BALSAMIER DE COPAHU.** *Copaiba, Copaifera.*

Gr.	Βαλσαμον.
Ang.	Balsam tree of Copahu.
It.	Balsamo di Copahu.
Al.	Balsam tree ber Copahu.
Esp.	Balsamó da Copahu.

Fr. Lat. **LE BAUMIER BLANC DU PÉROU.** *Balsamum ex Peru.*

Gr.	Βαλσαμον.
Ang.	A tree balsam of the Peru.

It. Balsamo di Peru.
Al. Balsam. baum der Peru.
Esp. Balsamo da Peru.

Fr. Lat. LE BAUMIER DE TOLU. *Balsamium to-lutanum.*

Gr. Βαλσαμον.
Ang. A tree balsam of the Tolu.
It. Balsamo di Tolu.
Al. Balsam baum der Tolu.
Esp. Balsamo da Tolu.

Fr. Lat. LE BAUMIER DE CARTHAGENE ou DES BOIS. *Amyris sylvatica.*

Gr. Βαλσαμον.
Ang. A tree balsam of the Cartagen.
It. Balsamo di Cartagena.
Al. Balsam baum der Cartagen.
Esp. Balsamo da Cartageno.

Fr. Lat. LE BAUMIER MARITIME. *Amyris ma-ritima.*

Gr. Βαλσαμον.
Ang. A tree balsam of the marine.
It. Balsamo maritimo.
Al. Balsam baum bergee gelegen.
Esp. Balsamo maritimo.

Fr. Lat. LE BAUMIER DE LA CAROLINE. *Amyris elemifera.*

Gr. Βαλσαμον.
Ang. A tree balsam of the Carolina.
It. Balsamo di Carolina.
Al. Balsam baum der Caroline.
Esp. Balsamo da Carolina.

Fr. Lat. LE BAUMIER DE GILÉAD. *Amyris gi-leadensis.*

Gr.	Βαλσαμον.
Ang.	A tree balsam of the Gilead.
It.	Balsamo di Gilead.
Al.	Balsam baum der Gilead.
Esp.	·Balsamo di Gilead.

Fr. Lat. LE BAUMIER DE JAVA. *Amyris protium javanicum.*

Gr.	Βαλσαμον.
Ang.	A tree balsam of the Java.
It.	Balsamo di Java.
Al.	Balsam baum der Java.
Esp.	Balsamo di Java.

Fr. Lat. LE BAUMIER KATAF. *Amyris Kataf.*

Gr.	·Βαλσαμον.
Ang.	A tree balsam Kataf.
It.	Balsamo Kataf.
Al.	Balsam baum Kataf.
Esp.	Balsamo Kataf.

Fr. Lat. LE BALSAMIER DE LA GUIANE. *Amyris guianensis.*

Gr.	Βαλσαμον.
Ang.	O tree balsam of the Guiane.
It.	Balsamo di Guiana.
Al.	Balsam baum der Guiane.
Esp.	Balsamo da Guiane.

Fr. Lat. LE BAUMIER KAFFAL. *Amyris Kaffal.*

Gr.	Βαλσαμον.
Ang.	O tree balsam Kaffal.
It.	Balsamo Kaffal.
Al.	Balsam baum Kaffal.
Esp.	Balsamo Kaffal.

Fr. Lat. LE BALSAMIER HUILEUX. *Amyris oleosa, Nanarium minimum.*

Gr.	Βαλσαμον.
Ang.	O tree balsam ollei.
It.	Balsamo olioso.
Al.	Balsam baum buls olicht.
Esp.	Balsamo azeitoso.

Fr. Lat. **LE BAUMIER DE LA JAMAIQUE.** *Amyris jamaicensis Plukenetii.*

Gr.	Βαλσαμον.
Ang.	O tree balsam of the Jamaic.
It.	Balsamo di Jamaica.
Al.	Balsam baum der Jamaic.
Esp.	Balsamo da Jamaica.

Fr. Lat. **LE BAUMIER VÉNÉNEUX.** *Amyris toxifera.*

Gr.	Βαλσαμον.
Ang.	O tree balsam venenose.
It.	Balsamo velenoso.
Al.	Balsam baum giftig.
Esp.	Balsamo venenoso.

Fr. Lat. **LE TOXICODENDRON** ou **BALSAMIER EMPOISONNANT.** *Toxicodendron, sive Amyris toxifera.*

Gr.	Τοξικοδενδρον.
Ang.	O tree balsam venenose.
It.	Balsamo velenoso.
Al.	Balsam baum giftig.
Esp.	Balsamo venenoso.

Fr. Lat. **LE STYRAX** ou **STORAX.** *Styrax.*

Gr.	Στυραξ; Στιραξ.
It.	Storace.
Al.	Storaco cin baum.
Esp.	Estoraque.

Fr. Lat. LE LIQUIDAMBAR. *Liquidambar, Ambara liquida.*
Ang. Liquidamber.
It. Liquida ambara.
Al. Storax aus spanien.
Esp. Liquidambar.

Fr. Lat. LE COURBARIL. *Hymœnea Courbaril.*
Ang. A tree of courbaril.
It. Courbaril.

Fr. Lat. LE BENJOIN ou BADAMIER AU BEN-JOIN. *Terminalia benjoin, Croton benzoë.*
Ang. O tree benzoin.
It. Benzoino.
Al. Benzoe baum.
Esp. Beordo junco.

Fr. Lat. LE LAURIER-BENJOIN. *Laurus benzoin, Arbor benzoine.*
Ang. O tree benzoin.
It. Belzoino.
Al. Benzoe versatscht.
Esp. Benzoino.

Fr. Lat. LE FAUX BENJOIN ou BADAMIER DE BOURBON. *Terminalia, Resinaria.*
Ang. False benzoin.
It. Belzoino falso.
Al. Falsch benzoe.
Esp. Benzoino falso.

Fr. Lat. L'ASSA FŒTIDA. *Ferula assa fœtida, Sylphium, Lasertipium.*
Gr. Παρθικος απο σιριακος, Σιλφιον απο μηδικος παρθακος.

Ang. Laser wert.

It. Assa fetida.

Al. Lazer oder teufels dreck.

Esp. Assa fetida.

Fr. Lat. LE SAGAPÉNUM. *Sagapenum, Serapium, Thymbra.*

Gr. Σαγαπηιον, Θυμβρε.

It. Sagapeno.

Al. Serapin kraut, serapin saft.

Esp. Thymbra.

Fr. Lat. LE GALBANUM. *Bubo-Galbanum, Oreosellinum.*

Gr. Γαλβανη, Λιβανοειδης.

Ang. Galbanum.

It. Ferula galbano.

Al. Der galbanüm.

Esp. Galbano.

Fr. Lat. LE LADANUM. *Cistus ladanum, Cistus cretica, ladanifera, Monspeliensium.*

Gr. Κυστος λαδον.

Ang. Sagerose.

It. Cisto ladano.

Al. Cisten roscin.

Esp. Estpa.

Fr. Lat. LA SCAMMONÉE. *Scammonia, Convolvulus syriacus, Scammoneia.*

Gr. Σκαμμωνιας, Δακρυδιον.

Ang. Scammoniei.

It. Scammonia.

Al. Scammonien kraut.

Esp. Scammonia.

Fr. Lat. LA SOLDANELLE. *Convolvulus marinus, Soldanella.*

It. Soldanella.

Al. Meer kohl.

Esp. Soldanella.

Fr. Lat. LE TURBITH. *Convolvulus turpethum.*

Gr. Τιρπιθ.

Ang. Turbith.

It. Turbito.

Al. Indischer indich, ducht turbit.

Esp. Turbit.

Fr. Lat. L'IPECACUANHA. *Ipecacuanha, alba, ci-nerea,* etc.

It. Ipecacuanha.

Al. Die India nische rub murzel.

Esp. Bexa gillo.

Fr. Lat. CAAAPIA. *Radix brasiliensis, Caaapia.*

LISTE

Des Végétaux contenus dans ce Second Volume, *avec l'Indication des Auteurs dans les Ouvrages desquels on trouvera les meilleures Gravures qui les représentent.*

(*Voyez* à la fin de ce Volume la Table des Chapitres qu'il contient.)

L'ERRATA de ce Volume se trouve à la page 450 bis : il précède la Table des Chapitres.

DES

DES VÉGÉTAUX RÉSINEUX,

CONIFÈRES, BACCIFÈRES, NUCIFÈRES, etc.

TANT INDIGÈNES QU'EXOTIQUES.

SUITE DE LA SECONDE PARTIE.

DES ARBRES, ARBRISSEAUX ET PLANTES QUI PEUVENT ÊTRE MIS EN USAGE POUR PLUSIEURS ARTS.

SUITE DE L'ARTICLE II.

SECTION QUATRIÈME.

Des Lentisques et des Mollés.

§ Ier.

LE LENTISQUE, arbre indigène et exotique, baccifère.

1. *Lentiscus vulgaris, mas et fœmina.* B.
   Le lentisque vulgaire, mâle et femelle : l'alibousier, ou le lentisque de Montpellier.

Lentiscus sativus, latifolius : schinos. DUH.
   Le lentisque cultivé, à larges feuilles ; nommé *schinos* dans l'île de Chio ou Scio.

II.   A

2. *Lentiscus sativus, pubescens, latifolius : schinos-aspros.* Duh.

Le lentisque cultivé, à larges feuilles couvertes d'un léger duvet : le schinos-aspros de Chio.

3. *Lentiscus silvestris, ramis rubentibus; baccifera : rotomos.* Duh.

Le lentisque à rameaux rougeâtres, baccifère, sauvage : se cultive cependant à Chio, sous le nom de *rotomos.*

4. *Lentiscus silvestris, foliis acutis, oblongis; baccifera : piscari.* Duh.

Le lentisque sauvage, à feuilles aiguës, oblongues; baccifère : le piscari de Chio.

5. *Lentiscus omnium minima.* Duh.

Le plus petit des lentisques, ou le lentisque nain : se cultive à Trianon.

Le lentisque croît également dans nos contrées et sous d'autres climats : celui qui nous est indigène s'élève ordinairement à dix ou douze pieds; il se divise dès sa naissance en plusieurs tiges branchues, qui, croissant d'abord assez droites, deviennent tortues dans la suite. Le tronc, d'une grosseur assez médiocre, atteint rarement plus de trois pieds de circonférence. Son bois est blanchâtre, mais tirant un peu sur le rouge ; il prend une teinte grisâtre près de l'écorce qui est très-gercée et grise.

Les feuilles sont composées de plusieurs folioles rangées par paire sur une côte ou filet commun, creusées en gouttières, longues d'un pouce et demi à deux pouces. Elles ne sont point terminées par une foliole impaire, comme la plupart des feuilles conjuguées, ce qui établit une différence entre cet arbre et le térébinthe, dont les feuilles ont quelque rapport à celles-ci. Les feuilles du lentisque cultivé de Chio ou du *schinos*, sont tant soit peu plus grandes que celles de l'alibousier qui croît dans la Provence.

Les fleurs sont de deux sortes, les mâles et les femelles, et divisées sur deux individus : les fleurs mâles sont disposées en grappes. On trouve à la base de leur assemblage une très-petite feuille membraneuse et plate, ou une écale commune d'une couleur tannée, formant un fourreau léger qui embrasse la grappe. Indépendamment de ce fourreau, chaque fleur a un calice qui lui est propre, fort petit, d'une seule pièce divisée en cinq segmens. Il n'y a point de pétales, mais cinq étamines terminées par des filets courts, surmontés de très-grosses anthères qui contiennent une poussière jaunâtre ; ces fleurs sont d'une couleur verte tirant sur le rouge purpurin.

Les fleurs femelles paroissent aussi enveloppées dans un spathe qui entoure la grappe. Elles consistent en un calice petit, articulé, et particulier à chaque fleur, d'une seule pièce divisée en cinq segmens, de couleur rougeâtre, soutenu par un péduncule très-court. Ce calice ne contient ni pétales, ni étamines ; mais on y trouve un embryon verdâtre, surmonté de trois styles ou petites crêtes soyeuses, teintes en écarlate, couronnées d'autant de stigmates.

Cet embryon devient en mûrissant une baie ou petit fruit noirâtre, qui contient un noyau renfermant une amande ou semence ovoïde, oblongue, revêtue d'un épiderme très-mince.

Cet arbre entre en fleur vers le mois de mai, et son fruit parvient à maturité vers le milieu de l'automne. Toutes ses parties sont très-résineuses.

Cette espèce croît en Provence et dans le Languedoc, où il est connu sous le nom d'*alibousier*; en Italie, dans les îles de l'Archipel, et plus particulièrement dans celle de Scio ou Chio, où on la cultive avec soin : on en trouve aussi dans plusieurs parties des Indes orientales.

Dans l'île de Chio on fait, vers le mois de juillet, des incisions au tronc et aux plus grosses branches de ces arbres ; il en découle de très-fortes larmes d'un suc résineux auquel on a donné le nom de *mastic*. Les gouttes qui tombent jusque sur la terre, se coagulent assez promptement, et composent des plateaux d'une assez grande largeur. Cette récolte exige un temps serein, calme et sec ; les pluies qui détremperoient la terre, entraîneroient beaucoup d'ordures qui nuisent à la qualité de la résine.

Lorsque cet accident arrive, on travaille à l'épurer et à séparer les parties hétérogènes ; et pour cet effet on la met en fusion par une chaleur qui doit être graduelle et très-douce , et on la passe dans des tamis de crin très - clairs , disposés sur des vases ou des baquets pleins d'eau fraîche. Cette substance , en tombant goutte à goutte , forme des petits grains alongés en forme de larmes claires, luisantes, transparentes., dont la couleur blanchâtre tire un peu sur le jaune , et dont l'odeur est assez suave.

Ce mastic ainsi épuré , et celui que l'on recueille sur l'arbre avec un soin particulier , se nomment *mastic en larmes ;* ils sont réservés en plus grande partie pour payer le tribut dont cette île est chargée envers l'empereur des Turcs. Ce qu'on appelle *mastic en sorte* est une résine telle qu'on la recueille, sans la filtrer , et toujours chargée de feuilles , de sable et d'ordures.

Il se rencontre quelque différence entre les mastics que fournissent les différentes variétés des lentisques cultivées dans l'île de Chio. Les arbres des premier et troisième numéros produisent le plus fin, le plus beau, le plus ferme et le plus transparent ; les marchands le connoissent sous le nom de *mastic mâle.* Parmi ces deux arbres même, le premier est plus estimé ; mais il en fournit une plus petite quantité. Celui qu'on appelle *rotomos ,* et qu'on croit être le même que celui de nos provinces méridionales , donne aussi très-peu de mastic ; mais il est recherché à cause de sa blancheur et de sa pureté.

Le lentisque du cinquième numéro , désigné par le nom de *piscari ,* forme de plus gros buissons , et il en découle beaucoup plus de matière résineuse ; mais ce mastic est d'une qualité très-inférieure , moins sec et plus onctueux ;.il est appelé *mastic femelle.* On le débite par paquets qui , dans l'état naturel, sont très-gluans. Les paysans le mélangent avec celui qui découle des autres arbres ; il ne leur faut pas moins d'un mois pour perfectionner cette amalgame, qui ne réussiroit pas si on la pressoit par une chaleur trop forte ou trop précipitée ; le mauvais mastic communiqueroit alors à la matière plus précieuse ses qualités défectueuses , que le temps et une chaleur douce lui enlèvent peu à peu. C'est après cet intervalle qu'on peut les former en petits pains assez fermes et assez secs ; il est facile cependant de découvrir la fraude, et de distinguer la véritable nature de cette substance en rompant ces petits pains : le mastic falsifié conserve une onctuosité et une viscosité qui ne se rencontrent jamais dans le mastic des autres arbres.

On le sophistique aussi très-souvent par un mélange avec de l'arcanson ou résine de pin, avec celle des autres arbres résineux , et sur-tout avec la colophane dont la vertu dessiccative absorbe mieux la partie onctueuse du mastic du piscari. On accuse les Juifs, qui font le principal commerce de cette matière, d'employer ces différentes fraudes; on a lieu de croire cependant que toute leur prépara-tion consiste à faire fondre la matière qu'ils achè-tent en grume des cultivateurs, pour la purifier : alors, en se rapprochant plus du bon mastic, ils en obtiennent un plus grand bénéfice; au lieu que la découverte de la fraude discréditeroit leur marchan-dise, qui seroit souvent en pure perte pour eux.

Les lentisques sauvages, ceux qu'on rencontre dans les forêts, et que la culture n'a pas perfec-tionnés, ne donnent point de mastic; mais ils fournissent une liqueur, ou suc résineux liquide, et fluide comme la térébenthine, se condensant rarement et difficilement; on en fait peu de cas; on ne se donne pas même la peine de la ramasser.

Le lieu où les lentisques se trouvent en plus grande quantité, est l'île de Chio; c'est là qu'on les cultive avec le plus de soin; et les arbres qui four-nissent le mastic de la meilleure qualité, se rencon-trent dans les parties les plus méridionales de cette île. On y fait deux récoltes : l'une commence vers le mois de juillet ou dans le courant. A cette époque, on peut faire les incisions avec utilité; lorsqu'on les a faites, on attend quelques jours leur résultat; la chaleur de la saison fait alors découler le suc résineux jusqu'à terre, ou bien il s'attache au bois, à l'écorce, aux branches, autour ou dans les endroits incisés. Cette première récolte ne dure guère au-delà de huit jours ; elle est par conséquent peu abondante ; mais le mastic en est plus beau, plus brillant et plus estimé.

On laisse ensuite reposer quelque temps les arbres ; et on y fait de nouvelles incisions, ou l'on se contente de rafraîchir les anciennes. Cette opération se fait vers la fin d'août ; on commence à recueillir la matière qui en découle, vers le milieu de septembre ; et sans avoir besoin de les tailler de nouveau, cette substance ne cesse plus de fluer et de se ramasser jusqu'au 8 novembre, époque fixe à laquelle la récolte est fermée, et prohibée jusqu'à l'année suivante. On fait alors un choix de la matière qu'on a recueillie, soit pour le tribut qu'on paie à la Porte, et pour lequel on garde la plus belle, soit pour celle qui est réservée au commerce, et qui fait un objet assez considérable.

On distingue, dans l'usage qu'on fait du mastic en médecine, trois degrés de bonté ; le premier se trouve dans le mastic mâle ou en larmes, qui doit être clair, transparent, sec, granulé, d'un blanc citrin, augmentant dans cette dernière teinte à mesure qu'il vieillit, d'une odeur douce et agréable, d'une saveur aromatique et sans âcreté : il est le seul dont on se serve intérieurement. Le second est verdâtre, sa couleur a même une teinte livide ; il est un peu gluant et onctueux, ordinairement mêlé d'ordures. La troisième espèce de mastic est noire ; elle ressemble beaucoup au bitume minéral. On connoît ces deux derniers sous la dénomination de *mastic femelle*, qu'on leur donne également.

Le mastic mâle, administré intérieurement, est utilement employé pour fortifier l'estomac, arrêter les diarrhées et le vomissement, et réprimer les superpurgations : on le joint souvent comme correctif aux purgatifs trop actifs. On en retire une huile indiquée pour les mêmes accidens ; un esprit, un baume, une eau, et plusieurs autres préparations chimiques. Il est regardé comme un excellent remède dans les affections de la tête et du genre nerveux, assez bon pour le rhume et la toux : mais on l'emploie, sur-tout en masticatoire, pour corriger la puanteur de l'haleine. On en fait, pour l'extérieur, des emplâtres qu'on étend en forme de mouches sur un taffetas, lequel, appliqué sur la tempe, soulage les maux de dents, sur - tout si on y ajoute quelques grains d'opium.

Les Turcs, mais principalement les femmes, trouvent au mastic un goût et un parfum agréable ; elles en mâchent presque continuellement pour rendre leur haleine plus douce, fortifier leurs gencives et blanchir leurs dents : on s'en sert aussi en fumigation, et on le joint aux autres parfums qu'on brûle.

Comme cette matière distillée à l'eau ne fournit que très-peu d'huile, souvent point du tout, elle seroit inutile à la peinture, si elle ne se dissolvoit pas avec facilité dans l'esprit-de-vin qui l'absorbe presqu'entièrement. En cet état elle entre dans la composition des vernis secs; elle les dessèche, à la vérité, moins que la sandaraque, mais elle souffre plus aisément le poli, et ne s'écaille pas autant.

Le bois du lentisque sert à faire des cure-dents, dont l'usage raffermit les dents à ce qu'on croit : on s'en sert aussi en décoction et en forme de gargarisme, pour fortifier les gencives. Cette même décoction est indiquée pour arrêter les diarrhées sur lesquelles elle agit par sa qualité astringente ; mais comme ce bois est assez rare, on lui substitue celui du cognassier. Il nous est apporté des pays chauds ; on doit le choisir nouveau, sec, pesant, difficile à rompre, sur-tout point carié, de couleur grise en dehors, blanchâtre dans l'intérieur, d'une saveur styptique ; c'est en cette dernière qualité qu'il entre dans les compositions pharmaceutiques.

Quoique le mastic semble être une production particulière du lentisque, on assure cependant qu'on tire la même matière, et même plus belle et plus estimée, d'un arbre du genre des térébinthes, déjà décrit à l'Article de ceux-ci sous le numéro 6. On a cru aussi pendant long-temps que les lentisques de Chio étoient les seuls qui rapportassent le mastic; on est cependant certain qu'il en découle des arbres de même espèce qui croissent sur les Alpes ; et Duhamel en a trouvé sur des alibousiers près Montpellier. La grande abondance de mastic qu'on obtient de ceux de Chio , provient de la culture qui s'y pratique avec soin, peut-être aussi de la nature du terrain, ou de la température de l'air.

On place cet arbre dans les bosquets, le plus souvent en buissons ; il se perpétue de graines , de provins et de bouture, et il s'ente assez bien sur les individus de son espèce , même sur le térébinthe. Les habitans de Chio ne les plantent guère qu'en espèces de buissons ; ils prétendent même que , groupés de cette manière, ils rendent beaucoup plus de mastic que les arbres isolés et en plein vent.

Le lentisque se trouve en Provence , en Languedoc , sur les Alpes, dans les îles de l'Archipel ; mais principalement dans l'île de Chio : il s'en rencontre aussi dans les Indes.

L'ARÉORIA , arbre exotique, baccifère.

Arcoria, sive lentiscus.
L'aréoria, ou espèce de lentisque.

L'aréoria, qui se rencontre fréquemment dans le promontoire des Indes orientales, et qui croît dans les sables sur les bords de la mer, a quelque ressemblance avec notre myrte. Il se rapproche aussi du mollé du Pérou, sur-tout en vertu de ses qualités et de ses propriétés qui peuvent le mettre en comparaison avec l'arec et les autres végétaux astringens et odorans. Cependant les botanistes ne font pas difficulté de le rapporter au lentisque, dont la floraison et le feuillage ne diffèrent que de très-peu.

Les feuilles de cet arbre, portées sur une côte ou filet commun, sont opposées par paires au nombre de dix, et quelquefois douze couples de folioles, sans impaire à leur extrémité.

A chaque naissance des rameaux s'élèvent d'autres petits rameaux plus courts, et dénués de feuilles; ce sont autant de péduncules communs qui soutiennent de petites fleurs à cinq pétales, d'un blanc jaunâtre, contenant des étamines et un embryon : elles sont jointes ensemble, en forme de grappes, et supportées chacune sur un petit péduncule particulier, attaché à la côte commune.

A ces fleurs succède un petit fruit, ou grappe faite comme celles du raisin, garnie de baies, verfes dans le principe, et qui deviennent rouges en mûrissant : cette dernière couleur ne réside que dans l'épiderme, qui disparoît aisément à la chute du fruit, et laisse à découvert une espèce de noyau de la grosseur du poivre, rond, comprimé, d'une odeur suave assez ressemblante à celle du fenouil récemment trituré : ce noyau assez tendre renferme une amande couverte d'un épiderme gris et léger, blanche intérieurement, d'une saveur âcre, très-piquante et aromatique.

Cet arbre produit une résine semblable au mastic qui découle du lentisque, et qui, aux mêmes vertus , ajoute celle d'être employée utilement en emplâtres pour la guérison des humeurs froides. Les feuilles du même végétal , très - odorantes et très-astringentes , d'une saveur âcre et aromatique, s'emploient pour les bains ordonnés dans plusieurs cas , tels que le rhumatisme et autres maladies douloureuses. Les boutons des fleurs , mis en décoction avant qu'elles ne s'épanouissent , soulagent , dit-on , dans les paroxismes de la fièvre. On a quelque raison néanmoins de regarder ce remède comme très-incertain ; il n'est employé que par les empiriques et les charlatans , qui déguisent avec lui des fébrifuges plus actifs. Il croît sur cet arbre un polypode beaucoup plus grand que ceux qui sortent de la terre , et qui a quelques propriétés médicinales.

La grande acrimonie du fruit, et son goût piquant qui approche de celui du poivre , le font employer pour conserver les viandes, à quoi contribue sa qualité desséchante.

Cet arbre se trouve dans plusieurs endroits des Indes orientales , principalement vers leur promontoire.

§ I I.

ʟᴇ MOLLÉ, arbre exotique, baccifère.

1. *Lentiscus peruana.* Bᴀᴜ.
Le lentisque du Pérou.

Schinios, seu molle. Lɪɴ.
Le schinios, ou le mollé.

2. *Molle foliis serratis.* Feui.

Le mollé à feuilles dentelées.

Molle-lentiscus. Mil.

Le mollé-lentisque.

3. *Schinus-areira, foliis pinnatis ; foliolis integerrimis, sublinearibus.* Lin.

Le schinus-arira, à feuilles ailées; dont les folioles sont très-entières et sous-linéaires.

4. *Schinus-lithy, foliis pinnatis; foliolis serratis,
petiolatis; impari brevissimo : molle.*

Le schinus-lithy, à feuilles ailées; à folioles dentelées, pétiolées, et à feuille impaire très-courte.

Le mollé, que quelques botanistes ont placé dans
la classe des lentisques, est un arbre qui s'élève
assez haut, et dont le bois est médiocrement dur.

Les feuilles sont composées de folioles étroites,
portées sur une côte ou foliole commune, et terminées par une impaire isolée ; ce qui constitue
une différence avec le lentisque. Ces feuilles sont
aromatiques, et d'une odeur ainsi que d'une saveur très-approchantes l'une et l'autre de celles du
poivre.

Les fleurs sont rassemblées en grappe vers l'extrémité des rameaux ; leurs différentes parties consistent en un calice d'une seule pièce divisée en
cinq segmens, portant cinq pétales arrondis et
disposés en rose : dans l'intérieur de ces pétales,
sont placées dix étamines qui entourent un em-

bryon arrondi , surmonté d'un style. Ces fleurs sont d'un blanc tirant sur le jaune, et d'une odeur aromatique assez suave.

L'embryon devient une baie ronde , charnue et rougeâtre , dans laquelle on trouve une espèce de noyau cylindrique , et en forme de petite balle tant soit peu ligneuse , contenant une amande blanche , recouverte d'un épiderme léger. Ces fruits, placés en grappes, à peu près comme les groseilles , sont d'une odeur et d'une saveur piquantes.

Il semble , par la description botanique de ce végétal , qu'il s'éloigne assez du lentisque pour ne pas le confondre avec lui. La foliole qui termine ses feuilles, pourroit le rapprocher en quelque sorte du térébinthe ; mais la figure de ses fleurs et le grand nombre d'étamines dont elles sont pourvues, l'éloignent également de l'un et de l'autre dont il diffère encore par la forme et l'odeur de ses baies , ainsi que par la résine qui en découle.

Cette résine qui se recueille au Pérou d'où on nous l'apporte, s'obtient par le moyen de quelques incisions qu'on fait à l'arbre : elle est claire, transparente , d'une couleur blanche assez matte, d'une odeur approchante de celle de la gomme-élémi , aux vertus de laquelle elle participe beaucoup, et peut lui être substituée pour les plaies de la tête et des nerfs. L'écorce et les feuilles de cet

arbre sont résolutives et employées pour la guérison des humeurs froides.

En faisant bouillir ses baies, et les laissant
ensuite fermenter, on en obtient une espèce de
liqueur vineuse assez agréable, et qu'on assure
être très-saine et très-diurétique.

Cet arbre est très-délicat; il résiste foiblement
au froid : aussi ne l'élève-t-on dans nos climats
qu'à force de soins et par le moyen des serres. Il
est d'un très-joli port ; on le multiplie de graines
et de marcottes.

On nous a apporté ce végétal du Pérou où il est
indigène.

Il y a quelques différences assez importantes
entre les variétés des mollés. L'une d'elles a les
feuilles plus alongées, ainsi que leurs pétioles; elles
sont toujours vertes, ailées, linéaires, pointues
en forme de lances, lisses et dentelées en scie, rangées par paires au nombre de dix-huit, et jusqu'à
trente folioles accompagnées d'une impaire : ces
folioles ont un pouce et demi de longueur, sur trois
ou quatre lignes de largeur dans toute leur étendue.
La proportion de la feuille entière est de six à
neuf pouces de longueur, sur un peu plus de trois
de largeur.

Les fleurs sont rangées en panicules un peu
lâches, ayant quelque ressemblance à de petits
rameaux médiocrement garnis; elles se trouvent
tantôt à l'extrémité des rameaux, tantôt entre

les

les aisselles des feuilles où elles sont solitaires.
Leur nature est assez molle ; leur ramification est
alterne ; de petites lames ou stipules écailleuses
assez courtes les accompagnent ; du reste, elles
sont conformées, tant pour les étamines que pour
les pétales, comme les précédentes.

La baie est sphérique, pulpeuse, succulente ;
elle n'a qu'une seule loge ; elle est de la grosseur
d'un pois et un peu ressemblante à la graine de
l'asperge, mais plus petite, mince, luisante, sans
poil ni duvet, et comme papiracée lorsqu'elle
sèche : elle renferme une pulpe légère qui entoure
deux ou trois noyaux durs et cartilagineux, légérement ridés, creusés dans leur milieu d'une large
cavité vide, indépendamment de laquelle les parois présentent dans leur intérieur six autres cavités remplies d'une humeur huileuse et aromatique.

Lorsqu'on déchire ses rameaux, ou qu'on froisse
ses feuilles, il en distille un suc laiteux et visqueux,
qui exhale une odeur d'épice et de poivre tirant
un peu sur celle du fenouil. La liqueur résineuse
qui découle de cette espèce par le moyen des incisions, participe un peu de la térébenthine, particulièrement par l'odeur.

Cet arbre croît au Pérou, au Brésil et au Pa-
raguay.

Le schinus – lithy n'est qu'un arbrisseau. Ses
feuilles sont simples, alternes, presque dénuées

II.   B

de pétiole, ovalairement alongées, médiocrement pointues, très-fermes et coriaces, rases sans poil ni duvet ; imperceptiblement crénelées, et en quelque sorte ondulées sur leur bord. Il règne sur leur surface intérieure une côte moyenne rougeâtre, de laquelle partent, sur les côtés, quelques veines minces et menues, obliques et légérement saillantes. Ces feuilles sont très-résineuses et exhalent une odeur aromatique assez forte. Elles ont deux pouces et demi ou trois pouces de longueur, sur un pouce de largeur vers leur milieu.

Les fleurs et les fruits sont inconnus ; mais on les croit de même nature que ceux des arbres précédens. Quant à la résine qui en découle, on la dit semblable à celle des mêmes végétaux ; on n'a pu encore juger parfaitement de sa qualité ni de ses propriétés, l'arbrisseau n'en fournissant pas assez pour qu'on s'occupe à la ramasser dans un pays si abondant en substances de cette nature.

On trouve le schinus-lithy aux mêmes lieux que l'arbre précédent.

SECTION CINQUIÈME.

Des Aracs et des Arbres fournissant le Cachou.

§. Ier.

L'AREC, arbre exotique, nucifère.

1. *Areca catechu, frondibus pinnatis ; foliolis repli-cátis, oppositis.* Lin.

L'arec au cachou, à feuilles ailées; à folioles repliées et opposées.

Palma, cujus fructus sessilis faufel *dicitur.* Bau.
Le palmier, dont le fruit sans péduncule se nomme
faufel.

Areca, seu faufel: avellana indica, versicolor. Rai.
L'arec, ou le faufel : noisette des Indes, à couleurs
variées.

*Palma arecifera, nucleo versicolore, moschatæ
simili.* Pluk.
Le palmier arécifère, à noix dont les couleurs sont
variées, assez semblables à celles du muscadier.

Pinanga Rumphii.
Le pinanga de Rumphius.

a. *Pinanga calapparia, nigra, parvo fructu; nucleo
oblongo, conico, fuscante.* Rum.
Le pinanga-calappa, noir, à petits fruits; à noix
alongée, conique et de couleur obscure.

b. *Pinanga-areca, magno fructu; nucleo subrotundo,
acuminato.* Rum.
Le pinanga à aréc, à gros fruits, dont l'amande a
une forme arrondie et acuminée.

2. *Pinanga globosa.* Rum.
Le pinanga globuleux.

*Areca spicata; frondibus pinnatis; spadice non
ramoso, spiciformi; fructu globuloso.* Lama.
L'arec à épis; à feuilles ailées; à régimes sans rameaux, en forme d'épis; à fruits globuleux.

3. *Areca glandiformis, frondibus pinnatis; spadice
brevi , racemoso ; fructibus glandiformibus ,
congestis.* LAMA.

L'arec glandiforme, à feuilles ailées, dont le régime
est court et ramifié ; à fruits entassés et formés
comme des glands.

Pinanga silvestris, glandiformis. RUM.
Le pinanga silvestre , glandiforme.

4. *Pinanga orizæformis.* RUM.
Le pinanga à fruits semblables au riz.

*Areca globulifera ; frondibus subbipinnatis ; spa-
dice ramoso ; fructibus minimis , globulifor-
mibus.*

L'arec globulifère, à feuilles deux fois ailées en
dessous, dont les régimes sont rameux, et les
fruits arrondis en forme de globes.

L'arec est un palmier d'une hauteur assez médiocre ; son tronc est droit et uni, quoiqu'il ne le
paroisse pas au coup-d'œil, parce qu'il offre sur
toute sa superficie des protubérances, ou espèces
d'anneaux circulaires, qui ne sont autre chose que
la trace laissée par les feuilles qui s'en sont détachées. Ce tronc n'a pas plus de huit ou neuf
pouces de diamètre dans son épaisseur ; mais il
s'élève à trente, et quelquefois quarante pieds de
hauteur.

La racine est ramassée et embrouillée par une
très-grande quantité de fibres longitudinales de
la grosseur du doigt ; elle est noire en dehors et

blanche en dedans, garnie de pointes aiguës ou épines, sur-tout dans les parties qui percent la terre ; plus bas, elle se subdivise en plus petites fibres chevelues.

Le bois est très-fibreux, plus que celui des autres palmiers, spongieux lorsque les arbres sont jeunes, devenant à la longue plus ferme, et finissant par se durcir à l'égal de la corne, aussi facile en cet état à fendre dans sa longueur, que difficile à couper horizontalement.

La cime qui couronne ce tronc n'offre point de branches ; mais elle est chargée de feuilles au nombre de huit à dix au plus. Ces feuilles ont environ quinze pieds de longueur, sur une largeur de trois à cinq ; elles sont ouvertes des deux côtés dans une direction un peu oblique, et pendante vers leur extrémité, ce qui forme à l'arbre une tête très-ample. Chaque feuille est doublement ailée et composée de deux rangs de folioles étroites, faites en forme de lances très-pointues ; la plupart opposées et plissées dans toute leur longueur, lisses, d'un vert assez brillant, situées les unes près des autres, sur une côte ou pétiole commun, épais et anguleux. Ces folioles ont trois pieds et demi, et jusqu'à quatre pieds de longueur, sur une largeur de trois à quatre pouces. La côte ou pétiole général qui les soutient, embrasse le tronc, à sa base, par une gaine cylindrique, solide et coriace, que forment les ailes.

Au centre de la cime, et au milieu de ces feuilles ressortantes , s'élève une espèce de bourgeon pointu et de forme conique et pyramidale ; il est composé de l'assemblage des jeunes feuilles qui doivent se développer à mesure que l'arbre croît : la première qui s'épanouit s'appelle la *flèche.* Le bourgeon, qu'on nomme aussi *chou*, se mange dans plusieurs espèces de palmiers , notamment dans celui dont on donnera plus bas la description : ce même bourgeon est négligé dans les palmiers de la précédente nomenclature.

Les fleurs prennent leur origine entre les aisselles des feuilles intérieures les moins élevées ; mais comme elles ne paroissent qu'au moment, ou même après la chute de ces feuilles, elles semblent être situées plus bas, et comme implantées dans le tronc. En effet, de nouvelles feuilles se développent au-dessus de la place qu'occupoient celles qui sont tombées, et d'où partent les fleurs : celles-ci sont réunies dans un spathe, ou enveloppe membraneuse, solide et assez dure , terminée en forme de lance , aplatie en dessus et en dessous vers sa base, longue d'un pied et demi, sur quatre à cinq pouces de largeur , sans apparence de poil ni de duvet, d'une couleur jaunâtre, ou plutôt d'un blanc sale.

Ce spathe s'ouvre d'un seul côté par une fente longitudinale, et laisse paroître un panicule très-rameux, chargé d'une très - grande quantité de fleurs sans pédicules, petites, épaisses, de couleur blanche, éparses le long des ramifications qui forment un panache. Elles sont composées d'un calice d'une seule pièce, divisé en trois segmens très-profonds, ovalaires ; ce calice est persistant, et contient trois pétales attachés à sa base, ressemblans assez à ses dents, et persistans ainsi que le calice. Du milieu de ces pétales croissent six étamines courtes, et qui ne sortent pas hors de la corolle ; elles entourent un ovaire supérieur chargé de trois styles.

Les fleurs qui terminent le panache avortent le plus souvent, et tombent peu après qu'elles se sont épanouies ; les autres sont plus adhérentes, et produisent des fruits qui parviennent à maturité. Il se rencontre souvent sur le même individu deux ou trois de ces panicules ; mais ils ne fleurissent que successivement, de manière qu'on peut voir des fruits prêts à mûrir sur le panicule inférieur, tandis que les fleurs du supérieur ne font que commencer à s'épanouir. On nomme ces panicules *régimes* : du reste, l'arec ne commence guère à fournir des fleurs et des fruits que vers sa cinquantième année ; ces fleurs ont, lorsqu'elles s'épanouissent, une odeur foible, mais assez suave et aromatique, plus sensible le soir que le matin.

L'embryon contenu dans le calice se transforme en fruit attaché sur la résine : c'est une espèce de pomme ovoïde, grosse à peu près comme un œuf de poule, garnie à sa base par un calice composé d'écailles au nombre de cinq ou plus, quelquefois, mais rarement, de neuf, placées les unes sur les autres de trois en trois. L'extrémité de cette pomme est terminée par une espèce de nombril assez dur. Le fruit desséché est à son extérieur assez coriace ; sa couleur varie entre le gris et le blanc verdâtre. L'épiderme de ces fruits est très-mince, lisse, verdâtre dans le principe, puis jaune un peu foncé ; il recouvre une chair succulente très-blanche, que les Indiens appellent *pinanga* : il renferme de plus une substance filasseuse de couleur jaunâtre, ressemblante à la bourre de soie, entremêlée de fibres ligneuses, qui, partant de la base, semblent faites pour la soutenir.

Dans le centre de ce duvet est placée une semence, ou noyau, tantôt parfaitement rond, tantôt se terminant en pointe ovalaire et obtuse, à peu près comme le gland du chêne, toujours un peu aplati à sa base, qui est d'une substance dure comme de la corne. Cette noix est d'une couleur grisâtre approchante de celle de la noix muscade, d'une consistance très-dure lorsqu'elle est sèche, d'une teinte rougeâtre, ou de café nouveau, à l'intérieur ; d'une saveur astringente, un peu amère et aromatique ; garnie de petites veines blanchâtres qui la parcourent sans ordre et en

tout sens : encore fraîche et jeune, elle renferme dans son milieu, creux à cette époque, une
eau limpide dont la saveur est très-âpre et très-
styptique. Cette eau s'épaissit insensiblement jusqu'à ce que la noix soit parvenue au plus haut
degré de fermeté et de sécheresse, qui constituent sa parfaite maturité. Toutes les parties des
feuilles, des fleurs et des fruits, ont pareillement
une saveur austère, amère et astringente.

Cette espèce de palmier-arec croît dans les Indes
orientales, aux Moluques, et dans les parties méridionales de la Chine.

On connoît plusieurs variétés de ce palmier :
l'une d'elles s'élève assez haut, et ressemble au
palmier à coco, soit par les feuilles, soit par la
forme des régimes qui sortent, dans cette espèce,
de la base des feuilles avant qu'elles ne tombent.
Les fruits sont de la grosseur d'un œuf d'oie,
ou de la figure d'une grosse pomme, d'abord d'un
vert pâle, et devenant dans la suite, et lors de sa
maturité, aussi jaune qu'une orange. La coquille
dans cette espèce est molle, et ses fibres sont
très-minces. La noix se distingue en ce que, lorsqu'elle est sèche et dépouillée de son enveloppe,
sa substance est blanchement cendrée et parsemée
de veines très-blanches : sa figure est ronde. On
mange ce fruit lorsqu'il parvient à une parfaite
maturité, ce qui est très-rare.

Dans une autre variété, les fruits sont plus

petits, les feuilles plus courtes, d'un vert foncé et noirâtre. Les anneaux qui entourent le tronc sont plus écartés ; la noix en est longue, conique, brune ; sa saveur est très-austère et plus susceptible d'occasionner l'ivresse que celles d'aucune autre espèce. Celle-ci et ses variétés se reproduisent par le moyen de leurs noix, qui germent assez facilement.

Cet arbre pousse plus vîte que le cocotier ; il est très-propre pour orner certains jardins. Les fruits de quelques variétés commencent à paroître dès la quatrième ou cinquième année, et continuent jusqu'à la vingt-cinquième. Ces arbres sont.très-difficiles à grimper, à cause de la débilité de leur tíge, qui plie sous le poids des hommes, et n'est guère susceptible de supporter que des enfans.

L'arec à épis, que quelques auteurs n'ont pas jugé à propos de placer dans la classe des arecs, mais qui en est incontestablement, quoique ses régimes soient un peu différens, a un tronc un peu plus élevé que les palmiers précédens ; il est aussi plus épais et fourni d'anneaux plus larges ; l'écorce en est blanchâtre.

Les feuilles sont ailées, longues de dix à douze pieds, composées d'un double rang de folioles étroites, terminées en forme de lance, pointues, un peu repliées, garnies de plusieurs côtes longitudinales à leur revers.

Les fleurs sont portées par un pédicule simple, presqu'aussi long que les feuilles, et sortant du haut de leur gaine comme s'il faisoit corps avec elles : ce pédicule forme un épi grêle, long au moins d'une aune, et très-remarquable en ce que sa partie supérieure est nue, et ne contient ni fleurs ni fruits, tandis qu'il est garni abondamment des unes et des autres dans tout le reste de sa longueur; ce qui vient de ce que les fleurs qui le terminent avortent à mesure qu'elles paroissent.

Le fruit de cette espèce est globuleux, guère plus gros qu'une cerise ou une balle à mousquet, vert dans le principe, d'un jaune orangé lorsqu'il est mûr, ayant un brou très-mince et très-fragile. Il contient un noyau sphérique finissant en pointe, recouvert d'une peau dure et coriace, de la nature de la corne. Sa substance est semblable à celle du fruit de l'arec ordinaire, cependant un peu plus dure et plus austère; on le mange néanmoins au défaut de l'autre : il est préférable aux fruits des espèces sauvages.

Cet arec croît dans les mêmes lieux que les précédens, et se trouve dans les montagnes : il est rare qu'on le cultive.

L'arec glandiforme a le tronc plus grêle, mais il s'élève plus que le précédent. Ses articulations sont beaucoup plus fortes et plus grandes : le bois en est aussi plus dur et plus fibreux. Sa couleur est d'un blanc mat qui prend une teinte rousse en vieillissant ; il se fend aisément.

Les feuilles de ce palmier ont sept ou huit pieds de longueur ; le pétiole commun des folioles est chargé d'un duvet lanugineux ; ces folioles sont très-minces, opposées, placées sur deux rangs, pointues, lisses, garnies d'une nervure protubérante au revers.

Les fleurs sont petites, posées sur une grappe simple, de la longueur d'un pied et demi, et sortant un peu au-dessous des feuilles. Les fleurs de la partie supérieure avortent toujours et tombent ; celles de la partie inférieure, qui sont en très-grand nombre, donnent naissance à un fruit rassemblé en groupes très-serrés, et représentant des balles qui se touchent mutuellement, de la forme des glands du chêne, ou des olives : la pression les rend presque toujours anguleux. Parvenues à leur maturité, ces espèces de baies sont d'un très-beau rouge : la chair en est douce quoique fibreuse ; le noyau est oblong, obtus à ses extrémités ; il se substitue aux autres noix d'arec ; il est cependant un peu plus amer.

Ce palmier croît dans les Moluques.

L'arec globulifère a le tronc très-grêle ; il est à peine gros comme la cuisse. Ses anneaux sont très-rapprochés les uns des autres ; l'arbre croît à la hauteur de vingt à vingt-cinq pieds.

Les feuilles, qui ont cinq ou six pieds de longueur, s'enclavent sur le tronc et forment une longue gaine, dont le bord supérieur semble couronné par de petites feuilles ailées. La côte où pétiole commun soutient un double rang de folioles linéaires finissant en pointes, et garnies à leur revers d'une nervure très-protubérante.

Les fleurs sont entourées d'un spathe membraneux très-léger, large comme la main. Ce spathe les entoure entièrement, et, s'ouvrant longitudinalement, présente un régime divisé en plusieurs branches rangées en faisceaux, couvert d'un bout à l'autre de fleurs sans péduncules, très-petites et dont une partie avorte : ces fleurs ont le même caractère que dans les autres arecs.

Des fruits globuleux prennent la place de ces fleurs ; ils sont d'une très-petite dimension, gros tout au plus comme la larme de Job, ou même comme des grains de riz ; ils ont l'air de pois médiocres lorsqu'ils sont encore verts ; car, à leur maturité, ils prennent une couleur foncée, rouge comme du sang. Ce fruit, lorsqu'on le cueille, quitte promptement le régime ; il se mange en entier, brou et noyau : ce dernier a dans sa petitesse la même consistance et la même saveur que ceux des autres arecs.

On trouve l'arec globulifère aux Moluques et aux îles Célèbes.

C'est du fruit de ces arbres que, si l'on en croit plusieurs auteurs, se compose une pâte connue sous le nom de *caçhou*, ou de *terre du Japon*. On a cru long-temps que cette pâte étoit un composé d'une terre particulière à ces îles, préparée comme les terres sigillées : les résidus terreux et pierreux, qu'on trouve assez souvent dans le cachou, sur-tout lorsqu'il est en masse sans avoir été ni purifié, ni préparé, avoient accrédité cette erreur. On sait maintenant que cette substance n'est autre chose qu'un extrait gommo-résineux, durci par l'art, et tiré du fruit de certains arbres ; car on varie sur sa véritable origine que quelques personnes attribuent à une espèce particulière d'acacia, tandis que d'autres sont dans l'opinion qu'il n'est que le résultat du fruit de l'arec préparé.

On décrit ainsi la manière dont on prépare cette substance qui porte dans les Indes le nom de *caché*, et chez les Portugais, celui de *catté* ou *catéchu*, d'où nous avons fait *cachou*. C'est une composition dont le fruit de l'arec est la base : pour la préparer, on coupe en tranches très-minces ces fruits encore verts, principalement ceux de l'arbre du premier numéro. On laisse long-temps infuser ces tranches dans une liqueur aqueuse soumise à une chaleur douce et égale ; lorsque la liqueur est chargée d'une forte teinture brune tirant sur le noir, on la passe avec forte expression, et on la fait évaporer jusqu'à consistance d'extrait. On dresse promptement cette matière dans toutes les formes qu'on veut lui faire

prendre, parce qu'elle se durcit très-facilement.
Les Indiens se plaisent à lui donner toutes sortes
de figures, d'étoiles, de cœurs, de petits animaux,
ordinairement de crottes de souris et de rats, toujours en petites parcelles, et rarement en masses
considérables.

Pour atteindre à son état de perfection, cet
extrait doit être d'une couleur rousse très-foncée,
et presque noire à l'extérieur, marbrée intérieurement de taches grises, sans odeur ressortante, d'une
saveur âpre, amère et astringente dans le commencement, devenant à la longue, et de plus en plus,
douce et aromatique : son parfum participe alors
à celui de la violette ou de l'iris de Florence. Le
cachou doit se fondre aisément dans la bouche
ou dans l'eau, être très-inflammable, et brûler
facilement lorsqu'on l'expose sur des charbons
ardens.

Cette substance, telle qu'on nous l'apporte, varie souvent dans sa couleur plus ou moins foncée, et dans sa saveur plus ou moins âcre ou aromatique ; ce qui a fait soupçonner qu'elle pouvoit
provenir de différens arbres. Elle est tantôt médiocrement brune, et rougeâtre en dedans ; tantôt
noire et polie, semblable au bitume minéral, rougeâtre intérieurement ou d'un gris très-foncé : ici,
d'une couleur uniforme ; là, parsemée de veines
d'une teinte différente. Elle est plus ou moins pesante, mais toujours d'une saveur légérement

amère, qui se change en un goût saccharin et doux à un degré plus ou moins agréable, et participant à différentes odeurs : cette qualité de douceur avoit fait croire que le cachou, connu sous le nom de *terre du Japon,* étoit un mélange de suc de réglisse, de mastic et de terre.

On présume que toutes ces variétés, dans le cachou, dépendent tant du plus ou du moins de maturité dans les fruits dont on le compose, que de l'état de leur sécheresse ou de leur verdeur : elles peuvent aussi provenir du degré de la cuisson, qui peut être en-deçà ou au-delà de sa juste proportion. Certains fruits peuvent rendre une plus grande quantité de fécule qui, mêlée au résidu des coques , rendroit cette fécule plus chargée de terre, plus pesante et plus friable, tandis que, traitée avec soin et cuite à propos, elle est d'une nature plus compacte et plus résineuse.

La pesanteur du cachou est très-souvent augmentée par une supercherie que suggère l'avidité du gain. On y joint, dit-on, une terre noirâtre, ou une poudre de coquillages calcinés à noirceur. Cette fraude, qui n'a pas peu contribué à le faire passer pour une terre, est cause aussi qu'il nous parvient très-rarement dans sa parfaite pureté. Pour le rendre agréable, il est le plus souvent nécessaire de le fondre dans quelque liqueur aqueuse, d'en filtrer, ou du moins d'en décanter la teinture avec soin, et d'en faire de nouveau évaporer l'humidité.

midité. On se sert pour cette purification , de
quelqu'eau odorante , telle que celle de rose ou de
fleur d'orange, qui augmente et varie son parfum. Les Indiens et les Portugais le façonnent
pour leur usage en y ajoutant de la poudre ou de
l'extrait de réglisse, ou en y mêlant du sucre
auquel ils ajoutent différentes matières balsamiques.

L'inflammabilité de cette substance atteste la
présence d'une matière résineuse ; elle est encore
prouvée par la dissolution dans l'esprit-de-vin qui,
se chargeant de cette portion, abandonne les parties extractives et hétérogènes : celles-ci se précipitent, et la teinture n'est plus chargée que des
parties contenant l'huile et le sel acide qui constituent les résines.

Le cachou, très-agréable au goût, et recherché
par les connoisseurs, se fond entièrement dans la
bouche par le moyen de la salive, et contribue à
rendre l'haleine douce. On lui reconnoît plusieurs
vertus médicinales ; il est indiqué pour les fluxions
et les maux de gorge légers. Par ses propriétés
stomachiques et pectorales, il arrête les vomissemens et les diarrhées ; et par son astriction, les
flux de sang et les dyssenteries.

Le fruit de l'arec n'est pas employé seulement
pour en composer le cachou : c'est un des fruits
dont on fait la plus grande consommation dans
toutes les Indes , à la Chine et dans toutes les

parties de l'Asie. Sa chair intérieure se mange fraîche, ou seule, ou mêlée avec du bétel, espèce de poivre qui corrige son goût un peu styptique. On fait encore plus d'usage de la noix ou espèce d'amande : c'est un régal qui se présente dans toutes les occasions, et il ne se passe point de visite qu'on ne l'offre sur des vases précieux, ou dans des cassettes taillées en compartimens, et remplies de ces noix entières, ou divisées en tranches : entières, on les coupe avec une espèce de ciseaux à branches mobiles, arrêtés à l'une de leurs extrémités et s'ouvrant vers l'autre ; divisées en tranches, elles sont entourées de feuilles de bétel, et saupoudrées d'une couche légère de chaux, faite avec des coquillages. Comme la saveur de cette noix, mangée seule, est très-austère , et même un peu piquante, le bétel joint à la chaux fait disparoître ces mauvaises qualités, et lui donne un goût un peu âcre qui finit par être agréable.

Lorsqu'on n'est pas accoutumé à ce mets, il enivre : cependant cette ivresse n'est pas dangereuse ; on s'y accoutume, et il finit par ne plus causer aucune impression. Lorsqu'on mâche cette amande ainsi préparée, elle fait couler abondamment et teint la salive d'un très-beau rouge purpurin. On a soin de cracher la première salive qui contient presque toute la chaux ; on continue à triturer le reste, et on peut avaler le jus ou la teinture qu'on en tire, jusqu'à ce qu'il ne reste plus dans la bouche qu'une pâte semblable à de l'étoupe ou à de la filasse.

Sur la côte de Coromandel, on prépare l'arec vieux ou trop sec, que les Indiens appellent alors *koffol;* ils en composent un mets délicat à leur goût, en le faisant macérer avec de l'eau rose ou autre de senteur, dans laquelle on a fait fondre du cachou : dans cet état, ils le mettent sécher au soleil, et le conservent très-long-temps.

On sert ordinairement la noix de l'arec en entier. Le mauvais usage qu'en font trop souvent les femmes, lorsqu'on le présente coupé par tranches et entouré de feuilles de bétel, a prescrit cette précaution : plus d'une fois elles y ont insinué des poudres empoisonnées, pour se défaire des personnes qui les importunoient ; souvent aussi, pour exciter à l'amour, elles y ont mêlé des préparations qui ne peuvent qu'être infiniment dangereuses.

Outre l'agrément que trouvent les Indiens dans cette mastication, ce fruit fortifie l'estomac, rend l'haleine douce, contribue à donner de vives couleurs au visage, teint d'un rouge vif les lèvres et les dents, et fortifie celles-ci ; mais son usage trop fréquent les mine et les fait quelquefois tomber. Il est très-contraire aux personnes attaquées de l'asthme, enivre et occasionne des oppressions à ceux qui en usent pour les premières fois ; elles ne durent cependant pas long-temps, et disparoissent facilement en mangeant du sel , ou en avalant du suc de limon.

On se sert du bois de plusieurs arecs pour les constructions civiles. On en tire, en les fendant, d'assez bonnes planches propres à clorre les cases. On débite de l'arec glandiforme des madriers assez forts pour en faire de petits soliveaux ; mais il faut avoir soin de les faire passer à la fumée pour les rendre plus solides. On en tire aussi du dernier numéro : ce sont les deux arbres de cette espèce qui se fendent le mieux.

On a trouvé à Amboine le moyen d'employer utilement les fibres de ces arbres : on en tire des filamens, qui servent, aussi-bien que le fil de chanvre, à coudre des sacs. Les rameaux intérieurs, qui ressemblent assez à une peau grossière, servent quelquefois aux Indiens pour fabriquer des cordes à puits, et des nasses en forme de sacs à l'usage des pêcheurs : l'intérieur de cette peau en contient une plus déliée et plus fine, assez blanche, très-facile à séparer, aussi mince que du papier; elle sert à envelopper le tabac. Enfin , on trouve dans le cœur du bois une moelle qui se prépare et se mange comme le sagou ; mais pour peu qu'elle soit vieille, elle devient d'une amertume insupportable. Plusieurs oiseaux sont friands du fruit des arecs , principalement les chauve-souris.

On rencontre souvent, et sur-tout sur le second
et le troisième de ces arbres, une pierre qu'on
nomme *pinangites :* cette pierre est de la grosseur d'une vesce, ou tout au plus d'un grain de
froment, blanche, brillante, et faite comme une
dendrite ; elle ne se trouve que sur les vieux arbres ; elle est assez recherchée, et mise en œuvre
sur des anneaux par curiosité.

On dit que la racine de certains arecs est un
vomitif très - violent, et même un poison assez
subtil.

Les différentes espèces d'arec croissent dans les
Indes orientales, à Amboine, dans les îles Moluques et Célèbes, et à la Chine. On en trouve
dans le Mexique et dans plusieurs autres parties
de l'Amérique.

§ I I.

L'AREC *légumineux* ou le CHOU-PALMISTE ,
arbre exotique, légumineux, baccifère.

Areca oleocera, foliolis integerrimis. LIN.
L'arec légumineux , à folioles très-entières.

*Palma nobilis, seu regalis, jamaicensis et barba-
densis.* RAI.
Le palmier noble, ou royal, de la Jamaïque et des
Barbades , vulgairement, le *palmiste franc* ou le
chou-palmiste.

Cet arec ayant un caractère particulier, on a
cru devoir le traiter dans un Article à part. C'est

un des arbres, dans le genre des palmiers, les plus
élevés de l'Amérique; sa tige est droite, nue, et
n'offre point des anneaux comme les autres. Il
s'élève jusqu'à quarante ou cinquante pieds, et termine son sommet par un faisceau de feuilles à demi-
ouvertes; son écorce est lisse et de couleur grise.

Les feuilles ont six pieds ou environ de longueur : s'embrassant mutuellement à leur base,
elles forment une gaine dont les bords supérieurs
semblent frangés ou tissus de fibres lâches qui
se croisent en manière de canevas. Elles sont
garnies, dans toute la longueur de leur côte ou
pétiole commun, d'un double rang de folioles
très-nombreuses, entières et sans aucune échancrure, étroites, pointues, et munies dans leur
milieu d'un nerf protubérant qui les parcourt en
entier; elles ressemblent à une lame d'épée, et
sont longues d'un pied et demi ou de deux.

Un peu au-dessous du faisceau s'élève une tige
de trois pieds et plus, renflée vers le milieu en
forme de fuseau, lisse, d'une couleur verdâtre.
Elle est entourée vers le milieu d'un spathe ou
enveloppe membraneuse : celle-ci laisse paroître
en s'ouvrant des panicules de fleurs, qui se détachent bientôt et tombent à terre. Ces panicules sont blancs, d'un assez bel aspect, et divisés
en plusieurs rameaux déliés, chargés d'un grand
nombre de petites fleurs semblables en tout à
celles des autres arecs.

Les fruits sont des baies oblongues, obtuses,
tant soit peu courbées, d'un bleu purpurin, de
la grosseur d'une olive. La pulpe est de peu de
durée, et se détruit en entier par la dessiccation;
il ne reste alors qu'un épiderme ridé et rata-
tiné qui recouvre une coque oblongue, un peu
pointue à sa base, mince, fragile, membraneuse,
d'un brun blanchâtre avec une teinte de rouge :
cette coque contient une amande cartilagineuse,
oblongue, assez dure, ayant dans son milieu une
cavité, avec une petite fente : cette amande se
mange; elle a le goût de celles des autres arecs,
et s'emploie aux mêmes usages.

Le bois de cet arbre est très-compacte, et plus
dur que celui de l'ébenier; mais on n'en trouve
qui puisse être employé, qu'à la partie intérieure
de l'arbre : il n'a même guère plus d'un pouce et
demi ou deux pouces d'épaisseur, dans toute la
circonférence de l'arbre dont le cœur est spongieux et mollasse. Les Américains se servent de
ce tronc pour creuser des tuyaux propres aux
écoulemens des eaux ; on en fait aussi, en le
fendant, d'assez bonnes planches, dont on corrige la concavité, en les exposant au feu et à la
fumée.

C'est la tige de cet arbre qu'on appelle *chou-
palmiste;* c'est un bourgeon terminal composé
de jeunes feuilles pliées et rassemblées en un pa-
quet compacte, assez dur, droit, pointu comme

une flèche, blanc, très-tendre, d'un goût délicat et approchant de celui du cul d'artichaut. On le mange cru en salade ou à la poivrade, cuit à l'eau avec une sauce blanche, frit, ou enfin, en beignets qui sont délicieux.

Ce chou est nourrissant, diurétique, et point venteux. Quant au fruit qui a les mêmes vertus médicinales que celui des autres arecs, on ne doute pas qu'on ne puisse en extraire un cachou.

Cet arbre croît aux Antilles, notamment dans les îles de la Jamaïque et des Barbades.

§ I I I.

L'ACACIA *au cachou*, arbre exotique, légumineux.

Mimosa catechu. LIN.

Le mimosa, ou l'acacia au cachou.

Acacia spinosa Indiæ orientalis, floribus aureis, flamineis, tamarisci Narbonnensium more, in spicum dispositis. PLUK.

L'acacia épineux des Indes orientales, à fleurs dorées, étincelantes, disposées en épis de la même manière que celles du tamarisc de Narbonne.

Cette espèce d'acacia n'est, à proprement parler, qu'un arbrisseau, dont la tige peu élevée est lisse, et porte à sa cime beaucoup de branches sans poil ni duvet, mais hérissées vers leur base

d'épines courtes, opposées et finissant légérement
en crochets.

Les feuilles sont longues, doublement ailées,
composées d'environ vingt, quelquefois jusqu'à
trente paires de pinnules, qui soutiennent chacune quarante à cinquante paires de folioles étroites,
linéaires, longues d'une ligne et demie au plus, et
verticillées.

Les fleurs sont de couleur jaune, légumineuses,
garnies de grand nombre d'étamines, disposées en
épis pédunculés moins longs que les feuilles. Ces
épis sont placés par paires ; quelquefois il y en a
trois ensemble dans chacune des aisselles qui se
trouvent à l'extrémité des rameaux. Chaque fleur
contient, au milieu des étamines, un ovaire terminé par un style.

Le fruit est une gousse aplatie, de deux ou trois
pouces de longueur, sur quatre ou cinq lignes de
largeur. Sa couleur est brunâtre ; il contient plusieurs semences arrondies et aplaties.

Plusieurs auteurs assurent que c'est par le
moyen des semences de cet arbrisseau qu'on obtient le cachou, et non du palmier-arec. L'autorité de plusieurs autres auteurs dément cette assertion. Il seroit possible de les accorder en avouant
que l'un et l'autre arbre peuvent servir au même
usage et fournir une substance analogue. C'est
l'opinion qui attribue le cachou à cet acacia, qui
doit le faire comprendre dans le nombre des arbres
résineux.

Cet arbre croît dans plusieurs parties des Indes orientales.

SECTION SIXIÈME.

Du Lierre.

LE LIERRE, arbre et arbrisseau baccifères, indigènes et exotiques.

1. *Hœdera arborea.* B.
Le lierre croissant en arbre.

2. *Hœdera major, sterilis.* Kœm.
Le grand lierre stérile.

3. *Hœdera communis, minor, foliis ex albo variegatis.* B.
Le petit-lierre commun, à feuilles panachées de blanc.

4. *Hœdera communis, montana, foliis ex flavó variegatis.* B.
Le lierre commun des montagnes, à feuilles panachées de jaune.

5. *Hœdera communis, corymbosa.* Lob.
Le lierre commun, à corymbes.

6. *Hœdera poetica, floribus flavescentibus.*
Le lierre poétique, à fleurs jaunes.

7. *Hœdera legitima.* Kœm.
Le vrai lierre.

8. *Hœdera simulachri, sive idoli, arborea, communis, baccifera.* Kœm.
Le lierre des simulacres, ou des idoles, croissant en arbre, commun, baccifère.

9. *Hœdera lapideâ, lactescens, aphylla; radice ligno-sâ, densissimis fibris capillatâ ; folio nummariœ cordato, lacinoso ; perennis.* **Kœm.**

Le lierre des rochers, laiteux, rampant ; à racines ligneuses, munies d'une chevelure à fibres très-épaisses ; à feuilles semblables à celles de la nummulaire, laciniées; vivace.

10. *Hœdera montana, terrestris, foliis intus macu-latis.* **Kœm.**

Le lierre terrestre des montagnes, à feuilles tachetées en dedans.

11. *Hœdera arboreœ similis, folio oblongo, integro, obscuro, viridi.* **Kœm.**

Le lierre semblable à celui qui croît en arbre, à feuilles oblongues, entières, d'un vert très-obscur.

Le lierre est extrêmement varié ; c'est une plante parasite et grimpante, soit qu'elle croisse en arbrisseau, soit même qu'elle paroisse sous la forme d'un arbre gros et élevé. Elle s'attache toujours, au moyen de ses·griffes, par-tout où elle peut atteindre sur les rochers les plus durs, même sur le marbre et le porphyre, sur les murs les plus polis, ainsi que sur les arbres.

La racine de ce végétal est ordinairement ligneuse, traçante, et très-garnie de fibres chevelues, propres à s'implanter dans le moindre interstice des pierres, et dans les fentes des autres végétaux : elle fournit des rejetons en très-grande quantité. Le bois, quoique filandreux, en est tendre,

.cassant, sur-tout lorsque la plante est jeune ; d'un blanc mat, tirant un peu sur le vert. Son écorce, d'un gris verdâtre, est un peu gercée sur le tronc et les plus grosses branches , unie et d'un assez joli vert sur les moindres et sur les jeunes rameaux, garnie par-tout , et d'espace en espace, de griffes ou filets droits et courts, semblables à des racines chevelues et blanchâtres, au moyen desquelles elle s'accroche par-tout. Ces griffes , assez clair-semées sur toute l'étendue des branches , se forment par intervalles en espéces de boutons arrondis , beaucoup plus garnis de ces filets qui y sont rassemblés en houppe.

On a cru que le lierre pouvoit vivre indépendamment de ses racines , et par le seul secours de ses vrilles ; c'est une erreur démentie par l'expérience. Si on coupe cette plante, quoique la partie qui se trouve au-dessus de l'incision reste fortement attachée à l'arbre, elle se flétrit, jaunit assez vite, se dessèche, et finit par périr entièrement. C'est ainsi qu'on débarrasse de cette plante parasite les arbres qu'on veut conserver ; il seroit utile que les garde-forêts eussent l'attention de la couper sur-tout au pied des arbres de belle venue, à qui elle porte, sans que cela paroisse , un préjudice considérable : délivrés de cet ennemi, ils croîtroient et grossiroient avec beaucoup plus de vigueur.

Les feuilles de notre lierre sont épaisses , dures,

luisantes , d'un vert assez foncé : celles qui naissent vers l'extrémité des rameaux sont néanmoins
d'un vert plus gai. La figure de ces feuilles varie
beaucoup, même sur le même individu ; car, à l'extrémité des rameaux, on en trouve qui sont à peu
près ovales ; d'autres sont presque triangulaires, dé-
chiquetées , et profondément découpées ; d'autres
enfin, ouvertes en main , ont une figure qui se rapproche de celles de la vigne. Toutes sont isolées ,
portées sur de très-longs pétioles, garnies de nerfs
saillans et protubérans,et de veines très apparentes.
On trouve souvent à leur naissance des stipules
ovalaires, unies, et sans aucune échancrure , soutenues aussi par de très-longs pétioles , et ordinairement d'une teinte grisâtre.

Les fleurs sont rassemblées vers l'extrémité des
rameaux en bouquets, ou ombelles : elles sont
composées d'un calice d'une seule pièce qui se
divise en cinq segmens ou découpures. Ce calice ,
particulier à chaque feuille, est soutenu par un
péduncule assez court qui se réunit à ceux des
autres fleurs , vers la base de l'ombelle, où l'on
voit presque toujours deux ou trois stipules très-
vertes. Il contient cinq pétales , ordinairement
d'un vert blanchâtre. On aperçoit , au milieu de
ces pétales , cinq étamines d'un rouge assez léger, qui entourent un embryon accompagné d'un
style.

Cet embryon devient en mûrissant une baie

ou corymbe, nom qui paroît spécialement consacré au fruit du lierre. Ces baies sont d'une figure arrondie, ordinairement noires, très - peu
fournies de chair, dont la saveur est légérement
vineuse, un peu âcre et styptique, assez aromatique, et peu fournie de suc. On trouve dans ces
corymbes cinq semences arrondies d'un côté,
aplaties des autres, d'un goût très – styptique et
très-âcre.

Parmi les nombreuses variétés qui composent
la famille des lierres, il en est qui sont constamment rampantes, et dont la tige reste toujours
très-mince ; d'autres s'élèvent, et forment des
troncs qui grossissent assez considérablement, et
donnent à la plante toute l'apparence d'un arbre.
Il y en a dont les feuilles sont totalement oblongues ; d'autres sur lesquels elles sont rondes ou
laciniées. On en trouve même de toutes les figures,
et de toutes les dimensions sur le même sujet. Elles
varient également dans leurs couleurs ; elles sont
tantôt d'un vert très-obscur, tantôt d'une teinte
plus gaie, quelquefois panachées de blanc ou de
jaune. Il en est de même des fleurs qui sont vertes,
blanches, rouges, jaunes, ou mélangées de diverses
couleurs : ces différences sont peu importantes.
Ce qui caractérise en effet ce genre de plante, c'est
la faculté qu'elle a de s'attacher aux autres végétaux
et aux pierres. En général, le branchage des lierres
est très–sarmenteux.

Kœmpfer, qui a connu un grand nombre des variétés du lierre, en décrit quelques - unes qui s'éloignent un peu des caractères génériques. L'une d'elles nous est représentée par cet auteur comme ayant des racines si foibles, qu'on les prendroit pour des vers minces et alongés ; elle s'attache et grimpe en tout sens, à l'aide d'une humeur gluante, et de vrilles très-déliées et fort tendres. Les feuilles qu'elle pousse sont pendantes et imitent singulièrement celles de la vigne. Elle porte sur de très-petits bouquets des baies longues et charnues, qui contiennent nombre de semences plus minces que celles de l'ache.

L'espèce à laquelle il donne le nom de *lierre des simulacres* ou *des idoles*, sans doute parce que les peuples idolâtres chez lesquels cet arbre croît, fabriquent de son bois le simulacre de leurs dieux, ou qu'ils le réservent pour brûler sur leurs autels, n'offre aucune différence essentielle avec le nôtre : peut-être est-ce le même, ou tout au plus une variété très-peu dissimilaire. Il en est de même de tous les autres, cités par le même auteur, si l'on en excepte cependant celui qu'il appelle le *lierre des rochers*, distingué par l'humeur laiteuse qui en découle, et par ses feuilles qu'il assure avoir quelque ressemblance avec celles de la nummulaire, quoiqu'elles soient très-laciniées.

Toutes les espèces ou variétés du lierre con-

tiennent une substance résineuse. On trouve fréquemment et en tous lieux sur l'écorce et sur les
branches de ces végétaux, de petites larmes d'une
gomme résineuse, concrète et odorante, qu'on
ne se donne guère la peine de récolter, si ce
n'est en Languedoc et en Provence, où même on
n'en recueille qu'une assez petite quantité. On
nous en apporte davantage des pays plus chauds,
principalement de l'Italie, où l'on obtient des
troncs les plus gros un suc résineux, qui sort
clair et fluide des incisions qu'on y a faites. Ce
suc s'épaissit en assez peu de temps, et se change
en une résine improprement appelée *gomme de
lierre*, d'un jaune tirant sur le rouge, transparente, friable, d'une odeur assez forte et d'une saveur âcre.

Cette résine ne nous arrive pas toujours avec
ces qualités ; on la falsifie, et on la trouve souvent dans les boutiques avec une teinte noirâtre,
ordinairement sale et remplie d'ordures, d'une
saveur brûlée et empyreumatique. Elle est peu
d'usage en médecine ; elle entre cependant dans
quelques onguens. On la regarde comme un caustique, et on s'en sert comme d'un dépilatoire. Ces
dernières qualités la font employer dans quelques
emplâtres destinés à cet usage. On assure aussi
qu'elle fait mourir, enlève et fait tomber les
lentes.

Les feuilles du lierre sont dessiccatives et astric-
tives.

tives. On les emploie pour entretenir la suppuration des cautères et des vésicatoires , ainsi que
des autres plaies auxquelles elles fournissent un
écoulement plus doux ; elles servent aussi pour dessécher et guérir les galles de la tête , quoique con-
traires au cerveau et au genre nerveux, ce qui
en fait prohiber l'usage intérieur.

Les baies ont une faculté purgative assez violente ; elles s'administrent quelquefois dans les cas
de fièvres intermittentes ; ce qu'il ne faut cependant faire qu'avec connoissance de cause et avec
précaution : on s'en est aussi quelquefois servi utilement dans des maladies pestilentielles.

Le bois , singulièrement poreux et filandreux ,
offre beaucoup de difficulté pour le travailler ;
aussi est-il peu employé par les ébenistes : il est
d'ailleurs très-rare d'en rencontrer d'assez gros
pour en faire usage. On en voit néanmoins quelquefois dans les forêts, ou contre de vieilles mu-
railles, qui ont jusqu'à huit ou dix pouces de diamètre ; on les débite alors pour en tourner des
tasses et d'autres vases qui , si l'on en croit une
ancienne tradition , ont la propriété de filtrer l'eau
mêlée avec du vin , sans donner passage à cette
dernière liqueur : cette expérience n'est rien moins
que certaine.

On emploie quelquefois la résine de lierre dans
les vernis ; elle se dissout très-bien et entièrement
dans l'esprit - de - vin ; elle s'amalgame à mer-

veille avec l'huile de térébenthine, le seul menstrue huileux qui se l'incorpore parfaitement.

On emploie quelquefois le lierre pour masquer
et cacher les vieilles masures : ce végétal contribue
à les conserver long-temps. Comme il est toujours vert, et que ses branches rameuses se prêtent
assez bien aux arrangemens qu'on en veut faire,
on le place dans quelques bosquets d'hiver, en
buissons, qui font un assez joli effet.

Le lierre étoit destiné à couronner les poètes
chez les anciens Romains; il étoit aussi particulièrement consacré à Bacchus.

Il est peu d'endroits et peu de climats où il ne
croisse.

ARTICLE III.

SECTION PREMIÈRE.

Des Arbres qui fournissent des Cires Résineuses.

LE GALÉ, ou le PIMENT ROYAL, arbrisseau exotique, nucifère.

1. *Gale, frutex odoratus septentrionalium, oleoginosus ; cordato folio, chamœoleo simili.* B.

Le galé, arbrisseau odorant des pays septentrionaux, oléagineux; à feuilles en cœur ressemblantes à celles de la carline.

2. *Gale, seu myrtus similis Brabantiæ, caroliniensis, baccata ; fructu racemoso, sessili, monospermo ; mas et fœmina.* PLUK.

Le galé, ou le myrte semblable à celui du Brabant, de la Caroline, portant des baies en grappes; à petits fruits ailés, sessiles, n'ayant qu'une semence unique ; mâle et femelle : l'arbre à cire de la Louisiane.

3. *Gale, vel rhus, mas et fœmina, myrti folio belgicæ.* BA.

Le galé, ou espèce de sumac, mâle et femelle, à feuilles de myrte de la Belgique.

4. *Gale-myrtus, Brabantiæ similis, caroliniensis, humilior ; foliis latioribus, et magis serratis.* CAT.

Le plus petit galé, à feuilles de myrte semblables à

celui du Brabant, croissant à la Caroline; à
feuilles larges et profondément dentelées : connu
sous le nom de *laurier sauvage de l'Acadie*, *du
Canada* et *de la Caroline*.

5. *Mariana asplenii folio.* PETI.
Le mariana à feuille de céterac.

6. *Mariana myrti Brabantiæ affinis, laciniis asple-*
nii modo divisis; iulifera semel et fructum ferens.
PLUK.

Le mariana approchant du myrte du Brabant, dont
les feuilles sont dentelées comme celles du céterac ; portant des chatons fleuris et des fruits
sur le même individu.

7. *Myrica foliis oblongis, alternatim sinuatis.* LIN.
Le myrica, ou la bruyère à feuilles oblongues, alternativement sinuées.

8. *Myrica-gale, foliis lanceolatis, subserratis; caule*
suffructosâ. LIN.
La bruyère-galé à feuilles lancéolées, dentelées en
dessous; à tige d'arbrisseau.

9. *Myrica cerifera, foliis lanceolatis, subserratis ;*
caule arborescente. LIN.
La bruyère portant de la cire, à feuilles en forme
de fer de lance, dentelées en dessous; croissant en
arbre.

10. *Myrica cerifera, foliis lanceolatis, acutis, supernè*
serratis, planis, nitidulis. LAM.
La bruyère à cire, dont les feuilles sont en forme
de fer de lance, aiguës, planes et brillantes. —
C'est l'arbre à cire de la Louisiane, ou le candi-
lari des Anglais.

11. *Myrica cerifera, foliis oblongis , obtusissimis ,.
aliis supernè serratis , aliis integerrimis , junioribus marginibus revoluti;.* LAM..

La bruyère fournissant de la cire , à feuilles alongées, très-obtuses , les unes dentelées en dessus ,
d'autres très - entières, les plus jeunes roulées
vers leur bord.

12. *Myrica querci folio; foliis ovato-cuneiformibus ,
sinuato-serratis , obtusiunculis , laciniis sæpiùs
angulosis.* RUM.

. La bruyère à feuille de chêne; à feuilles formées
en coins ovalaires recourbés, très-obtuses, à découpures angulaires à la base.

13. *Myrica foliis subcordatis, integris, sessilibus.* BURM.

La bruyère à feuilles dont la base est en cœur , entières , sans pétioles.

14. *Myrica trifoliata, foliis ternatis , dentatis.* LIN.

La bruyère en trèfle, à feuilles ternaires et dentelées.

15. *Laurus africana ,.minor, querci folio.* COMMERS.

Le petit laurier d'Afrique, à feuilles de chêne.

16. *Cariotrage africana, seu botryos , amplioribus,
densis foliis.* PLUK.

Le cariotrage d'Afrique , ou le botryos, à grappes
et à feuilles très-amples et très-épaisses.

17. *Eadem, foliis minoribus et magis dissectis.* LAM.

Le même, à petites feuilles plus découpées.

18. *Eadem, minor , africana , quercinis , tenuibus ,
dissectis foliis.* PLUK.

Le même, plus petit, d'Afrique, à feuilles de chêne
minces et découpées.

19. *Eadem, ilicis foliis açulatis.* PLUK.
Le même, à feuilles d'yeuse aiguës.

20. *Gale capensis, ilicis cocciferæ foliis.* PETI.
Le galé du Cap, à feuilles semblables à celles de
l'yeuse qui porte le kermès.

21. *Laurus ïulifera, folio specioso enervii.* KÆM.
Le laurier à baies, et à feuilles remarquablement
molles.

22. *Alaternoides ilicis folio crasso, hirsuto.* WAL.
L'alaternoïde à feuilles d'yeuse, épaisses et velues.

23. *Myrica cordifolia.* TUN.
La bruyère à feuilles en cœur.

On a rassemblé ici plusieurs arbres qui fournissent une cire résineuse, quoiqu'ils aient des
noms différens et des caractères assez dissembla-
bles dans leur port ainsi que dans leur feuillage.
Il y en a , dans le dénombrement ci-dessus, auxquels différens botanistes ont imposé des noms
particuliers , décidés par quelque dissemblance
des feuilles. En effet, les unes ressemblent à celles
du myrte ; d'autres à celles du chêne, du tamarisc,
de la bruyère, ou du laurier. Sans doute, le même
caractère de floraison a déterminé à les placer
dans la même classe et dans le même rang ; peut-
être aussi l'a-t-on fait parce que tous ces arbres
fournissent une matière semblable. On ne s'atta-
chera ici qu'à la description de ceux qui sont le
plus généralement et le mieux connus.

Parmi ces arbres il y en a plusieurs que l'on

cultive en France, et qui , par leur feuillage , semblent se rapprocher du myrte du Brabant. Le principal auquel les autres sont assez conformes , est cultivé sous le nom de *galé* ou de *piment royal;* c'est un arbrisseau qui s'élève à quatre ou cinq pieds tout au plus. Le bois en est léger, tendre et blanc ; l'écorce d'un gris cendré ; les racines pivotantes et chevelues.

Les feuilles sont alternes, un peu alongées, dentelées dans quelques espèces , et principalement dans le nain , assez ressemblantes par leur figure à celles du myrte.

Les fleurs, mâles et femelles , naissent ordinairement sur deux individus différens; elles se rencontrent cependant quelquefois sur le même. Les fleurs mâles sont groupées sur de petits péduncules roides , et en forme de lances ou de poinçons ; elles croissent tant vers le bout des rameaux que dans leurs aisselles , forment une espèce d'épis , et sont composées en manière d'écailles ou pétales pointus , creusés en cuilleron, sous chacun desquels se trouvent des étamines au nombre de quatre.

Les fleurs femelles, qui ont beaucoup de ressemblance aux fleurs, mâles , par leurs écailles et leur forme d'épis , se trouvent placées comme elles sur les petits rameaux ; elles sont dépourvues d'étamines ; mais chaque écaille recouvre un embryon de figure ovoïde, surmonté de deux styles,

Cet embryon devient, en grossissant, une capsule, ou petite graine oblongue, légèrement boiseuse, et contenant une amande unique, ronde, un peu relevée en bosse. Ces fruits rassemblés en bouquets, sont en assez petite quantité sur ceux qu'on cultive en France : ils sont très-onctueux, et recouverts d'une poussière blanche et adhérente.

Le galé de la Louisiane paroît un peu différer de celui que nous cultivons : ses feuilles approchent davantage du laurier que du myrte ; son fruit vient plutôt en bouquets qu'en épis ; il est porté sur des péduncules d'environ deux pouces de longueur, tous rassemblés sur le même point. Ce fruit, de la grosseur et presque de la figure d'un pois, est composé d'un noyau couvert d'une poussière céro-résineuse, qui renferme une amande. L'arbrisseau s'élève à neuf ou dix pieds, et fournit une grande quantité de fruits d'autant plus faciles à cueillir, que son bois est très-souple. Il vient par-tout, dans les lieux aquatiques comme dans les lieux secs et dans les plaines, et ne craint nullement le froid. Celui que nous cultivons est peut-être le même végétal un peu dégénéré.

C'est principalement des fruits et des amandes de l'arbre à cire de la Louisiane, qu'on obtient une substance plus chargée d'huile que de sel acide, plus ressemblante à de la cire qu'à de la véritable résine. Cette substance a cependant

incontestablement les qualités de cette dernière ;
ce qu'il est facile de reconnoître par son inflammabilité , par sa fusion facile dans les esprits ,
sur-tout dans celui du vin, qui en absorbent la plus
grande partie , et par toutes les propriétés particulières aux matières résineuses.

Pour obtenir cette substance utile, les habitans
de la Louisiane, qui ont su en tirer le meilleur
parti , ont deux méthodes qui tendent l'une et
l'autre à se procurer une matière propre à faire
des flambeaux. La première , qui a été le plus
long-temps en usage, consiste à mettre les graines
avec leur queue dans de grandes chaudières pleines
d'eau bouillante ; on continue à les tenir dans le
même état d'ébullition , jusqu'à ce que la capsule
soit très-gonflée et laisse échapper la matière
céro-résineuse qu'elle contient. On a très-grand
soin d'enlever à mesure les graines et les queues
avec une écumoire ; la matière résineuse est adoucie
par l'huile des amandes qui s'y est jointe : elle
surnage et se fige en refroidissant ; elle devient
alors une substance mollement concrète, d'une
couleur verdâtre , teinte que lui acquiert sa jonction avec une partie de la matière extractive de
l'amande que détache la forte ébullition. Cette
espèce est toujours verte , d'une teinte assez claire ;
elle s'évanouit en blanchissant comme la cire des
abeilles , et même plus promptement.

Les arts se perfectionnent par l'expérience ,

quelquefois par le hasard ; l'une et l'autre ont été l'origine d'une seconde méthode : elle se pratique en mettant les fruits et les queues dans un vase, et en jetant dessus de l'eau bouillante au plus haut degré. On transvase cette eau après le court espace de temps nécessaire pour dissoudre la partie onctueuse et résineuse qui entoure les graines et les queues : on obtient par cette méthode une matière plus blanche, d'une teinte plutôt jaune claire que verte, et qui achève de blanchir en très-peu de temps, c'est-à-dire en l'exposant à la rosée pendant six ou huit jours tout au plus. Cette cire est si sèche qu'elle se casse en plusieurs morceaux si on la laisse tomber ; elle est aussi friable que la résine ordinaire, ce qui atteste de nouveau la présence de cette substance ; elle se réduit très-facilement en poudre, et ne s'amollit pas sensiblement lorsqu'on la presse entre les doigts, comme fait la cire ordinaire ; elle devient molle et extensive par la pression, ce qui constitue la différence entre ces deux matières : aussi cette cire est plus belle, et dure plus long-temps que toutes celles qu'on emploie aux mêmes usages ; elle est préférée, et beaucoup plus chère que la substance obtenue par la première méthode.

Comme cette dernière opération n'est pratiquée que pour avoir une matière plus solide et d'une plus belle couleur : comme d'ailleurs l'eau, quelque bouillante qu'elle soit, n'enlève pas la

totalité des substances qui entourent ces graines ,
et ne fait que très-peu d'impression sur l'amande,
on soumet le tout à l'ébullition ; on en retire une
assez grande quantité de matière verdâtre. Celle-ci
possède , mais plus foiblement, une partie des
qualités dont jouit celle produite par la première
méthode ; elle tient alors plus du suif que de la
cire ou de la résine : la couleur est d'ailleurs plus
tenace et plus difficile à blanchir ; on n'y parvient
même jamais entièrement ; elle conserve toujours
un coup-d'œil vert jaunâtre.

La matière résino-céreuse obtenue par l'infusion simple , ne seroit pas propre à former seule
des bougies , et ne prendroit pas assez de consistance, si on ne la méloit avec de la cire d'abeilles
ou avec un peu de suif , comme on a coutume de
le pratiquer dans la fabrication de tous les flambeaux où il entre de la résine. On fait , moyen-
nant cet apprêt , des bougies qui ont autant et
même plus de consistance que celles composées
avec de la cire animale : elles n'ont pas même le
défaut de pétiller comme celles fabriquées avec
la cire pure, et telle que la fournit le fruit du galé
par la première méthode, effet approchant de
celui qui résulte des chandelles faites avec la résine de pin ou de dammara , sans aucune addition
d'huile ou d'autres corps graisseux.

Quoique cette cire se blanchisse assez facilement, on ne parvient cependant pas à le faire

au même degré que la cire des abeilles, et elle conserve toujours une teinte tant soit peu verdâtre. Les bougies qu'on en fabrique sont un peu plus dures et plus solides que celles dont nous usons ; on a même l'expérience qu'elles ne coulent pas tant, que leurs égouttures sont beaucoup moins adhérentes et plus faciles à enlever de dessus les étoffes : en effet, le peu de parties graisseuses qu'elles y déposent n'endommagent pas ou très-peu ; du reste, cette cire répand en brûlant une odeur assez agréable.

L'eau dont on a retiré cette cire a encore de l'utilité ; elle communique au suif qu'on y fait fondre une qualité de consistance et de fermeté, qui le rend aussi dur que nos bougies. Cette eau conserve sans doute quelques particules de résine, lesquelles, s'unissant au suif, lui font acquérir cette solidité, qui peut être aussi l'effet de sa forte astriction.

Cette astriction donne à l'eau une vertu qui la rend un remède presque spécifique pour la dyssenterie et les diarrhées : on prétend même qu'elle le dispute à l'ipecacuanha. Ce sont les seules vertus médicinales de cette cire, qui s'emploie néanmoins dans quelques emplâtres ; les fruits et même les feuilles servent aussi dans les cas où il est nécessaire de resserrer.

Ce qui constate encore mieux la présence de la résine, c'est que, lorsqu'on a enlevé la cire contenue sur les baies, on aperçoit à l'œil, mais mieux encore par le moyen de la loupe, une matière qui paroît avoir la consistance de la laque : l'eau même la plus bouillante ne peut parvenir à dissoudre cette matière, qui ne cède qu'à l'impression de l'esprit-de-vin, avec lequel on en tire une teinture verte. Jusqu'à présent on ne connoît aucun usage de cette teinture, ni dans la médecine, ni dans les arts ; peut-être pourroit-elle servir à ces derniers, sur-tout à l'art de teindre.

Cet arbre est d'une trop grande utilité pour ne pas être cultivé avec soin ; aussi les habitans de la Louisiane ne se contentent pas de ceux qu'ils trouvent assez abondamment sur les bords des marais ; ils en font encore des plantations considérables. L'expérience prouve que ces arbres, ainsi cultivés, deviennent beaucoup plus féconds, et qu'il en découle une substance beaucoup plus belle. Plusieurs variétés de ce végétal se cultivent en France, où elles ne sont admises que par curiosité : personne jusqu'à ce moment n'en a retiré de la cire. Ces végétaux demandent à être amplement et très-souvent arrosés.

Parmi les différentes variétés comprises dans la nomenclature, il y en a une plus remarquable par la forme de ses feuilles. Thunberg en fait mention dans ses Voyages, et nous apprend que c'est un arbrisseau qu'il a observé au Cap de Bonne-Espérance, et qui croît en buisson. Il paroît être le même que la bruyère de Burmann , indiquée sous le numéro 15, ou celle de Linnæus sous le numéro suivant. Le voyageur distingue cet arbrisseau par ses feuilles entièrement formées en cœur : il ne donne d'ailleurs aucun détail sur ses fleurs ; il nous instruit seulement de la nature de son fruit, parfaitement rond, quoique raboteux, mou , de la grosseur d'un pois , de couleur naturellement noire , un peu foncée, mais prenant à la suite une teinte grisâtre , effet de la poussière qui l'entoure.

Le savant Lamark ne doute pas que cet arbrisseau ne soit du même genre que le galé de France et celui de la Caroline, dout il diffère seulement par la configuration de ses feuilles qui sont petites, faites en cœur, un peu dentelées , presque sessiles et assez éparses : sans doute il a été déterminé par la floraison de cet arbrisseau qu'il a pu remarquer dans les individus cultivés au Jardin des Plantes.

Ce végétal fournit aux habitans du Cap de Bonne-Espérance , où il est indigène et très-commun , une cire d'assez bonne qualité. Pour la retirer , ils font macérer la graine garnie de ses péduncules ; ils la font ensuite bouillir à grande eau, jusqu'à ce que la poussière qui les entoure soit entièrement fondue , et surnage sur le liquide; on l'écume alors pour enlever les graines et les queues. La partie céro-résineuse se fige et se coagule en refroidissant, et prend la forme d'une graisse épaisse et légérement concrète, assez semblable à la cire des abeilles, mais grise, mal-propre, et d'une couleur verdâtre et dégoûtante. Cette matière n'a pas tout-à-fait la consistance de la cire des abeilles, mais elle en a beaucoup plus que le suif : peut-être qu'en la préparant comme celle de la Louisiane, on parviendra à en retirer une substance plus parfaite.

Les Européens, qui habitent ces contrées fabriquent des chandelles avec cette cire. Les Hottentots la mangent avec plaisir, tantôt seule, tantôt avec de la viande, ou comme du fromage.

On ne connoît d'autre objet d'utilité à cette plante, que d'employer la cire à faire des chandelles ; elle n'a aucune vertu pour la médecine, ni aucune propriété pour les arts. Quant au bois, il est trop petit pour servir à d'autres usages qu'à brûler ; il en est ainsi des autres espèces de galé.

Cet arbrisseau croît au Cap de Bonne-Espérance ; on y trouve quelques variétés du galé qui se rencontre dans quelques parties du globe, principalement en Afrique, à la Caroline et à la Louisiane. Nous en avons aussi une espèce ou variété qui nous est indigène.

Les Chinois possèdent un végétal qu'ils appellent *arbre à cire*, et qu'on a transporté dans notre colonie de l'île de France. Ces peuples en retirent trois substances : l'une est une cire très-belle, très-blanche et très-ferme ; la seconde , une espéce de suif ; la dernière, une huile grasse. Lorsqu'on veut se procurer de la cire , on met les graines dépouillées de leurs péduncules et de leurs valves , et fraîchement cueillies', dans de l'eau qu'on expose sur le feu ; quand elle est en ébullition, la substance qui entoure l'amande se fond et surnage ; c'est la cire pure qu'on enlève avec l'é-cumoire lorsque l'eau est refroidie : on pile ensuite ce fruit, on le remet dans l'eau et sur le feu ; l'huile contenue dans l'amande se détache; on la décante ou on la filtre ; elle devient alors une huile grasse , propre à plusieurs usages : enfin , si on ne désire avoir que du suif, on commence par concasser les graines entières, on les fait bouillir comme dans les procédés ci-dessus ; la cire et l'huile qu'elles rendent s'amalgament ensemble et fournissent une matière qui ressemble au suif, un peu plus ferme , et propre à faire des chandelles.

On n'a point de détail sur la définition botanique de ce végétal ; on pense cependant qu'il contient moins de substance résineuse que les arbres précédens : la mollesse de celle qu'on en obtient paroît en être une preuve. On ignore si, depuis la révolution, on a fait à l'île de France quelqu'expérience sur cet arbrisseau ; à cette époque, il étoit en trop petite quantité, et trop nouvellement transporté dans cette colonie, pour en pouvoir tirer le même parti que les Chinois.

SECTION

SECTION SECONDE.

LE CIROYER, arbre exotique, baccifère.

Rheedia laterifolio. LIN.

Le rhéedia à feuilles imbriquées.

Rheedia folio subrotundo ; fructu luteo. PLUK.

Le rhéedia à feuilles rondes à la base, et à fruit
jaune.

Le ciroyer des Antilles auroit dû être placé à la
suite du calabas, dont il se rapproche plus que du
galé ou du buisson à cire. Ce n'est que par la con-
formité du nom français qu'on lui a donné, qu'il
se trouve rangé dans cette dernière classe.

Cet arbre s'élève assez haut et droit. Sa grosseur est proportionnée, mais sa tête est peu garnie
de branches qui ne s'étendent que médiocrement,
ce qui lui donne un air maigre. Les rameaux ne
sont pas moins clair-semés, éparpillés et peu épais ;
ils s'étendent horizontalement à peu près comme
le sapin, sont très-noueux et comme articulés,
velus et chargés de poils déliés. L'écorce est, dans
toute l'étendue de l'arbre, d'une couleur grise,
tirant sur le vert, tachetée de marques blanches
et vertes, très-ridée et pleine d'excroissances en
forme de verrues.

Les feuilles sont opposées, soutenues par de
courts pétioles assez épais, ovalaires, entières et

sans découpures, rases, d'un vert assez gai et brillantes en dessus, d'une couleur plus claire et tirant sur le jaune à leur revers ; leur longueur est
de six pouces.

Du milieu de ces feuilles et de leurs aisselles
partent des pédoncules très-courts, rangés en faisceaux rougeâtres en partie, et en partie de couleur blanchâtre, portant des fleurs blanches. Ces
fleurs incomplètes n'ont point de calice, et ne sont
composées que de quatre pétales concaves, légérement ouverts et inégaux, accompagnés de grand
nombre d'étamines, dont la longueur excède
celle de la corolle. Les filamens de ces étamines
sont de couleur blanche, et portent des anthères
oblongues, garnies d'une poussière couleur de sa-
fran, ou d'un jaune tirant sur le rouge : elles entourent un ovaire globuleux, surmonté d'un style
aussi long qu'elles, couronné par un stigmate fait
en forme d'entonnoir.

Le fruit qui en provient est une baie ovoïde,
très-lisse, n'ayant qu'une seule loge. Sous un épiderme très-mince, on trouve une pulpe succulente
qui enveloppe deux ou trois semences oblongues,
charnues, de la grosseur environ d'un œuf de pigeon ou un peu plus. Les semences sont d'une
couleur roussâtre ou d'un jaune pâle, résineuses,
aromatiques, d'une saveur âpre et styptique.

Il découle naturellement des rameaux du tiroyer
une résine de couleur jaunâtre, d'assez bonne

ódeur, et très-inflammable. Quelques colons en fabriquent des chandelles qu'ils rendent d'assez
bonne qualité par un mélange proportionné avec
de la cire. Cette résine ne découle pas assez abondamment de l'arbre pour pouvoir faire des expériences en grand ; le moyen des incisions en
obtiendroit peut-être assez pour la rendre utile
aux arts , dans lesquels on ne l'emploie point encore. Des colons ont cependant attesté qu'en faisant fondre cette résine dans l'esprit-de-vin qui
la dissout très-bien, ils en ont fabriqué un vernis
assez beau et assez brillant.

Quant à ses vertus médicinales , elles sont à peu
près inconnues : on sait néanmoins qu'on peut s'en
servir utilement, comme d'un baume vulnéraire,
propre à consolider les plaies récentes.

On mange quelquefois les baies de cet arbre ;
elles ont une saveur assez agréable et aromatique.
Quant aux amandes qu'elles renferment , elles sont
d'un goût âcre , astringent et repoussant.

Cet arbre croît dans diverses îles des Antilles,
mais principalement à la Martinique , où il est
indigène et très-abondant.

ARTICLE IV.

Des Iciquiers.

SECTION PREMIÈRE.

L'ICIQUIER, arbre exotique, baccifère.

1. *Icica simira.* AUB.
   L'iciquier violet.

2. *Icica guianensis, floribus cespitalis, supra et ad axillas foliorum.* AUB.
   L'iciquier de la Guiane, à fleurs faites en gazon, naissantes en dessus et dans les aisselles des feuilles.

3. *Icica amplissima, foliis amplissimis, impari pennatis; fructu racemoso.* AUB.
   L'iciquier très-élevé, à feuilles très-amples, inégalement ailées; à fruit en grappe; le cèdre blanc.— Il y en a une variété sous le nom de *cèdre rouge.*

4. *Icica (arancouchini) balsamifera, foliis ternatis, quinatis.* AUB.
   L'iciquier-arancouchini, balsamifère, à trois et à cinq feuilles.

5. *Icica enneandra, foliis ternatis.* AUB.
   L'iciquier à neuf étamines, et à trois feuilles.

6. *Icica decandra, foliis pinnato-decandris.* AUB.
   L'iciquier à dix étamines, et à dix feuilles ailées.

Les iciquiers sont d'assez grands arbres. Le premier s'élève à trente pieds et plus. Sa grosseur a deux pieds et demi, et souvent davantage de·circonférence. Son écorce est d'une couleur roussâtre, ridée, gercée, raboteuse et très-inégale. Le bois en est blanc à la superficie, et rougeâtre en dedans. La tige est garnie d'un grand nombre de branches, tantôt droites, tantôt horizontales, chargées d'une infinité de rameaux sur lesquels se voient beaucoup de feuilles.

Ces feuilles sont ailées, composées de deux rangs de folioles portées sur un filet commun, opposées, terminées par une impaire : ces folioles sont au nombre de cinq ou de sept, d'une couleur vert clair, très-irrégulièrement ovalaires, lisses et sans dentelures, terminées chacune par une petite pointe.

A l'aisselle de ces feuilles croissent des petits bouquets de fleurs portées sur un péduncule très-court. Le calice de chacune de ces fleurs est composé d'une seule pièce qui se divise en quatre dentelures très-aiguës ; il soutient une corolle, sur laquelle sont rangés des pétales en croix au nombre de quatre, attachés à un disque tantôt blanc, mais le plus souvent jaune. Les étamines renfermées entre ces pétales, sont au nombre de huit, à filets très-courts, et à longue anthère, garnie de deux bourses jaunâtres. Ces étamines entourent un ovaire emboîté dans le disque, surmonté d'un style vert et charnu, terminé par un stigmate épais, aplati , et creusé dans son centre. Les pétales sont d'une couleur violette.

L'ovaire devient une capsule coriace, ou une baie qui, en s'ouvrant, se divise en quatre quartiers. On trouve sous cette enveloppe une chair ou substance assez douce et succulente, rouge, d'un goût agréable, au milieu de laquelle est contenu un osselet, ou noyau qui renferme une amande.

Les autres espèces d'iciquier ne paroissent différer entr'elles que par le nombre ou la forme des feuilles : on ne sait même pas quelle raison a déterminé Aublet à regarder la troisième comme un cèdre ; c'est sans doute d'après la dénomination que lui ont donnée les colons. Ces deux arbres n'ont aucune ressemblance, et l'iciquier ne porte aucun caractère qui puisse l'assimiler au cèdre. Quant à la variété du même numéro, elle est vraisemblablement indiquée par une différence dans la couleur des fleurs ou du bois, ce qui peut cependant n'être qu'accidentel.

Les résines qui découlent de ces différens arbres, pourroient peut-être mieux les faire distinguer, soit par la dissemblance de la nature de ces résines, soit par leur forme, leur consistance, leur odeur, et l'usage auquel on les emploie. La substance qu'on retire du premier des iciquiers, au moyen d'une entamure qu'on fait à son écorce, paroît d'une nature à devenir très-promptement concrète; elle est friable, quoique d'une assez grande dureté

Le suc résineux est, en sortant de l'arbre, fluide, clair, transparent, d'une saveur balsamique ; mais lorsqu'il est consolidé, et à mesure qu'il est frappé de l'air, il devient très-dur ; alors sa couleur est très-blanche. On se sert souvent de cette résine pour la substituer à l'encens, dont elle approche par son odeur, quoique beaucoup plus douce : aussi la met-on en usage pour parfumer les appartemens : on ne lui connoît d'ailleurs aucune autre propriété, ni pour les arts, ni pour la médecine.

Le second des iciquiers produit aussi un suc résineux, balsamique ; mais il est d'une amertume insupportable. Il se durcit autant que le premier ; on le distingue par sa couleur jaunâtre, et par son odeur approchante de celle du citron ; du reste, on l'emploie aux mêmes usages que le précédent.

La quatrième espèce produit une liqueur jaunâtre, balsamique, très-aromatique, liquide comme la térébenthine, et conservant assez long-temps sa fluidité. Cette résine est vulnéraire, très-employée pour la guérison des plaies et blessures, et même pour les ulcères invétérés : ces vertus l'assimilent à la gomme-élémi. Les Caraïbes en font le plus grand cas ; ils s'en servent aussi pour se parfumer en la mêlant avec de l'huile de carapa, et de la fécule de rocou ; ils s'enduisent tout le corps ainsi que les cheveux avec cette préparation : elle sert également pour les préserver des effets pernicieux de la pluie, et les garantir des piqûres des cousins

et autres insectes incommodes, que son odeur contribue sans doute à éloigner.

Le bois de toutes les variétés d'iciquiers est
employé à divers ouvrages : aisé à travailler, il
prend très-bien le poli, et on l'emploie au même
usage que les autres arbres résineux. On mange
quelquefois son fruit, rarement ses amandes qui
sont d'une âcreté et d'une astriction repoussantes.

Cet arbre est indigène à la Guiane.

SECTION SECONDE.

L'ICICARIBA, arbre exotique, nucifère.

1. *Icicariba.* Mar.
   L'icicariba.

2. *Amyris elemifera, foliis ternatis, quinato-pennatis, sublus tumentosis.* Lin.
   L'amyris fournissant la gomme ou résine-élémi , à
   feuilles ternaires , ailées; à cinq folioles gonflées
   en dessous.

3. *Frutex trifolius , resinosus; floribus tripetalis albis , racemosis.* Cat.
   L'arbrisseau à trois feuilles , résineux; à fleurs à
   trois pétales blancs venant en grappes.

4. *Cornus racemosa, trifolia, et quinquefolia; foliis
   foraminulatis.* Pluk.
   Le cornouiller dont le fruit est en grappes; à trois
   et à cinq feuilles perforées.

Ces quatre espèces d'arbres, ou d'arbrisseaux,
offrent entr'elles plusieurs dissemblances; cepen-

dant on les place toutes sous la même classe, sans doute parce que la résine qui en découle, et connue sous le nom de *gomme* ou *résine-élémi*, est semblable dans tous ces individus par sa forme et ses propriétés.

L'icicariba de Marcgrave, relaté au premier numéro, est un arbre qui atteint quelquefois la hauteur d'un hêtre, mais dont le tronc, constamment plus frêle, ne parvient jamais à la grosseur du même arbre; son écorce est unie, de couleur grise, et exhalant une odeur assez suave; ses branches s'étendent assez loin, et sont garnies de nombreux rameaux chargés de feuilles.

Ces feuilles sont placées sur les rameaux de distance en distance et par bouquets; elles sont composées de trois ou de cinq folioles portées sur un filet commun; de ces folioles, deux ou quatre sont constamment opposées, et la dernière toujours isolée : elles ressemblent assez aux feuilles de notre poirier, sont d'une forme ovalaire, tant soit peu pointues, peu épaisses, quelquefois même aussi minces que du parchemin. Leur couleur est un vert clair et brillant en dessus, plus foncé et un peu velu au revers; elles sont garnies dans toute leur longueur d'un nerf un peu saillant, duquel partent des veines qui s'étendent en tous sens. Les feuilles du dernier arbrisseau ressemblent presqu'à celles du cornouiller; elles sont crénelées, pointillées et perforées.

Sur les mêmes rameaux où sont attachées les feuilles, il croît, en très-grande quantité, des fleurs jointes ensemble et en bouquets formant des grappes d'une manière confuse. Ces fleurs sont composées d'un calice inhérent, d'une seule pièce qui se divise en quatre segmens aigus; il est perpendiculaire, assez petit dans l'origine, mais croissant jusqu'à la parfaite maturité du fruit; il est accompagné de quatre folioles placées en étoiles, d'un joli vert et entourées sur leur rebord d'une petite ligne très-blanche. Il sort de ce calice quatre pétales aussi blancs que la neige, et renfermant huit étamines de la même couleur, formées par autant de filamens en alêne, surmontées d'anthères droits, de la longueur de la corolle. Elles entourent un embryon composé d'un ovaire à pistil de figure ovalaire, surmonté d'un style épais aussi long que les étamines, par-dessus lequel on remarque un stigmate assez gros.

Cet ovaire devient à la longue un fruit ou baie portée sur une très-longue queue de la figure et de la forme d'une olive, et de la couleur d'une grenade. Ce fruit est entouré d'une pulpe très-parfumée, dont l'odeur, ainsi que celle de la résine et de l'écorce, a beaucoup de rapport à celle de l'anet. Cette pulpe odorante entoure et enveloppe un osselet ou espèce de noix ovoïdement arrondie, ligneuse, luisante, unie, renfermant une amande de même forme, et à deux lobes.

L'icicariba de Marcgrave paroît être le même
que l'amyris de Linnæus, et ne semble différer de
celui de Catesbi que par sa dimension, et par ses
pétales qui ne sont qu'au nombre de trois dans la
description que donne le dernier auteur : d'ailleurs la résine qui découle de l'un et de l'autre est
parfaitement similaire, et possède les mêmes vertus.

Cette résine coule en assez grande abondance
par les incisions qu'on fait à ces différens végétaux ; ils en fournissent quelquefois aussitôt que
les plaies sont ouvertes, mais avec bien plus de
certitude le lendemain ou le surlendemain, selon
la température de l'air et son plus ou moins d'humidité. Le suc résineux, qui découle sous une
forme assez liquide, devient très-promptement
concret, gras ; il s'attache facilement et fortement
aux doigts lorsqu'on le manie. Il est alors d'une
couleur jaunâtre et comme dorée, tirant un peu
sur le vert, d'une odeur pénétrante assez semblable à celle de l'anet, d'une saveur âcre et peu
agréable. Exposée au froid, cette résine se durcit,
perd entièrement sa mollesse et sa couleur, et se
rembrunit visiblement. Dans cet état elle est beaucoup moins efficace que lorsqu'elle est employée
fraîche ; son odeur s'évapore aussi en partie.

Cette résine, à laquelle on donne très-improprement le nom de *gomme*, puisqu'elle est indissoluble dans tous les liquides aqueux, se trouve
dans les boutiques et chez les curieux sous diffé-

rentes formes et sous différentes couleurs : on en
voit de blanches, de vertes, de jaunes, et même
de noirâtres. On en connoît une de ce dernier
genre, à laquelle on donne le nom *d'arancouchini
des Galibis ;* c'est vraisemblablement celle qui découle d'un arbre placé dans le nombre des iciquiers de l'Article précédent. Cette résine est d'un
vert très-foncé qui tire cependant quelquefois sur
le blanc.

Pour que la gomme-élémi soit dans un état parfait de beauté et de bonté, elle doit être blanchâtre, entremêlée de petits points jaunes, et exhaler une odeur agréable lorsqu'on l'expose sur
des charbons ardens.

Cette résine a beaucoup de vertus médicinales;
elle est digestive, résolutive, maturative et vulnéraire , préférable à beaucoup de baumes tant
pour les plaies que pour les ulcères ; elle est même
un léger préservatif contre la gangrène : elle ne
réussit pas moins dans les cas de contusions; elle
est sur-tout souveraine pour les plaies de la tête
et des nerfs. On la fait entrer dans plusieurs emplâtres, onguens et autres compositions ; prise
intérieurement, elle fortifie les viscères, et chasse
les vents. Elle a aussi une vertu céphalique.

On distingue deux espèces de résine ou de gomme-
élémi; celle dont nous venons de parler, et celle
qui nous vient d'Éthiopie : cette dernière est très-
rare; on paroît en ignorer l'origine. On doute que

cette substance fût connue des anciens. La résine
dont Dioscoride fait mention, étoit jaune, très-
ressemblante à celle de la scammonée et fortement
mordicante, toutes qualités qui n'ont rien de commun avec celle que nous connoissons.

On emploie la résine-élémi dans les vernis;
elle les rend plus brillans et plus propres à recevoir le poli; elle leur donne aussi plus de corps.
C'est sur-tout dans les vernis à l'esprit-de-vin
qu'on la met en usage; elle sert à hâter la dissolution des autres substances qu'on y emploie, et
à augmenter leur consistance.

On ignore l'emploi que l'on fait du bois des
icicariba; mais il y a apparence qu'un végétal si
beau et si considérable dans ses dimensions ne
peut pas être absolument inutile. On ne sait pas
non plus si l'on fait quelqu'usage de son fruit et de
sa noix en qualité de comestible, ou de quelqu'autre
manière.

Ces différens végétaux naissent et croissent à la
Nouvelle-Espagne et au Brésil, d'où l'on nous
apporte sa résine.

ARTICLE V.

Des Vouapa.

LE VOUAPA, arbre exotique, légumineux.

1. *Vouapa bifolia.* AUB.
   Le vouapa à deux feuilles.

2. *Vouapa simira, seu avovaou.* AUB.
   Le vouapa violet, ou l'avovaou : l'iciquier à sept
   feuilles.

Les deux espèces d'arbres reconnus par Aublet
sous le nom de *vouapa*, sont des arbres de la
plus grande dimension. Ceux de la première s'é-
lèvent jusqu'à soixante ou soixante - dix pieds ;
ceux de la seconde passent souvent quatre-vingts
pieds. L'écorce de l'un et de l'autre est très-
lisse, d'une couleur grisâtre. Le bois, blanchâtre àl'extérieur, prend une teinte rougeâtre en
dedans; il est compacte et très-uni. Les branches très-nombreuses , qui couronnent la tige
et l'entourent, s'étendent au loin et soutiennent
une grande quantité de rameaux très-garnis de
feuilles.

Les feuilles attachées aux rameaux et alternes,
sont composées de deux folioles soutenues par un
pétiole très-court, et naissent en grande partie

vers l'extrémité des rameaux. Elles sont constamment accompagnées de deux stipules aiguës,
ovalaires et terminées par une pointe longue et
aiguë ? ces feuilles sont fermes, lisses, sans dentelures, et d'un assez joli vert. La quantité des
folioles distingue les deux variétés : elles sont
au nombre de sept dans la seconde, rangées
par paire sur une côte ou filet commun ; la septième ou impaire termine ce filet ; elles sont,
d'ailleurs, pourvues de stipules semblables aux
premières.

Les fleurs naissent par bouquets assez médiocres vers l'extrémité des rameaux et aux aisselles
des feuilles portées sur un pédicule commun, qui
se divise en péduncules particuliers. Le calice de
ces fleurs est composé de plusieurs pièces ; il renferme entre deux larges feuillets verts, mais tirant
un tant soit peu sur le rouge, une corolle à pétale unique, ovalaire, comprimé sur un pivot
surmonté d'un style délié, terminé par un stigmate. Ce pétale est tantôt blanc, tantôt violet, et
attaché par un onglet blanchâtre dans le fond du
calice. On ne connoît ni le nombre, ni la figure des
étamines.

L'ovaire contenu dans cette fleur devient une
silique large et aplatie, d'une figure circulaire
d'un côté, marquée de l'autre par une arête saillante. Verte d'abord, elle devient jaunâtre en mûrissant ; dans cet état et prête à se sécher, elle

s'ouvre avec élasticité en deux valves, et présente une semence unique, de la forme d'une féve.

Les deux arbres qui composent cet Article ne diffèrent entr'eux que par leur dimension. La quantité de leurs folioles et la teinte dissemblante de leurs fleurs, qui d'ailleurs ont la même forme, font présumer que ce n'est qu'une variété : ils fournissent l'un et l'autre, en assez grande abondance, une substance liquide, huileuse et résineuse, qui devient concrète à la longue. On a peu de connoissance des vertus médicinales et des propriétés pour les arts, de cette substance nouvellement connue ; mais on croit que du moins elle pourroit être mise en usage avec utilité pour composer des flambeaux, d'après celui qu'on fait communément des branches de l'arbre, qui s'emploient en manière de torches : en effet, ces torches brûlent et éclairent aussi bien que celles des branches de pin, de sapin, ou de quelques autres arbres résineux. Le bois est très-propre pour les ouvrages de charpente , auxquels on l'emploie avec succès ; il y seroit entièrement consacré, si le poli qu'il acquiert facilement ne le faisoit estimer et rechercher pour ceux de menuiserie [1].

[1] Les qualités médicinales des quatre végétaux précédens auroient peut-être dû les faire placer à la Troisième Partie, qui traite plus particulièrement des substances consacrées à la médecine; mais on y trouve des propriétés

Cet

Cet arbre croît spontanément à la Louisiane et
à la Guiane.

qui regardent les autres sciences ou arts, ce qui a déterminé à leur donner place dans cette Partie plus généra-
lisée.

II.

ARTICLE VI.

Du Gommart, du Vatéira, du Thoa, etc.

COMME les arbres dénommés dans cette Section ont plus ou moins de rapport à ceux dont on a traité dans les Sections précédentes, on a cru pouvoir les rassembler sous un même point de vue, en ayant soin d'indiquer les arbres desquels ils se rapprochent plus particulièrement.

SECTION PREMIÈRE.

LE GOMMART, ou le BURSÉIRA, arbre exotique, baccifère.

1. *Burseira gummifera.* LIN.
   Le burséira fournissant une gomme.

a. *Burseira racemis axillaribus; floribus albidis.* LAM.
   Le burséira à grappes axillaires; à fleurs blanches.

b. *Terebinthus americana, pistaciæ fructu non edulo.*
   Le térébinthe d'Amérique, à fruit de pistache qui ne se mange pas.

c. *Terebinthus major, betulæ cortice; fructu triangulari.* SLOA.
   Le grand térébinthe, à écorce de bouleau; à fruit triangulaire.

d. *Betula, arbor americana, seminibus lithospermæ frumentacei æmulis.*

Le bouleau, arbre de l'Amérique, dont les semences
imitent le gremil frumentacé.

c. *Burseira gummifera*. Ja.

Le burséira gommifère, connu sous différens noms
vulgaires, *bois à cochon*, *gommier-chibou*, et
cachibou, *sucrier de montagne*.

f. *Terebinthus, sive burseira, foliis angustioribus.*
Cat.

Le térébinthe, ou le burséira, à petites feuilles.

g. *Terebinthus americana, polyphylla.* Com.

Le térébinthe de l'Amérique, polyphylle.

2. *Burseira paniculata, racemis paniculatis, terminalibus; floribus purpureis.* Lam.

Le burséira paniculé, à baies paniculées et terminales; à fleurs purpurines.

a. *Colophania, floribus racemosis, tripetalis; foliis
pinnatis; cortice maximo, resinoso.* Com.

La colophane à fleurs en grappes et à trois pétales;
à feuilles ailées; à écorce épaisse et résineuse.

3. *Burseira obtusifolia; racemis paniculatis, subterminalibus; foliolis obtusis.*

Le burséira à feuilles obtuses; à rameaux en panicules sous - terminaux; dont les folioles sont
obtuses.

a. *Marignia, foliis impari pennatis; floribus racemosis, paniculatis, subterminalibus.* Commer.

Le marignia, à feuilles impaires ailées; dont les
fleurs sont en grappes paniculées, sous-termi-
nales.

Il se trouve, comme on voit par la nomencla- .

ture précédente, plusieurs espèces ou variétés du burséira, auquel on a donné le nom français de *gommart*. Cet arbre se rapporte, selon quelques botanistes, au térébinthe; il change et varie dans sa dénomination. Le même arbre, donné par un naturaliste sous le nom de *burséira*, se trouve chez d'autres sous celui de *térébinthe*, de *bouleau*, ou d'autres noms.

Il seroit bien à désirer, pour la clarté d'une science aussi intéressante que la botanique, qu'on pût fixer une nomenclature invariable; l'exécution de ce projet est peut-être aussi impraticable que celui de réduire toutes les langues à une seule. Quoiqu'on se serve assez généralement, dans cette nomenclature, d'une langue universellement connue, on la gâte cependant trop souvent par un mélange de grec à la portée d'un très-petit nombre de savans. Ajoutez à cela que les noms particuliers aux idiomes des différens pays où les plantes sont indigènes, et ceux que chaque botaniste se permet de donner aux végétaux nouvellement découverts, offrent au plus grand nombre des lecteurs ou des étudians des obscurités inexplicables.

Les différentes espèces de burséira, comprises dans cet Article, ont chacune quelque caractère particulier; cependant il en est de génériques qui doivent les faire ranger dans la même classe. En général, les fleurs de ces végétaux sont composées de plusieurs pétales, et naissent en grappes ou en

panicules axillaires et terminaux. Le calice a plusieurs divisions, depuis trois jusqu'à cinq, plus ou
moins d'étamines, depuis six jusqu'à dix, toujours
à filamens droits, et couronnées de petites anthères ovales et oblongues. L'ovaire, triangulaire,
quelquefois pentagone, est constamment surmonté
d'un style court à stigmate émoussé. Les baies contiennent plus ou moins d'osselets au nombre de
deux, trois, jusqu'à cinq amandes ; lorsqu'il n'y
en a qu'une, c'est toujours par avortement. Les
feuilles sont, sur tous les individus, alternes et ailées
avec impaire. Tel est le caractère générique de ces
arbres : passons aux détails qui peuvent faire distinguer les variétés.

Le premier de ces arbres est un très-grand végétal, très-fourni de branches et de rameaux. Le
tronc en est droit dans toute sa hauteur ; son écorce
extérieure, ou l'épiderme, est unie, mince, d'une
couleur brune tirant tant soit peu sur le gris ; elle
se détache en lambeaux comme celle de notre
bouleau, et recouvre une seconde écorce moins
lisse et très-résineuse.

Les feuilles alternes, ailées, avec impaire,
contiennent cinq, sept, et quelquefois neuf folioles sur un filet commun, opposées, garnies
chacune d'un très-court pétiole, ovalaires, finissant en pointe, entières, rases et sans poil d'aucun côté, lisses et même tant soit peu luisantes
en dessus, d'un vert clair et agréable. Ces folioles

ont trois pouces ou un peu plus de longueur, sur un pouce et demi ou deux de largeur, ce qui leur donne un coup-d'œil presque cordiforme à leur base.

Les fleurs sont petites, blanchâtres, sans odeur marquée ; elles naissent en grappes aux aisselles des feuilles et des rameaux, principalement à leur extrémité ; elles sont d'ailleurs composées des parties décrites ci-dessus, et le nombre d'étamines varie beaucoup.

Les fruits qui succèdent, sont ordinairement de la grosseur d'une noisette ordinaire, verdâtres, un peu teints en rouge au temps de leur maturité, résineux, odorans. L'épiderme qui les entoure est charnu, et recouvre, sous une chair assez ferme, depuis un jusqu'à cinq noyaux resserrés, qui contiennent une amande blanche.

Il découle de la seconde écorce de cet arbre un suc résineux, balsamique, dont l'odeur est très-approchante de celle de la térébenthine : ce suc s'épaissit assez vîte sous la forme d'une gomme. Il est regardé comme un excellent vulnéraire, propre à consolider toute espèce de plaies : on l'emploie aux mêmes usages que la térébenthine, et il supplée à plusieurs autres baumes.

On ignore si son bois ou sa résine sont employés dans les arts.

Cet arbre croît à la Jamaïque, dans le continent méridional de l'Amérique ; on le trouve dans

l'île Saint-Domingue, où il est plus particulièrement connu sous les noms de *bois à cochon* et
de *sucrier des montagnes.*

Le second gommart est remarquable par sa prodigieuse dimension. Commerson le regarde comme
le plus grand des arbres, et le mieux proportionné
dans son épaisseur : il se trouve de tels individus qui
ont jusqu'à trois ou quatre coudées de diamètre.
Les branches et les rameaux sont tuberculeux,
marqués comme par des cicatrices dans les endroits nus, et souvent chargés d'une bruine noirâtre.

Les feuilles sont, comme dans le précédent, alternes, assez grandes, ailées avec impaire, composées de cinq à sept folioles ovalaires, pointues,
entières et rases, portées chacune sur un court
pétiole : ce qui les distingue un peu, ce sont des
nervures très-apparentes et saillantes en dessus
ainsi qu'au revers.

Les fleurs sont petites, très-nombreuses, d'une
couleur purpurine, claire et agréable à la vue :
elles sont portées sur des grappes paniculées, terminales, de plus de cinq pouces de longueur. Le
calice, qui paroît d'une seule pièce, est divisé
en trois segmens assez petits, et chargé de trois
pétales plus longs que lui, élargis à leur base,
obtus vers leur sommet, surmontés d'une petite
pointe à peine remarquable ; ils contiennent six
étamines dont les filamens sont plus courts que les

pétales, et presque connivens, chargés d'anthères brunes, oblongues et à trois sillons. Dans plusieurs de ces fleurs on n'a pas remarqué de pistil; dans d'autres seulement, un stigmate très-obtus, situé au centre d'une espèce de réceptacle, aplati au-dessus, et d'une forme presque pentagone à sa circonférence.

Il découle naturellement, des gerçures et des crevasses de l'écorce de cet arbre, un suc résineux, très-abondant, de couleur blanchâtre. Ce suc se concrète facilement; on le dit bon pour les plaies. On s'en est d'ailleurs servi quelquefois avec avantage pour calfater les barques.

Quant au bois, il est très-léger quoique très-solide. On l'emploie utilement pour divers usages de charpenterie ou de menuiserie : il est sur-tout un des plus recherchés pour la construction des pirogues de la plus forte dimension.

Cet arbre croît à l'île de France, où il est connu sous le nom d'*arbre de colophane.*

Le troisième est aussi un très-grand arbre; il a quelqu'apparence du pistachier; il est très-résineux.

Les feuilles sont alternes avec impaire, formées par des folioles portées sur un filet commun au nombre de cinq, souvent de sept, et quelquefois de neuf, opposées, ovalaires, oblongues, émoussées, un peu épaisses, coriaces, rases, sans duvet, lisses et luisantes en dessus, ayant chacune un court pétiole, rangées par paire sur une côte commune.

Les fleurs, nombreuses, petites et blanchâtres, prennent une teinte ferrugineuse lorsqu'elles défleurissent. Elles sont portées sur des grappes fort rameuses, paniculées, axillaires et terminales, un peu moins grandes que dans l'arbre précédent. Le calice de ces fleurs est petit et divisé en cinq segmens ; il contient cinq pétales ovalaires, lancéolés, très-ouverts, une fois plus grands que le calice, aux découpures duquel ils semblent attachés. Ils sont accompagnés de dix étamines à filamens très-courts et chargés de petites anthères arrondies, de couleur jaune. L'ovaire circulaire qu'ils entourent est couronné par un stigmate presque sessile.

Le fruit qui succède à ces fleurs est une baie faite en olive, grosse comme une noisette, assez coriace, contenant, sous une pulpe épaisse et gélatineuse d'une teinte jaunâtre, un, deux, et souvent jusqu'à quatre osselets ou noyaux un peu épais, convexes sur le dos, et anguleux du côté qui regarde l'axe de la baie.

Cet arbre fournit une résine congénère de la précédente, et servant aux mêmes usages ainsi que le bois.

Il croît aussi à l'île de France, dans les bois.

SECTION SECONDE.

LE VATÉIRA, arbre exotique, nucifère.

Vateira indica, paëna, *latinè ; Malabarensibus,*
paënoc ; *Lusitanensibus*, arvoré d'encenza. Rué.
H. M.
Le vatéira des Indes, appelé par les Latins, *paëna;*
par les Malabares, *paënoé;* et par les Portugais,
arbre à l'encens.

Le vatéira des Indes est un des grands végétaux connus. Son tronc s'élève à plus de soixante
pieds, et sa grosseur a cinq ou six pieds de diamètre. Il est très-garni de grosses branches fournies de quantité de rameaux; son écorce est épaisse,
grise en dehors, roussâtre en dedans ; elle recouvre un bois dur et serré, d'un blanc mat ou tirant
sur le jaune. La racine , très - grosse et très-
résineuse , est recouverte d'un épiderme noirâtre.

Les feuilles sont répandues sur les rameaux,
en grande quantité et très-irrégulièrement : leur
forme est presque circulaire. Elles sont soutenues par de longs pétioles cylindriques, grossières, épaisses, assez brillantes, finissant un peu
en pointe, longues ordinairement d'environ neuf
pouces, sur un peu plus de largeur; leur couleur
est un vert très-gai et reluisant à l'extérieur, un
peu mat et jaunissant à l'envers. Ces feuilles sont

d'une saveur amère, âcre, astringente, résineuse, sans néanmoins exhaler d'odeur bien sensible.

Les fleurs sont rangées autour des jeunes rameaux et à leur extrémité, en bouquets attachés à des péduncules blanchâtres qui s'évasent peu à peu, et forment une ombelle ou parasol, par la manière dont ils sont placés : ces fleurs sont composées de cinq pétales blancs, contenus dans un calice d'une seule pièce, mais divisé en cinq pointes très-aiguës, et garni d'un nombre indéfini d'étamines. Celles-ci occupent le milieu du calice et entourent un pistil alongé, droit et de couleur blanche, surmonté d'un stigmate de forme arrondie et roussâtre. Les fleurs ont une odeur très-agréable, presque semblable à celle de la fleur d'orange, ou du lis, mais beaucoup plus douce : leur saveur est amère et astringente.

Le pistil, soutenu par un péduncule épais et cylindrique, se change en un fruit assez ressemblant à nos noix vertes, d'une forme arrondie, plus gros cependant vers l'extrémité, plus petit à sa base, un peu recourbé vers le calice. Après que la fleur s'est desséchée, celui-ci reste adhérent, et enchâsse le fruit comme dans une capsule ou dans un tuyau. L'épiderme et le brou qui l'environnent sont aussi compactes que du cuir; et à la maturité, d'une couleur pourpre rembrunie, tirant même sur le noir. Le premier est divisé en trois angles; lorsqu'il commence à se dessécher,

il laisse paroître à découvert une très-grosse noix
de figure circulaire, alongée, contenant une amande
recouverte d'une pellicule d'un blanc mat et roussâtre , assez semblable à celle qui recouvre les
avelines : cette amande a une saveur amère et astringente.

Pour peu qu'on incise le brou de cette noix,
il en découle des espèces de larmes résineuses
d'un blanc sombre : ces larmes se coagulent très-
promptement, et deviennent concrètes dès qu'elles
sont exposées au grand air ; elles s'épaississent
alors , se durcissent beaucoup , et ressemblent
en cet état à du sucre candi : mais bientôt après,
elles changent de couleur et prennent une teinte
rougeâtre.

L'écorce et le bois auxquels on fait des incisions, fournissent en très-grande quantité un suc
résineux, de même nature que les larmes obtenues
du brou. Ce suc est blanc comme elles dans l'origine ; il rougit de la même manière, et s'épaissit
à l'air, sur-tout à l'ardeur du soleil qui le dessèche
et le rend fragile comme du verre. Sa saveur est
âcre, et tant soit peu amère.

Plusieurs naturalistes ont cru que cette résine
étoit la véritable résine-animé : il semble même
que ce ne soit pas sans raison ; celle du vatéira
présente la même forme, et possède les mêmes
vertus.

En effet, la résine du vatéira pulvérisée s'ad-

ministre avec beaucoup de succès dans les maladies vénériennes , principalement dans les cas
de gonorrhées virulentes. Fondue et clarifiée au
moyen de quelqu'huile appropriée., telle que celle
du sésame, elle forme un excellent baume vulnéraire. Les noix entières , écrasées , pilées et exactement triturées sur le porphyre, en y ajoutant
une suffisante quantité d'eau, corroborent l'estomac, arrêtent les nausées et les vomissemens ;
elles appaisent aussi les coliques et les autres douleurs du ventricule.

Cette même résine pourroit entrer utilement
dans la composition des vernis : elle se dissout très-
bien dans les huiles et dans les esprits. Les Portugais s'en servent souvent pour la substituer à
l'encens ; ils imitent en cela les peuples idolâtres
qui l'emploient dans les sacrifices qu'ils offrent à
leurs dieux.

Quant à l'arbre d'où découle cette résine , les
Malabares le mettent utilement en œuvre dans les
constructions tant civiles que navales , principalement dans ces dernières ; ils en construisent de
très-grandes barques ; on voit même sur cette
plage des pirogues creusées et d'une seule pièce
en état de porter jusqu'à soixante hommes. Ces
espèces de bâtimens ont l'avantage précieux de
se trouver à l'abri des attaques des insectes aquatiques , si dangereux pour les autres bois, effet qui
résulte sans doute de l'amertume du vatéira. Chez

ces peuples, on se sert aussi de sa résine pour remplacer la poix et le goudron ; ses qualités la font beaucoup rechercher.

Le vatéira est indigène aux Indes orientales, particulièrement à la côte du Malabar, et sur celle de Coromandel.

SECTION TROISIÈME.

Le THOA, arbrisseau exotique, nucifère.

Thoa floribus masculis spicatis, spica inter duas flores fœmineas; nodosa, articulata articulis sex vel septem. **Aub.**

Le thoa à fleurs mâles en épis, l'épi situé entre deux fleurs femelles; noueux, articulé six ou sept fois.

Le thoa, qui n'est en effet qu'une plante comprise dans la classe des arbrisseaux rampans, s'élève cependant quelquefois jusqu'à dix pieds, et prend environ dix pouces de diamètre en grosseur. Le tronc en est tortueux et très-rempli de nœuds ; l'écorce ridée et gercée, d'une couleur grisâtre ; le bois blanc et très-spongieux. A mesure que le tronc s'alonge, il pousse des branches sarmenteuses et noueuses qui, par la force de la végétation, parviennent et s'attachent au tronc, et même aux branches des arbres voisins ; de chacun de leurs nœuds, il sort de nombreux rameaux, aussi très-noueux, opposés entr'eux, et garnis chacun de deux feuilles.

Ces feuilles sont aussi opposées, lisses, vertes,

sans aucune échancrure, terminées par une pointe aiguë, d'une grandeur inégale, les plus fortes ayant cinq pouces et demi de longueur, sur environ trois de largeur.

Les fleurs naissent dans les aisselles des feuilles, et à l'extrémité des rameaux ; elles sont doubles, ou mâles et femelles sur le même individu. Les fleurs mâles sont formées en épis accolés chacun par deux fleurs femelles , et paroissant aussitôt qu'elles : cet épi est rangé par articles et par nœuds posés les uns sur les autres. Ceux-ci , au nombre de cinq ou de sept, vont toujours en diminuant de grosseur, depuis la base jusqu'à l'extrémité où ils finissent en pointe émoussée. Sur chacun d'eux sont placées plusieurs étamines à filets très-courts et très-minces , sur lesquelles reposent de petites anthères d'un jaune très-vif.

Les fleurs femelles sont composées d'un ovaire très-alongé , quoiqu'arrondi : cet ovaire est surmonté d'un assez petit pistil, terminé par un stigmate à deux , et jusqu'à quatre petites éminences arrondies : ni l'une ni l'autre de ces fleurs n'ont de calice ni de corolle. L'épi de la fleur mâle tombe fort vîte. Dans les femelles , il n'y a souvent qu'un ovaire de fécondé ; l'autre reste dans un état d'avortement.

Cet ovaire devient une capsule lisse, roussâtre, et ne contenant qu'une loge. Lorsqu'on enlève la première écorce de cette capsule parvenue à sa matu-

rité, il en sort une substance sèche, composée d'espèces de poils roides et couchés les uns sur les
autres, mais qui se détachent et se divisent très-
facilement; ils sont alors très-minces et très-légers :
pour peu qu'il en tombe sur la peau , ils s'y attachent , s'insinuent dans les pores et occasionnent
une très-vive démangeaison. Au-dessous de cette
pulpe sèche et réticulaire , est située une amande,
enveloppée d'une coque fragile : cette amande a la
peau roussâtre, et se divise en deux lobes. Bouillie
ou grillée, elle n'est pas indifférente au goût; c'est
un aliment assez bon et assez solide. Les coqs d'Inde
et les faisans en sont très-friands; ils se nourris-
sent de ce fruit qu'ils avalent tout entier. On assure que partout où ils en trouvent abondamment,
cette nourriture les engraisse et rend leur chair
très-délicate.

L'écorce et le bois des branches de cet arbrisseau, légérement entamés , laissent couler une liqueur, d'abord claire et visqueuse, qui ne tarde
pas à se dessécher, et devient une gomme résineuse, assez dure et transparente. Ses vertus médicinales sont peu connues : on ignore de même
si elle a quelques propriétés pour les arts. On trouve
souvent des morceaux de cette résine attachés aux
branches et au tronc en forme de larmes lucides.
Cette substance n'est pas la seule que fournisse cet
arbrisseau : lorsqu'on en coupe le tronc, il en
sort une liqueur aqueuse en très-grande abondance.

dance. Cette liqueur, claire, limpide et sans aucune saveur, offre une ressource au voyageur altéré. Il est rare, dans les contrées arides où croît ce végétal, de rencontrer des eaux bonnes à assouvir la soif, ou des fruits propres à la soulager. La providence semble lui avoir réservé cette liqueur, pour l'indemniser de la mauvaise qualité de ses baies.

Cet arbrisseau croît à la Guiane.

ARTICLE VII.

Du Pongolote.

L E PONGOLOTE *des Indes*, arbre exotique, légumineux.

Caju gale dupa. RUM.
Le caju galé dupa.

a. *Gadelupa foliis impari pennatis; racemis axillaribus; siliquis elliptico-falcatis, planis, submonospermis.*

Le gadelupa à feuilles ailées et impaires; à rameaux portant dans leurs aisselles des siliques en faulx elliptiques, planes et monospermes.

b. *Pavonis monospermos tertia, seu arbor verpestilionis maxima, indica; juglandi folio majore; floribus spicatis albicantibus, odoratis; siliquâ nonnihil falcatâ; semine renali amplissimo.* BREIN. COMMER.

Le troisième à queue de paon, monosperme, ou le grand arbre des chauve-souris, des Indes; à grandes feuilles de noyer; à fleurs en épis, blanches, odorantes; à silique un peu courbée; à grands fruits figurés en reins.

L'arbre dont il est question dans cet Article est assez élevé; il est sur-tout d'une très-forte dimension en grosseur. On nous le représente comme ayant plusieurs aunes de diamètre. Il est fourni d'un grand nombre de branches coûrtes, grosses, pleines d'une infinité de nœuds, garnies de nombreux rameaux aussi très-noueux et couverts de feuilles : l'écorce de toutes les parties de l'arbre est cependant égale, rase, et sans apparence de poil ni de duvet ; elle est de couleur grisâtre.

Les feuilles ont, sur un filet commun, cinq et quelquefois six paires de folioles opposées , et portées chacune sur un pétiole court et mince. Elles sont longues et étroites , inégales en longueur , les unes portant de cinq à six pouces, et les autres beaucoup plus courtes. Elles sont toutes terminées par une pointe obtuse, rase et ferme, garnies de fibres et de veines, en assez petite quantité et d'une forme très-légère.

Les fleurs , très-imparfaitement connues, ne sont décrites par aucun auteur.

Le fruit, plus connu, consiste en siliques arrondies, unies, sans aucun poil ni duvet, de la grandeur d'un gros écu, un peu arquées, d'une couleur rousse tirant sur le noir. Ces siliques ont deux panneaux à pointe inclinée ; elles sont protubérantes vers leur milieu. Dans l'intérieur de ces cosses, sont enclavées deux fèves unies, alongées, faites en reins, plus grosses que les lupins, si dures, si polies et si noires, qu'elles ressemblent à des cailloux de cette couleur qui auroient comme elles une petite marque ridée et relevée en forme d'anneau, ou de boucle de bourse. C'est par ce point que ces fèves sont jointes aux cosses.

Le bois de cet arbre, fraîchement coupé, est d'un blanc sale et obscur, très-dur, très-solide, et difficile à fendre. Ce même bois desséché est d'une couleur noirâtre en dehors, d'une teinte cendrée en dedans, et d'une odeur peu agréable, mais légère, qui se rapporte foiblement à celle du benjoin. Le fruit nouvellement ouvert exhale la même odeur.

En faisant des incisions à l'écorce, on obtient assez abondamment une espèce de suc résineux, semblable à de la poix liquide noire, et qui se concrète facilement. On l'appelle à Madagascar *galé dupa*, et on l'y vend renfermée dans de petits bambous. Lorsqu'elle découle de l'arbre, elle est visqueuse au point qu'on a très-grande peine à la détacher des mains qui la touchent, et des spatules dont on se sert pour la récolter. Dans son état de dessiccation, elle est assez brillante ; son odeur, passablement suave, lui est propre et particulière. Cette substance, jointe au benjoin et à la résine du canaris, en exalte l'odeur et la rend plus stable.

Les Macassars recherchent beaucoup cette résine, parce qu'ils trouvent qu'elle conserve mieux qu'aucune autre, les substances qu'ils font entrer avec différens bois de senteur dans la confection des boîtes où ils renferment les odeurs dont ils se servent, et dont ils sont très-curieux.

Ces espèces de cassolettes ou de pots-pourris que ces peuples appellent *dupa*, sont composés d'un mélange de différentes résines, de bois odorans, et de raclures de divers végétaux ou minéraux ; mais il est nécessaire, pour les tenir dans un état de mollesse et les empêcher de trop se durcir, d'y ajouter quelque substance onctueuse. C'est l'effet que produit la résine *galé dupa*, dont la viscosité empêche les autres résines de se trop dessécher. Quand on ne peut pas s'en procurer, on est obligé de lui substituer quelqu'huile visqueuse ; celle qu'on tire du nanarium est notamment la plus employée.

Après cette propriété, on n'en connoît guère d'autre à cette résine. Cependant, pour la composition de certaines pilules, on la substitue quelquefois à l'aloès dont on se sert, et aux vertus duquel elle participe. Les femmes des Macassars en ajoutent tant soit peu dans la pommade dont elles font usage pour s'oindre le corps.

Le seul parti qu'on ait pu, jusqu'à présent, tirer du bois, a été d'en faire quelquefois des soliveaux et des membrures. La raison pour laquelle on le met si peu en œuvre, c'est qu'il prend mal le poli, étant rempli de fibres poilues difficiles à enlever : ce défaut, joint à sa couleur matte et peu agréable, l'empêche d'être employé en menuiserie. Son odeur pourroit peut-être le faire rechercher, si elle se répandoit dans toutes ses parties ;

mais elle ne se trouve que dans les plus grosses,
vers le bas seulement de l'arbre, et presque tou-
chant les racines ; il roussit alors, et tire quelquefois sur le noir. La racine elle-même a très-
peu d'odeur.

Cet arbre croît aux environs d'Amboine, à Macassar, aux Célèbes, à Madagascar, mais principalement dans l'île de Bornéo.

ARTICLE VIII.

Du Camirium.

Le CAMIRIUM, arbre exotique, nucifère.

Camirium. Rum.
Le camirium.

Le camirium est un arbre très-gros ; mais le tronc, assez peu élevé, se couronne très-vîte de rameaux. Son écorce de couleur cendrée, rase sans aucune apparence de poil ou de duvet, est seulement parsemée de petits points d'un rouge noirâtre, répandus çà et là sans ordre ni symétrie : elle est très-fragile et très-résineuse.

Les feuilles paroissent sous deux formes différentes. Sur les jeunes arbres, elles sont attachées aux rameaux par de très-longs pétioles, triangulaires, découpées en trois pointes aiguës, presque semblables aux feuilles du lierre quoique beaucoup plus longues, ayant six ou sept pouces, souvent dix ou onze de largeur. Elles sont traversées par trois à cinq grands nerfs qui partent du pétiole sur lequel ils forment des genoux. Cette queue est cylindrique, ridée de manière qu'on pourroit la croire parsemée de sable. Elle est couverte de poils ainsi que les rameaux qui se trouvent dans le haut de l'arbre, et partie des feuilles, à la base desquelles on voit de petites verrues adhérentes au pétiole : ces feuilles sont placées irrégulièrement et sans ordre tout le long des rameaux.

Les arbres adultes présentent d'autres feuilles différentes des premières par leur forme, et qui croissent en plus grande abondance. Ces feuilles très-larges dans la partie inférieure, finissent en pointe très-sensible ; mais elles n'ont ni angles, ni aucune espèce de découpure : quelques-unes d'elles cependant sont tant soit peu sinueuses vers leur bord. Elles ont huit ou neuf pouces de longueur, sur cinq à six de largeur, et sont garnies de trois nerfs grands et protubérans, qui concourent et partent du pétiole, mais qui sont très-peu adhérens aux côtes. Ces mêmes feuilles sont d'un vert obscur en dessus, plus gai sur le revers, et souvent approchant du gris cendré.

Les fleurs naissent dans les aisselles des feuilles : portées sur de très-longs rameaux et rassemblées au nombre de trois ou quatre, elles tiennent d'ailleurs à un péduncule particulier très-court. Elles sont composées de cinq pétales petits et minces, dans le centre desquels sont établies plusieurs étamines très-courtes, surmontées d'anthères bleues. La couleur des pétales est herbacée ; la fleur exhale une odeur assez suave.

Le fruit ne tire pas son origine de ces fleurs, mais il croît sur le même péduncule qui est très-épais et ligneux : le plus souvent il est simple, quelquefois entièrement double, ou divisé par une rainure. Lorsqu'il est entier, il a l'air et la forme d'une noix ordinaire, mais irrégulière, se terminant par une pointe émoussée à son extrémité.

Le fruit, bifide, a la figure d'un scrotum fendu en faulx dans le milieu, et finissant en pointe obtuse. Il est d'une couleur verdâtre tirant sur la cendrée, et couvert d'une poussière farineuse qui imite le sable fin. L'écale extérieure est assez semblable à celle de la noix ordinaire, mais ne salit pas autant les doigts par sa couleur. Sous cette première écorce on trouve une noix simple, double dans le bifide ; chacune d'elles est entourée d'une pellicule légère, formant cellule, perforée sur le côté d'un grand trou qui laisse la noix à découvert.

On rencontre presque toujours ces noix bifides ; elles ont, par leur forme, un très-grand rapport avec celles que produit le canaris ; elles sont néanmoins plus grosses, plus unies et plus compressées, noirâtres et ridées, excessivement dures, et ne pouvant se casser qu'à grands coups. Leur intérieur est garni d'une amande blanche, très-grosse, de la substance et du goût de la noix ordinaire, cependant plus oléagineuse, et d'une saveur nauséabonde lorsqu'elle est très-mûre. La coquille jaunit peu à peu en vieillissant, et finit par se noircir.

Le bois du tronc de cet arbre est blanc, très-mou, et absolument inutile. Les rameaux ainsi que les branches sont très-fragiles et pleins d'une moelle aqueuse.

Les habitans de Java et de Macassar fabriquent des chandelles composées de ces noix cassées et triturées, auxquelles ils ajoutent des noix du calapa et des mèches de coton. Ils les enferment en cet état dans des roseaux, ou les entourent de feuilles, où enfin, ils manient et pétrissent cette pâte sur une table unie, et la roulent avec les mains autour de la mèche jusqu'à ce qu'elle ait atteint la juste proportion d'une chandelle ordinaire. Ces chandelles brûlent assez également, mais se consument très-vîte, plus promptement même que celles de suif ; elles répandent aussi une odeur désagréable. Ces défauts les font rejeter ; elles ne sont en usage que parmi le peuple.

A Amboine où les matières qui peuvent suppléer utilement à ces luminaires sont très-abondantes, où la paresse naturelle du peuple l'empêche de se livrer au travail qu'exige leur préparation, les noix du camirium ne sont pas employées à cet usage ; mais on les mange assaisonnées avec du poivre : il faut en user avec modération, parce qu'elles enivrent très-facilement. On est parvenu à les rendre plus salubres en les faisant brûler ou torréfier jusqu'à ce que l'huile qu'elles contiennent étant épuisée, le feu s'éteigne de lui-même, ou bien en les apprêtant de la même manière que les noix du calabas.

On retire de ces noix, par expression, une huile bonne à brûler ; on s'en sert même pour les fritures, mais elle est d'un goût désagréable : les gens du peuple les plus pauvres sont les seuls qui en fassent usage.

On se sert des coquilles de ces noix pour le feu qu'elles conservent très-long-temps.

La résine qui découle de cet arbre est peu connue ; ses propriétés médicinales ne le sont pas plus : on ignore également si l'on fait usage de quelqu'autre partie de cet arbre, tant pour la médecine que pour les arts. Il approche du dammara.

Cet arbre croît à Amboine, dans les îles Moluques, dans celles des Célèbes et à Java.

ARTICLE IX.

Du Grand Panacoco.

LE GRAND PANACOCO, arbre exotique, légumineux.

> *Robina, seu panacoco, foliis tomentosis ; flore purpurascente.* AUB.

> La robine, ou le panacoco, à feuilles velues; à fleurs purpurines : (bois de fer).

La robine, connue dans le pays où elle croît, sous le nom de *panacoco*, auquel on ajoute l'épithète de *grand*, est en effet un des végétaux de la Louisiane le plus remarquable par sa dimension. Il s'élève souvent à plus de soixante pieds, et sa grosseur proportionnée offre plusieurs pieds de diamètre. Il est entouré à sa base d'ailes ou côtes qui pourroient le faire comparer aux canaris; ces ailes sont rassemblées et réunies par leur base dans toute leur hauteur, qui est de sept à huit pieds. Leur épaisseur est de quatre à cinq pouces, souvent au-delà; elles s'écartent les unes des autres, et se prolongent en largeur à mesure qu'elles approchent de la terre ; elles forment alors des cavités de six à huit pieds de profondeur, sur autant de largeur, dans lesquelles on voit souvent se retirer les bêtes fauves : on a donné à ces espèces d'arc-boutans le nom d'*arcaba*. L'écorce de ces côtes est cendrée et très-lisse, tandis que le bois ainsi que l'aubier sont blanchâtres. Le bois intérieur prend cependant une nuance de rouge ; l'écorce en est épaisse et gercée. Les branches qui composent la tête sont très-fortes ; les rameaux qui les garnissent en quantité se répandent et se prolongent de tous les côtés et en tous sens, perpendiculaires ou horizontaux. Ces rameaux sont tortueux, très-abondans en moelle, et couverts d'un duvet roussâtre.

Les feuilles qui naissent en grand nombre sur ces rameaux, sont ailées et alternes ; elles sont composées de cinq à six paires de folioles portées sur un filet ou pétiole commun, opposées, sans pétiole particulier, rangées assez loin les unes des autres et terminées par une impaire. Le filet qui les soutient est cannelé et couvert d'un duvet de couleur rembrunie ; il est très-long, et a souvent deux pieds et plus. Les folioles sont de grandeur inégale ; celle qui les termine a huit pouces de longueur, sur trois de largeur ; toutes sont ovalaires, ridées, couvertes au revers d'un duvet blanchâtre, terminées par une petite pointe. Une nervure saillante parcourt toute leur longueur, et se divise en nerfs et en veines latérales. A sa naissance, chaque feuille a deux stipules, ou lames arrondies, épaisses, concaves, couvertes d'un duvet brun : ces stipules

tombent lorsque la feuille est entièrement déve-
loppée.

Les fleurs se remarquent vers l'extrémité des
rameaux, et sont portées sur un épi lanugineux. Le
calice est arrondi par sa base, aplati vers le limbe,
et partagé en cinq segmens inégaux, soutenant
une corolle à cinq pétales irréguliers de couleur
rouge, et attachés au fond du calice. Ces pétales
contiennent dix étamines dont neuf sont réunies
en faisceau, et semblent former une gaine qui, partant de l'insertion des pétales, entoure un ovaire
ou pistil oblong : celui-ci s'élève du fond du calice,
accompagné d'un style terminé par un stigmate
alongé, aplati et très-garni de duvet.

Le résultat de cet ovaire est un fruit ou silique
coriace qui, en se desséchant, s'ouvre en deux
cosses, et contient dans sa cavité quatre ou cinq
graines anguleuses de couleur verte.

Il découle quelquefois naturellement, mais
mieux encore en faisant des incisions à l'écorce,
un suc résineux rougeâtre, balsamique, liquide,
qui se dessèche assez promptement, se convertit
en résine médiocrement dure et prend une teinte
noirâtre. On connoît peu les propriétés de cette
résine ; mais on sait que l'écorce de cet arbre est
utilement employée pour des tisanes sudorifiques.
Cette vertu, qui lui est commune avec le gaïac,
provient sans doute de sa résine.

Quant à l'usage de son bois, il est déterminé

par sa dureté qui le fait comparer au fer : en
effet, ses fibres rapprochées le rendent si compacte qu'il résiste aux meilleurs outils. Sa durée
ne le rend pas moins recommandable ; il est du
nombre de ceux qui passent pour incorruptibles.
On a vu, après soixante ans d'usage, des palis-
sades composées de ce bois, aussi saines que dans
le moment où elles avoient été coupées. On l'emploie malgré sa dureté à des constructions civiles ;
mais il est trop pesant pour les constructions
navales. C'est dommage qu'on ne puisse le travailler facilement ; son poli le rendroit propre aux
meubles ; mais sa dureté fait le désespoir des menuisiers et des tourneurs.

Cet arbre croît à la Guiane.

ARTICLE X.

Du Copal et du Clusier.

SECTION PREMIÈRE.

LE COPAL, arbre exotique, baccifère.

1. *Copalli (quahvitl)* [1], *seu arbor gummifera.* HER.
Le copal (quahvitl), ou l'arbre à gomme.

2. *Copal-patlahoac, sive arbor copallifera ; latifolia.*
HER.
Le copal-patlahoac, ou l'arbre qui fournit la résine-
copal ; à larges feuilles.

3. *Copalli-quauxiatl, seu leprosa arbor, fundens co-
pallum.* HER.
Le copal-quauxiatl, ou l'arbre lépreux, d'où découle la résine-copal.

4. *Copalli-totopocense, copallifera, quarta.* HER.
Le copal-totopocense, ou le quatrième arbre d'Hernandès, qui produit la résine-copal.

5. *Copalli-tecopalli, montana, copallifera.* HAR.
Le copal-tecopalli, de montagne, copallifère.

6. *Cuitla-copal, seu copalli stercus copallifera, leprosa.*
Le cuitla-copal, ou fiente de copal, arbre lépreux,
qui produit la résine-copal.

[1] Le mot *quatvitl* est une dénomination générique consacrée
chez les Mexicains, pour désigner toutes les espèces de gommes
odorantes et résineuses.

7-8.

7-8. *Tecopal-pitzahuac, sive copalli, tenuiori folio, copallifera.* Her.

Le técopal-pitzahuac, ou le copal, à petites feuilles, copallifère.

9. *Xochi-copalli, alias* zarapisqua; *seu copalli florentis.* Her.

Le xochi-copalli, nommé autrement *zarapisqua;* ou le copal à fleurs.

10. *Xacoxothil, seu copal florens.* Her.

Le xacoxòthil, ou le copal à fleurs.

11. *Copal-misqui-xochi, alias* xochi-copal; *copallifera.* Her

Le copal-misqui-xochi, nommé ailleurs *xochi-copal;* arbre qui produit de la résine-copal.

Les botanistes et les pharmaciens ne sont pas d'accord sur la nature du végétal qui produit la résine-copal : nous emprunterons d'Hernandès ce qui nous paroît le plus approcher de la vérité. Cet auteur fait mention de plusieurs arbres résineux qu'il range tous dans la classe des arbres produisant cette substance, et qu'il distingue seulement par la différence des feuilles et par quelque dissemblance dans les produits résineux. Il laisse bien des choses à désirer à ce sujet ; on auroit voulu qu'il entrât dans de plus grands détails, qu'il eût donné sur-tout celui des fleurs qui sont la marque caractéristique des végétaux, et dont il a négligé la description. Celle qu'il donne des fruits est même très-incomplète ; mais cet illustre

II.

médecin ne connoissoit pas , ou ne s'étoit pas
élevé jusqu'à ces méthodes lumineuses ébauchées
par les Bauhin et autres anciens botanistes, et si
perfectionnée par les Tournefort, les Linnæus,
les Jussieu , les Lamarck, etc. Comme les différens arbres dont il fait mention au sujet du copal, sont assez peu ressemblans les uns aux autres,
on est obligé de parler de chacun d'eux en particulier : on essaiera d'en faire connoître la dissemblance ou les rapports. .

Le premier des arbres cités par Hernandès,
croît à une très-grande hauteur. Ses feuilles ont
quelqu'analogie avec celles du chêne par leur forme
et par leur largeur ; elles sont cependant un peu
plus longues. Le fruit est une baie ronde et d'un
jaune doré ; il exhale la même odeur que la résine
qui découle de l'arbre, et qui suinte aussi goutte à
goutte à travers les pores de ce fruit.

Cette résine, qu'on obtient de l'arbre par les
incisions , est assez blanche, concrète et transparente ; elle se forme en larmes plates et élargies
comme des copeaux très-minces. Cette substance
prend quelquefois une teinte roussâtre ; elle ressemble assez alors à la gomme ou résine-animé :
son odeur approche de celle de l'anet ; sa saveur
est légèrement âcre et aromatique.

On emploie cette résine, ainsi que l'écorce du
bois dont elle découle et qui exhale la même odeur,
dans les affections de la tête, pour les maladies

utérines, et pour toutes celles qui sont produites par trop d'humidité.

Jetée sur les charbons ardens, elle répand une odeur si agréable que les Mexicains la préfèrent à tous les autres parfums ; elle étoit même réservée par les premiers habitans de cette contrée pour les sacrifices solennels qu'ils faisoient en l'honneur de leurs dieux.

L'arbre qui rapporte cette première résine se plaît spécialement dans les lieux humides et dans les plaines, beaucoup mieux que sur les montagnes, quoiqu'il réussisse et pousse par-tout avec vigueur.

Le second copal ne s'élève pas à beaucoup près autant. Sa hauteur est très-médiocre ; il est généralement mal fait et rabougri. Ses feuilles sont en revanche beaucoup plus grandes que celles de ses congénères ; elles sont découpées par des échancrures profondes, et ressemblent assez à celles du grand pavot, soit par la forme, soit par la dimension : situées sur de longs rameaux, elles sont accompagnées de stipules ailées ; ces rameaux, verts dans leur origine, se teignent à la suite, d'une couleur rougeâtre.

Les baies viennent en bouquets ; elles se présentent rouges lorsqu'elles sortent du sein des fleurs ; mais à mesure qu'elles croissent et approchent de la maturité, elles prennent une teinte très-jaune.

La matière résineuse qui découle de cet arbre, approche beaucoup, par sa forme et sa couleur, de la résine – animé ; cependant la première est ordinairement plus blanche, et semblable en tout à celle de l'arbre précédent : du reste, elle participe aux mêmes vertus, mais à un degré inférieur.

On reconnoît le troisième à son écorce très-raboteuse, et qui se détache avec beaucoup de facilité : elle est couverte de galles et de verrues ; c'est apparemment en vertu de ces accidens que l'arbre a acquis le titre et le nom de *lépreux*.

Les feuilles sont encore une différence notable ; elles sont petites, oblongues, semblables à celles de la rue, quoiqu'un peu plus arrondies et plus grandes.

Les baies, suspendues isolément sur un pédun-cule assez long, sont des fruits à pepins. La résine est en tout semblable aux précédentes ; cependant il y a une diminution sur l'odeur et sur les propriétés.

Hernandès ne nous apprend rien du quatrième arbre, si ce n'est que ses feuilles, assez grandes, ressemblent beaucoup à celles du citronnier, qu'il croît très-haut et qu'il est copallifère.

Le suivant ne se trouve que sur les montagnes les plus élevées : il est d'une hauteur médiocre. Ses feuilles ressemblent beaucoup à celles de l'ar-bousier ; son fruit a la figure extérieure d'un

gland. Son périanthe renferme une espèce de cosse
couverte d'une écume gluante et résineuse ; contenant une amande blanche, utile à plusieurs
usages.

Il sort du tronc de ce végétal une résine très-
analogue à l'encens , par la couleur, l'odeur, les
propriétés et la saveur. Ce végétal est très-commun dans les îles Philippines, où les Espagnols
l'ont nommé *arbre d'encens ;* d'autres lui donnent
le titre d'*animé oriental.*

Le sixième a pris sans doute le nom de *lépreux*
et de *fiente de copal ;* par les mêmes raisons qui
ont fait donner la première dénomination à celui
du troisième numéro. Celui-ci est en effet mons-
trueusement garni de tubercules qui couvrent en
plus grande partie son écorce , et qui sont entourés d'un suc résineux très-gluant, ce qui rend
cette écorce comme purulente. L'arbre d'ailleurs
est d'une hauteur assez médiocre ; et ses baies
pendantes dans les intervalles des rameaux , ont
l'air et la forme de celles de l'aubépine. Cet arbre
fournit aussi une résine semblable à celle des précédens.

Les numéros 7 et 8 présentent deux végétaux
distingués en variétés. Hernandès , qui les com-
prend toutes les deux sous la même dénomination,
ne nous apprend pas d'où vient la différence qu'il
leur attribue. Les branches de l'un et de l'autre
sont , selon lui, éparses des deux côtés de l'arbre;

les feuilles sont petites, dentelées, de la forme de celles de la rue, quoiqu'un peu plus grandes ; le fruit en est petit, arrondi, d'un rouge très-vif et presqu'écarlate, ressemblant beaucoup aux grains de poivre, ou à de petits grains de groseille. Ces baies sont pendantes sur des péduncules placés dans les intervalles des rameaux.

Le neuvième est aussi un arbre de hauteur médiocre, dont les feuilles ont quelque ressemblance à celles de la menthe; elles sont cependant beaucoup plus dentelées, et très-odorantes. Il découle de cette espèce une résine de couleur rousse, dont l'odeur participe à celle du citron; on s'en sert quelquefois en place d'encens. Sans doute que les fleurs de cet arbre avoient attiré l'attention d'Hernandès, puisqu'il qualifie ce copallifère d'*arbre à fleurs.*

Il qualifie du même nom celui du numéro 10 : il nous dit que ce végétal fournit une résine totalement semblable, que ses feuilles cependant sont très-différentes; mais il ne donne nulle description de ses fleurs, ni même des fruits de ces deux individus, malgré la précaution qu'il a prise de décrire ceux des autres copallifères.

Il nous représente enfin le onzième comme un très-grand végétal, dont les feuilles ressemblent à celles du citronnier. Le tronc est recouvert d'une écorce parsemée de points blancs, et la résine, d'un rouge purpurin, est placée par quelques personnes au rang de l'animé : on lui a même souvent imposé ce nom.

Il est douteux, d'après le témoignage même d'Hernandès, que ces arbres divers produisent la résine-copal. La différence respective des substances qui en découlent, sembleroit plutôt devoir assigner leur place parmi les encens , ou les faire regarder comme la résine-animé , plutôt que pour le véritable copal. Cependant, comme les arbres d'où découlent l'une ou l'autre de ces premières substances, sont de genres opposés à céux que décrit Hernandès , en s'en tenant au jugement de cet auteur, on regardera le produit résineux des différens arbres qui portent le nom de *copal* et de *copallifères*, comme étant véritablement la résine connue sous cette dénomination.

Les vertus médicinales de cette résine sont assez ignorées en Europe, du moins pour l'usage intérieur : on la fait entrer dans quelques onguens et compositions vulnéraires. L'huile qu'on en tire, au moyen de la distillation, est céphalique , indiquée pour les maux de tête et les migraines.

Mais le principal usage qu'on en fait est pour les vernis. Cette résine a toute la dureté et la transparence du succin, ou ambre jaune ; elle en a aussi l'indissolubilité dans l'esprit-de-vin, ce qui fait regretter que cette belle résine, qui a plus de qualités qu'aucune substance de ce genre, ne puisse s'employer qu'avec des huiles dont le mélange l'obscurcit un peu et lui ôte de son brillant. Ce seroit un secret bien précieux, et jusqu'ici inutilement recherché, si l'on trouvoit le moyen de l'incorporer avec quelque liquide spiritueux : on ne doute pas qu'alors elle ne fournît un vernis aussi beau, et peut-être plus brillant que celui qui nous vient de la Chine.

Cette résine, et l'huile essentielle qu'on en obtier ont un parfum très-agréable à l'odorat, ce qui les fait rechercher l'une et l'autre, et employer par les habitans des lieux qui les produisent. On s'en sert pour les fumigations, et pour communiquer une odeur suave aux objets qu'on a coutume de parfumer : on la fait entrer dans les cassolettes et dans les sacs odoriférans.

L'auteur dont on tire la description imparfaite des arbres copallifères, ne nous apprend pas si on fait usage de son bois ; mais la haute dimension de quelques-uns d'entr'eux fait présumer leur utilité pour les arts.

Toutes les espèces d'arbres copallifères, rapportées par Hernandès, croissent en abondance au Mexique et dans les îles Philippines.

SECTION SECONDE.

LE CLUSIER, arbre exotique, pomifère.

1. *Clusia rosea; corollis hexapetalis.* LIN.

Le clusier à fleurs roses ; à corolle garnie de six pétales.

a. *Concamedria, arbor saxis innascens, obrotundo ; pingui folio ; fructu pomifero.* PLUK. CATES.

Le concamédria, arbre naissant parmi les pierres et les rochers, à feuilles obrondes et grasses; à fruits faits en pommes.

2. *Clusia alba ; corollis pentapetalis.* LIN.

Le clusia à fleurs blanches; à corolle garnie de cinq pétales.

a. *Clusia flore albo ; fructu coccineo.* PLUK.

Le clusier à fleurs blanches; à fruit écarlate.

3. *Clusia flava ; corollis tetrapetalis.* LIN.

Le clusier à fleurs jaunes ; à corolle composée de quatre pétales.

a. *Clusia arborea, foliis nitidis, obovao-subrotundis; floribus solitariis.* BRO.

Le clusier croissant en arbre, à feuilles unies, ovaloïdes, arrondies; à fleurs solitaires.

b. *Terebinthus folio singulari, non alato, rotundo, succulento; flore tetrapetalo, pallidè luteo.* SLOA. RAI.

Le térébinthe à feuilles particulières, non ailées, rondes, succulentes; à fleurs composées de quatre pétales, d'un jaune pâle.

4. *Clusia venosa, foliis venosis.* LIN.

Le clusier veineux, à feuilles chargées de veines.

a. *Clusia flore roseo, minor; fructu viridi, rubro.* PLUK.

Le petit clusier à fleur couleur de rose; à fruit d'un vert rougeâtre.

b. *Clusia alia, minor, flore albo; fructu rubescente.*
PLUK.

Autre petit clusier à fleurs blanches; à fruits rougeâtres.

Le clusier est un arbre dont les fleurs contiennent
plus ou moins de pétales de diverses couleurs, ce
qui constitue ses variétés. Ce végétal se rapproche
du ciste : il est du nombre des plantes parasites qui
tirent en partie leur nourriture de leur jonction
avec celles qui les avoisinent. Il a des caractères
génériques à toutes ses espèces ou variétés, et
d'autres particuliers à chacune d'elles.

Le caractère générique consiste en ce que la fleur,
hermaphrodite, mâle ou stérile, est composée
d'un calice divisé en plusieurs folioles, au nombre
de quatre ou cinq, ovalaires, arrondies, persistantes,
accompagnées de quatre, cinq ou six pétales plus
grands que le calice, arrondis, ouverts et concaves;
ces pétales contiennent un grand nombre d'étamines plus courtes qu'eux, et qui remplissent la
corolle. Ces étamines sont surmontées d'anthères
situées au sommet des filamens qui les constituent, et qui environnent des corps qu'on prendroit pour une espèce d'ovaire supérieur, ovoïde,
cylindrique, dépourvu de style, mais surmonté
d'un stigmate assez épais et en couronne. Ce prétendu ovaire est cependant stérile, et ne produit
aucun fruit.

Les fleurs femelles seules sont fécondes : elles

ne diffèrent des fleurs mâles hermaphrodites ni par les calices, ni par les pétales; mais elles sont entièrement dénuées d'étamines, et renferment un ovaire environné d'une rangée épaisse de corpuscules oblongs, pointus, courbés vers le stigmate, et qui paroissent être des filamens stériles.

Le fruit est une grosse capsule de la grosseur d'une pomme ovoïde, couronné par un stigmate proéminent, fait en étoile; il est marqué en dehors de plusieurs raies ou sillons qui s'ouvrent et s'écartent au temps de la maturité, depuis le sommet jusqu'à la base. Au milieu de ces raies sont contenues, dans un même nombre de cellules, des semences nombreuses, oyoïdes, enveloppées d'une pulpe succulente, attachées à un réceptacle formé en colonnes, sillonnées et cannelées. Tel est le caractère qui désigne l'espèce entière du clusier : on va entrer dans quelques détails qui feront connoître la différence des variétés entr'elles.

Le premier clusier, ou le rose, s'élève souvent à trente ou quarante pieds; son écorce est unie et très-lisse; son bois est blanchâtre.

Les feuilles sont opposées, ovalaires, faites en façon de coins, arrondies, et quelquefois échancrées vers leur sommet, épaisses, succulentes, portées sur un court pétiole, et traversées dans toute leur longueur par une nervure très-apparente.

Les fleurs de cette espèce sont d'une couleur

rose, quelquefois d'un violet pâle : elles sont assez grosses, composées de six pétales ouverts en rose ; leur odeur est presqu'imperceptible, et peu agréable ; elles croissent vers l'extrémité des rameaux.

Le fruit est oblong, de la grosseur d'une pomme moyenne, verdâtre, couronné d'un stigmate, et marqué de huit rainures longitudinales, qui s'ouvrent, du sommet à la base, en huit parties. Ces rainures contiennent des graines enveloppées d'une pulpe mucilagineuse, de couleur écarlate, et ressemblantes un peu à des grains de grenade.

Cet arbre croît sur les rochers, le plus souvent sur le tronc de divers arbres et sur leurs branches : de-là ses racines se dirigent vers la terre, où elles s'implantent, et fournissent par-là plus de nourriture à la plante.

Il découle de toutes les parties de ce végétal, un suc laiteux très-visqueux, qui prend assez promptement une teinte rousse, lorsqu'il est exposé à l'air, s'épaissit et devient une véritable résine concrète, qui n'est point employée en médecine, mais dont on fait usage pour les plaies des chevaux. On l'emploie dans tous les arts, sur-tout pour espalmer les barques et les vaisseaux.

Cette espèce croît à Bahama, aux Antilles, à la Grenade ; elle a été plus particulièrement remarquée dans l'île de Saint-Domingue.

Le clusier blanc s'élève aussi à plus de trente

pieds. Parasite comme le précédent , on le voit s'attacher aux arbres les plus prochains. Sa figure est assez agréable; son tronc acquiert quelquefois un pied de diamètre. Sa cime est assez ample , et ses rameaux y sont proportionnés.

Les feuilles sont ovalaires , obtuses, très-entières, sans découpures , lisses , coriaces , quelquefois avec des stries latérales , obliques ou parallèles. Elles sont opposées et portées sur un pétiole court et épais.

Les fleurs sont blanches, inodores et sans beauté ; elles n'ont que cinq pétales et sont toutes herma-phrodites.

Le fruit est d'une couleur écarlate très-vive , lorsqu'il est dans sa parfaite maturité. Les se-mences sont enveloppées d'une pulpe de même couleur et succulente ; les oiseaux sont très-friands de ce fruit.

Le suc glutineux qui découle du clusier blanc a une couleur verdâtre ; il est très-tenace au sortir de la plante. Il s'épaissit promptement à l'air , et prend alors une teinte roussâtre. Cette substance est balsamique , et ne s'unit à aucune liqueur aqueuse : on la substitue à la poix.

Le clusier blanc qui se trouve dans toutes les Antilles , est plus particulièrement indigène à l'île de la Martinique.

Le suivant, ou le clusier à fleurs jaunes, ressemble en tout au premier : il est aussi parasite que lui.

Ses feuilles , ovalairement arrondies , croissent au sommet des rameaux ; elles sont lisses, succulentes, et portées sur de courts pétioles.

Les fleurs sont inodores , et n'ont que quatre pétales très – épais, d'une couleur jaune , très-pourvus de ces corpuscules oblongs dont on a parlé dans le détail du caractère générique ; ce qui leur donne un coup-d'œil double.

Quant au fruit , il est assez gros , et composé d'une capsule arrondie , surmontée d'un stigmate. Il s'ouvre en douze panneaux. Son intérieur présente douze loges polyspermes , et contenant chacune des semences sans nombre : c'est celui qui approche le plus de la grenade.

Cet arbre croît aux mêmes îles , mais plus spécialement à celle de la Jamaïque.

Le clusier veineux est plus grand que le noyer ordinaire ; son bois est blanc ; son écorce, d'un gris cendré, épaisse et très-résineuse ; les rameaux en sont longs, menus et très-noueux.

Les feuilles sont opposées , faites en forme de langues rétrécies vers leur pétiole qui est très-court ; elles ont près de quatre pouces de longueur, sont assez épaisses ; et ce qui les particularise, c'est la grande quantité de veines dont elles sont traversées en tout sens : elles sont d'ailleurs d'un vert très-agréable, tant en dessus qu'en dessous.

La figure des fruits est ovoïde ; ils sont de la grosseur d'un œuf de pigeon, d'un vert rougeâtre à l'extérieur, très - résineux intérieurement.

Dans cette espèce , les feuilles ont une bordure un peu striée ; les branches en sont velues, et les fleurs sont rassemblées en épis.

Il découle de presque toutes les parties de cet arbre une espèce de térébenthine qui reste long-temps fluide , et ne devient jamais parfaitement concrète ; elle est très-utile pour appaiser les douleurs de goutte sciatique.

Cet arbre croît dans toutes les îles Antilles ; il se plaît dans les bois ; on lui a donné le nom de *paletuvier de montagne* , et il est connu des Caraïbes sous celui de *votomité*.

Toutes les espèces ou variétés de clusier fournissent des sucs résineux qui, malgré la différence des couleurs , sont tous employés aux mêmes usages, et ont à peu près les mêmes propriétés. On s'en sert en médecine pour soulager les douleurs de goutte ou de rhumatisme, et en emplâtres pour les plaies. L'art vétérinaire en tire presqu'autant de secours que de la térébenthine pour les plaies des animaux.

Cette résine pourroit suppléer au défaut de poix ou de goudron : on l'emploie même très-souvent pour calfater et enduire les petites barques.

On ignore quel usage on fait de son bois, et si le fruit a quelque propriété alimentaire ; mais le goût qu'y trouvent les oiseaux fait présumer qu'il ne peut pas être pernicieux.

On cultive toutes les espèces de clusier en Angleterre, et dans nos jardins botaniques. La beauté
de leurs fleurs, et l'agrément de leur port, les font
estimer et leur donnent place parmi les arbres les
plus curieux. Malheureusement celui-ci est très-
délicat et demande beaucoup de chaleur : aussi le
tient-on très-long-temps dans les serres, et, malgré tous les soins, il est d'une très-grande difficulté à élever, quoiqu'il vienne également de graines
et de boutures qui réussissent très-bien ; mais pour
peu qu'il soit frappé par le froid, il périt très-
promptement.

ARTICLE

ARTICLE XI.

De l'Aloès.

Il y a une très - grande quantité d'aloès dans toutes les dimensions. Depuis celui qu'on nomme *arborescent*, et qui, en effet, a toute l'apparence d'un arbre de taille moyenne, jusqu'à celui qui égale à peine les plus petites plantes, il n'en est aucun qui ne soit plus ou moins résineux ; mais il n'y en a que quelques-uns spécialement affectés pour retirer le suc qui prend son nom de la plante, sans doute à cause de la plus grande abondance qui en découle. Il ne sera donc question ici que des espèces dont on extrait plus communément cette substance d'un si grand usage, renvoyant la nomenclature des autres individus de la famille des aloès aux auteurs qui en ont traité, et qui, la plupart, ne s'en sont occupés que dans ce qui concerne la science botanique.

L'ALOÈS, plante exotique, baccifère.

1. *Aloë succotrina , angustifolia ; flore purpureo.* Brr.

   L'aloès soccotrin , à feuilles étroites et à fleurs purpurines.
2. *Aloë succotrina , perfoliata.* Lin.

   L'aloès soccotrin, perfolié.

II.   1

3. *Aloë vulgaris.* Bau.
  L'aloès vulgaire.

4. *Aloë guineensis, seu caballina, vulgari similis,*
  sed tota maculata.
  L'aloès de la Guinée, ou le caballin, semblable au
  vulgaire, mais entièrement tacheté.

5. *Aloë vera, sive aloë* [1] *foliis spinosis, confertis,*
  dentatis, vaginantibus, maculatis. Lin.
  Le véritable aloès, ou l'aloè à feuilles épineuses,
  serrées, dentelées, à fourreau, et tachetées.

6. *Aloë semper-vivum, americana.* Pis.
  L'aloès-joubarbe de l'Amérique.

Parmi les diverses espèces ou variétés, dont
nous offrons une légère nomenclature, nous nous
bornons à celles dont on extrait le plus communément l'aloès, et qui diffèrent très-peu les unes
des autres ; nous fixerons l'attention sur la cinquième, comme la plus connue et la plus généralement cultivée : la description qu'on en va lire
pourra s'appliquer à presque toutes les espèces, du
plus au moins.

A commencer par la racine de l'aloès que nous
avons pris pour modèle, on dira qu'elle est ordinairement assez grosse, tubéreuse, et en même
temps ligneuse, blanche en dedans, recouverte
d'une écorce ou épiderme de couleur grise, pivo-

---

[1] On croit que cette espèce devroit être susceptible de
fournir l'aloès en plus grande quantité que les autres, ses
feuilles étant beaucoup plus épaisses, et paroissant contenir
plus de suc.

tante , et fournie d'une assez grande chevelure.

Les feuilles, d'un vert ordinairement foncé, jaunissant lorsqu'elles se dessèchent, s'étendent jusqu'à six pieds, souvent davantage. Elles sont étroites proportionnellement à leur longueur , épaisses , très-succulentes , filamenteuses, alongées et finissant par une longue pointe ou épine épaisse à sa base , très-dure et très-pointue ; la couleur de cette épine est d'un vert si foncé qu'il approche du noir. Les feuilles sont bordées dans toute leur étendue, et de distance en distance, d'autres épines un peu moins dures , quoique très-piquantes, et d'unecouleur beaucoup moins obscure ; leur vert même approche du blanc. La forme de ces feuilles est convexeen dessus, concave et creusée en gouttière en dessous : elles sont rassemblées les unes autour des autres , et forment une espèce de gaine qui se découvre à mesure de leur développement. Les premières feuilles ne tombent pas jusqu'à terre, mais elles se soutiennent plutôt obliquement qu'horizontalement.

Du milieu de ces feuilles s'élève un thyrse ou tige d'un pied et demi ou plus de hauteur, léger, portant à son extrémité supérieure quelques folioles d'un vert un peu obscur, couronnées par un bouquet touffu de fleurs en épis ; elles sont composées de six pétales de couleur pourpre trèsclair. Ces pétales se penchent et s'entr'ouvrent depuis le haut jusqu'à leur base, qui présente un onglet blanchâtre, par lequel ils sont attachés au calice : celui-ci est d'une seule pièce, mais divisé en segmens, et suspendu par un péduncule très-court. Les pétales renferment plusieurs étamines longues, d'un beau rouge et très-brillantes; ils contiennent aussi, vers le fond du calice, un embryon ou pistil simple.

Cet embryon se change dans la suite en une capsule de figure triangulaire, remplie de graines de la même forme.

Les fleurs de quelques espèces d'aloès n'ont qu'un seul pétale labié; et ordinairement d'une couleur jaunâtre mélangée de vert.

Cette plante croît naturellement dans plusieurs contrées, telles que l'Arabie, la Perse, les Indes orientales et occidentales; dans plusieurs cantons de l'Afrique, sur-tout à Soccotra, île située entre l'Afrique et l'Arabie-Heureuse. Il en croît beaucoup au Cap de Bonne-Espérance; on en voit fréquemment en Espagne. On la cultive dans nos jardins botaniques, et il y a apparence qu'elle se naturaliseroit très-bien dans nos départemens méridionaux.

C'est d'elle qu'on obtient la substance connue sous le nom d'*aloès*, par différentes méthodes dont on va rendre compte.

Dans l'île de Soccotra, la récolte de cette gomme résineuse commence dès les premiers jours de mai.

On divise le produit de cette récolte en trois espèces d'aloès : quelques auteurs les ont voulu faire regarder toutes les trois comme provenantes de différentes plantes ; mais, dans le fait, elles se récoltent ou découlent du même individu : le plus ou le moins de purification en fait la seule différence.

Dès le moment que la terre réchauffée par l'ardeur du soleil, a poussé la séve avec plus de vigueur, ce qui arrive vers le mois de mai, on voit les ouvriers s'empresser à entailler les feuilles de l'aloès ; il en découle bientôt un suc qu'on ramasse et qu'on expose à la plus grande ardeur du soleil ; il s'épaissit et se forme en larmes assez grosses. Quelques-unes sont remarquables par leur brillant et leur transparence ; on a le plus grand soin de les trier et de les mettre en réserve : c'est ce qu'on appelle *aloès lucide*, substance très-rare, très-précieuse et très-recherchée ; le reste des larmes forme l'aloès soccotrin, qui retient le nom de l'île où il est fabriqué. Ce nom est devenu commun pour l'aloès de même qualité, sans avoir égard à la manière de le recueillir, ni au pays qui le produit.

Après que les habitans de Soccotra ont fait cette première récolte, on détache les feuilles, soit en les coupant avec un couteau, soit même en les arrachant ; on y fait ensuite de profondes incisions en divers sens. Le suc qui en découle, et

qu'on fait épaissir en l'exposant de même au soleil, devient l'*aloès hépatique*, ainsi nommé à
cause de sa couleur semblable à celle du foie, peut-
être aussi à cause de son efficacité reconnue dans
les maladies qui attaquent ce viscère. Lorsqu'il ne
sort plus de ce suc naturellement, on coupe les
feuilles par morceaux ; on les exprime dans une
presse, et on expose le jus qu'elles rendent, à un
feu modéré, qui l'épaissit et le rend concret : c'est
ce qu'on appelle *aloès caballin*, parce qu'il ne
sert que pour les chevaux et le bétail.

Le procédé qu'on suit en Amérique est un peu
différent. On ne recueille point d'aloès sur la plante
en pied ; on se contente de cueillir les feuilles ; on
les coupe, on les pile, on laisse alors reposer le
suc, et on en retire par décantation la liqueur la
plus fine, la plus pure et la plus claire : cette liqueur s'épaissit et forme la première espèce d'aloès
ou le soccotrin. On laisse reposer le reste du suc
pendant douze ou quinze jours ; on sépare au bout
de ce temps, par inclinaison, la partie la plus légère. Celle-ci a déjà pris une couleur foncée, qui
augmente encore à mesure que le suc s'épaissit :
c'est la seconde espèce, ou l'hépatique. La troisième, ou caballin, est le résultat du sédiment
concret.

On suit encore une autre méthode au Cap de
Bonne-Espérance, où il se recueille une très-
grande quantité de cette substance. On l'obtient

dans toutes les saisons de l'année ; cependant on
choisit de préférence le temps qui succède aux
grandes pluies , parce que, dans ce moment , les
feuilles sont beaucoup plus succulentes ; en revanche, l'aloès est d'une qualité très-inférieure. On
choisit, pour faire cette récolte , les jours les plus
beaux et les plus sereins , sur-tout ceux où le vent
souffle le moins , car son haleine fait crisper les
feuilles, et figer trop promptement le suc résineux.
Lorsqu'on trouve le temps favorable , on coupe les
feuilles vers le pied , et on les arrange en tas près
de l'arbre. La première feuille mise en œuvre ,
et choisie parmi les plus grandes, est posée à
plat, de manière qu'elle soit un peu inclinée, et
que le gros bout , qui doit être placé dans la position la plus basse , porte sur un vase large et
creux, destiné à recevoir la liqueur. Cette première
feuille est ainsi placée pour servir de gouttière aux
suivantes, qu'on entasse les unes sur les autres de
façon que toutes correspondent à cette première
par leur gros bout : on en place ainsi environ une
douzaine. Cet appareil achevé , on fait de nouveaux
tas, et on laisse au jus la liberté de couler : quand il
y en a une certaine quantité d'égoutté , on le met
dans des calebasses préparées pour le transporter
à la maison. Un bon ouvrier ne peut guère ramasser plus d'une calebasse dans sa journée.

Lorsqu'on en a recueilli suffisamment pour remplir une marmite de fer, on le fait cuire à un feu

très-modéré, jusqu'à ce qu'il s'épaississe. On connoît qu'il est à son point de cuisson, lorsqu'il n'en
tombe plus une seule goutte de la spatule dont
on se sert pour remuer sans cesse la matière pendant qu'elle est sur le feu : cette précaution est
nécessaire, pour éviter qu'elle ne se brûle en s'attachant au fond de la marmite. On a soin d'enlever à mesure avec une écumoire toute l'ordure
qui peut s'y trouver. Ce suc diminue par la cuisson de plus de la moitié; on le verse tout chaud
dans des formes de bois où il finit de se figer.
L'évaporation qui continue dans ces formes, enlève
les deux tiers de la pesanteur du suc coagulé, ce
qui le réduit à un sixième de sa quantité primi-
tive, et constitue la substance fine. La seule qualité qu'on obtienne par cette méthode, ne doit pas
être très-précieuse, puisque les colons ne la ven-
dent que sur le pied de quatre, trois, et le plus
souvent deux sous la livre, preuve évidente, et
de sa médiocrité, et de la grande quantité qu'ils
en recueillent.

En Espagne, et plus particulièrement à Moro-
védo, où se trouvent de très-grandes complantations d'aloès, on n'en coupe les feuilles que vers
le milieu d'octobre; on les taille en deux ou trois
morceaux, et on les arrange verticalement sur des
tamis de crin. Le suc qui en découle, reçu dans
des vases appropriés, compose le premier aloès
ou le soccotrin. Quand les feuilles ne suintent plus,

on les taille de nouveau et on les réduit en plus
petits morceaux : on perce ces tronçons de part
en part, on les soumet à la presse, et le produit
s'expose sur un feu modéré. La partie la plus légère et la plus fine surnage ; on la sépare avec
soin et on l'écume : elle se fige peu à peu, et donne
l'aloès hépatique. Le résidu auquel on joint les
écumes qu'on a eu l'attention de conserver, compose cet aloès grossier, toujours mêlé de parties
hétérogènes, appelé *caballin*.

Ces méthodes différentes concourent au même
but ; mais ne pourroit-on pas les perfectionner?
Un moulin à cylindre, dans le même modèle ou
approchant de ceux qu'on emploie pour extraire
le jus des cannes à sucre, abrégeroit le travail,
donneroit peut-être en plus grande abondance un
suc qui seroit plus facile à purifier, et qui rendroit une plus grande quantité d'aloès de la première et de la seconde qualité. On auroit du moins
l'avantage de ne pas morceler les feuilles, d'épar-
gner ainsi du temps, et de conserver les fibres de
la plante, qui pourroient devenir utiles, comme
on le verra plus bas.

Le suc de l'aloès, parvenu à une forme concrète, est une gomme résineuse, dissoluble partie
dans l'eau, partie dans les spiritueux. L'aloès soccotrin se reconnoît à sa couleur rouge tirant sur
le jaune : il a une sorte de transparence qu'il acquiert à un plus haut degré par une nouvelle pu-

rification, et alors il change de nom et prend celui d'*aloès lucide :* il présente dans quelques-uns de ses fragmens certains points d'un plus beau jaune, plus brillans et plus cristallisés, qui lui donnent un air de l'aventurine. Quand on le pulvérise, il prend une teinte reluisante de couleur d'or. La saveur de cette espèce est très-amère ; son odeur, assez flatteuse, imite celle du citron, ce qui, selon l'opinion de quelques personnes, a pu lui faire imposer le nom de *soccotrin* (*quasi succus citri*), comme si l'on disoit *suc citronnisé.*

L'aloès hépatique a une couleur d'un rouge très-obscur et assez ressemblant au foie des animaux récemment tués : il est plus opaque que le soccotrin, d'une odeur moins forte et moins suave : il est d'ailleurs beaucoup plus amer.

L'aloès caballin n'est composé que de l'écume et des féces des deux autres , par conséquent chargé de beaucoup de matières hétérogènes ; il est aussi d'une couleur plus foncée qui approche singulièrement du noir ou du brûlé. Il est très-compacte ; son odeur est désagréable, empyreumatique, puante et nauséabonde ; sa saveur, amère, insupportable.

Les différentes sortes d'aloès sont plus ou moins chargées de parties résineuses. Le premier, se dissolvant dans les liqueurs aqueuses, ne laisse précipiter en refroidissant qu'une septième partie de résine ; le second en fournit par la même épreuve une moitié ; celui qui en rend une plus grande quantité, est le caballin. De quelque qualité qu'ils soient, l'esprit-de-vin ne les dissout pas en entier ; il ne se charge que de la partie résineuse.

Cette substance résineuse est d'un grand usage en médecine : c'est un purgatif assez doux, qui a la vertu de resserrer en évacuant ; il teint les excrémens en jaune. On doit toujours préférer l'aloès soccotrin qui, contenant moins de parties résineuses, resserre moins et fait mieux l'effet qu'on lui demande en purgeant doucement. On l'emploie aussi comme tonique, anti-putride et éminemment stomachique.

On connoît une infinité de préparations de cette substance bienfaisante ; elle entre dans plusieurs élixirs indiqués pour les maladies de l'estomac et des intestins : cependant on doit en user modérément et avec précaution, sur-tout pour les personnes sujettes aux hémorroïdes, et pour les personnes maigres et délicates auxquelles elle est souvent contraire. Elle ne doit pas se donner avec moins de précaution aux femmes, chez lesquelles elle augmente les évacuations périodiques.

Les chirurgiens n'en font pas un moindre usage extérieurement ; elle sert à arrêter la carie, et à déterger les ulcères, sur-tout lorsqu'il s'y attache des vers ; car l'aloès est un des plus puissans vermifuges. C'est à l'usage extérieur que l'aloès hépatique est principalement consacré ; la résine dont

il est plus chargé que le soccotrin, le rend plus efficace dans ces occasions. On se sert aussi quelquefois, et à son défaut, du caballin qui semble cependant réservé au traitement des animaux, et qui
est un des meilleurs remèdes connus dans l'art
vétérinaire.

L'aloès soccotrin entre dans quelques vernis;
on l'emploie cependant assez rarement et en très-
petite quantité, parce qu'il leur donne une teinte
trop jaune : celui où il entre le plus communément,
est composé pour recouvrir les corps qu'on désire conserver, son amertume les mettant à l'abri
des attaques des insectes qui les détruisent. On le
répand même en poudre sur les animaux ou les
insectes qu'on veut garantir des mites et des teignes;
une liqueur appliquée avec toute la légéreté possible, pourroit les endommager. On en fait de
même pour les plantes délicates qu'on veut conserver dans les herbiers; on mêle cette substance
dans la colle qui sert à les y attacher.

Les Anglais ont, les premiers, imaginé d'enduire
les bois exposés au grand air, de suc d'aloès tel
qu'il sort de la plante, ou joint à quelque fondant
ou à quelqu'autre agent avant qu'il ne soit coagulé.
Le dégât que faisoient les karias, espèce de fourmis
ailées très-communes dans les Indes, et très-vo-
races, a été le premier motif de leur recherche.
La réussite de cette expérience lui a fait donner
plus d'extension : en mettant sur les bois une

double couche de la même substance, on est parvenu à les garantir entièrement, et pour un long
intervalle de temps, des morsures des fourmis et
des autres insectes destructeurs. On pourroit sans
doute se servir de la même méthode pour la con-
servation des bois employés à la construction
des vaisseaux, en le joignant aux compositions
dont se servent les Indiens pour conserver leurs
bâtimens nautiques, qui durent sans comparaison
beaucoup plus que les nôtres

Dans certains cantons on a trouvé la manière in-
génieuse de se procurer une pêche facile et abondante. On fait bouillir des fèves dans une eau fortement chargée d'aloès ; le poisson qui en mange
avec avidité, se vide d'une manière prodigieuse, et
court ensuite, aussi avidement, sur de nouvelles
fèves préparées avec du miel, et un peu de musc
ou d'huile d'aspic. Les filets qu'on leur tend ne
tardent pas à être remplis.

La substance résineuse de l'aloès n'est pas le
seul avantage qu'on retire de cette plante. La
feuille de ce végétal est composée de fibres filamenteuses qui se prolongent dans toute son étendue.
On a remarqué que ces fibres semblent partir des
pointes aiguës qui garnissent les côtes, où elles sont
rassemblées en houppe ; lorsque le suc de la plante
est dissipé, et qu'elle est dans un état de putréfaction ou de dessiccation, ces fibres deviennent des
fils très-forts, parmi lesquels il s'en trouve de très-

déliés. On se sert dans plusieurs endroits de ces fils sous le nom de *pitre*; il y a même une espèce d'aloès qui semble être plus particulièrement consacré à cet usage, et qui en a retenu le nom d'*aloès-pitre*. On fabrique avec ces fils d'assez bons cordages, aussi forts, et peut-être plus, que ceux du chanvre ou des autres plantes qui fournissent la filasse. Une expérience particulière autorise même à croire qu'ils durent plus long-temps, et résistent avec plus de force à l'intempérie de l'air. Des feuilles d'aloès des quatrième et cinquième numéros, retranchées lorsqu'on les entra dans la serre, et jetées pêle-mêle dans un coin, y passèrent non-seulement l'hiver, mais plusieurs années. Lorsqu'on voulut déblayer cet endroit, on trouva ces feuilles entièrement putréfiées, ayant éprouvé tour-à-tour le froid, le chaud et l'humidité. Le suc avoit totalement disparu, l'épiderme étoit réduit en poussière, les épines même s'étoient ramollies; mais les fils étoient encore entiers, et plus forts peut-être qu'au moment où ces feuilles avoient été détachées de la plante. Cette expérience prouveroit une espèce d'incorruptibilité bien avantageuse, et qui devroit engager à cultiver ce végétal avec beaucoup plus de soin.

On pourroit peut-être acquérir de nouveaux avantages des fibres de cette plante. Le triage qu'on en feroit seroit susceptible de fournir des fils de différens degrés de finesse, qui les rendroit propres à la fabrication des toiles et à d'autres usages. C'est en cela que pourroient plus particulièrement être utiles les moulins à cylindre dont on a parlé, qui sépareroient ces filets de la matière onctueuse sans les rompre, et les mettroit en état de recevoir les préparations nécessaires : on pense qu'un rouissage léger pourroit leur convenir. En effet, l'expérience a appris que ces feuilles, abandonnées aux injures de l'air seul, ont conservé long-temps leur onctuosité avant de tomber dans l'état de putridité nécessaire pour dégager les fibres de la matière qui les tient réunies ; mais la plupart de ces fibres ont été altérées, lorsqu'on les a trop exposées encore ainsi enveloppées à une grande humidité ; elles ont même perdu une partie de leur force et de leur solidité, sont devenues cassantes, et d'une couleur sale et noirâtre, au lieu que si on avoit modéré l'eau dans laquelle on les avoit placées pour les nettoyer de la partie résineuse, elles auroient conservé et leur qualité et leur couleur.

Cette matière filamenteuse, artistement élaborée, deviendroit peut-être d'une grande utilité pour tous les ouvrages où l'on emploie le fil, ou même la soie. Parmi les filets qui la composent, il s'en trouve d'aussi fins, d'aussi déliés, d'aussi brillans, et en même temps de plus solides que ceux travaillés par les chenilles qui nous fournissent la soie des plus belles étoffes. Avec quelque soin et un choix bien dirigé, il y a toute apparence qu'on parviendroit à rendre les fils de l'aloès susceptibles de servir aux mêmes usages.

On pourroit du moins employer ces filamens pour la fabrication du papier; ils suppléeroient peut-être à la disette des linges. On croit même que l'écorce ou épiderme qui recouvre les fibres et la partie succulente et onctueuse de la plante, seroit bonne à cet usage. Cet épiderme est une membrane continue, d'une assez grande consistance, en forme de réseau léger et serré, presque semblable à un parchemin délié, ou à de la baudruche. Il est à présumer que les préparations faites aux matières employées à la fabrication du papier, donneroient à cette écorce la même consistance, et qu'on en tireroit le même résultat. On pense même qu'on pourroit ainsi retirer quelqu'avantage d'une grande quantité d'aloès que l'on cultive par pure curiosité.

Quoique les plantes d'aloès dont on recueille la gomme résineuse qui conserve leur nom, soient le seul objet de cet Article, et que leur description puisse paroître suffisante, on ne peut cependant garder le silence sur quelques espèces plus remarquables, soit par leur différence, soit par l'agrément que leur port, leurs fleurs et leur couleur procurent à nos jardins, soit enfin par des singularités plus frappantes, et qui méritent une attention particulière.

Dans

Dans ce nombre, on en placera une espèce qui se distingue par la couleur de ses feuilles bleues, gaies et brillantes ; elles sont armées de piquans ou épines très-aiguës, très-longues et très-épaisses. Du milieu de ces feuilles s'élève un thyrse qui croît à plus de huit pieds. Cette tige ligneuse et très-grosse porte à son extrémité une grande quantité de fleurs jaunes, fournies de plusieurs pétales, soutenus par un calice d'un joli vert. Ces calices sont eux-mêmes portés sur des péduncules qui, plus longs dans les fleurs inférieures, diminuent gradativement jusqu'à celles qui garnissent le faîte du thyrse, de manière que le rassemblement de ces fleurs forme une pyramide très-agréable à la vue, et toute composée de fleurons placés verticalement. Ces fleurs sont très-grosses, et leur couleur, d'un jaune doré, est très-brillante. L'embryon qu'elles renferment est une gousse très-mince, portant un demi-pouce de diamètre, verte dans le principe, noirâtre en mûrissant. Cette gousse contient une très-grande quantité de graines menues, irrégulièrement arrondies, très-aplaties, et d'une couleur noirâtre.

Une autre plante de ce genre très-remarquable, c'est le plus grand de tous les aloès. Ses premières feuilles rampent en partie sur la terre ; beaucoup plus longues et plus larges que dans toutes les autres espèces (elles ont jusqu'à neuf ou dix pieds de longueur et plus), elles sont dénuées d'épines sur les côtés qui sont unis et comme tranchans, et une pointe très-aiguë arme leur extrémité dure ou plutôt cornée et de couleur noire. Ces feuilles, du reste, sont épaisses, très-succulentes et très-garnies de fibres filamenteuses.

Du milieu de ces feuilles s'élève un thyrse qui croît à la hauteur de douze pieds et plus, très-ligneux, et chargé vers les deux tiers de sa hauteur d'une grande quantité de rameaux divergens, ir-régulièrement distribués, et qui se propagent jusqu'à l'extrémité du thyrse. Cette disposition lui donne l'aspect d'un arbre formé en parasol, et le nom d'*aloès arborescent*.

Sur ces rameaux et à leur extrémité, naissent des fleurs en très-grande quantité, accompagnées de beaucoup de stipules ou folioles d'un vert jaunâtre. Les fleurs elles-mêmes, d'une couleur jaune plus claire et plus vive, sont petites et formées par six pétales accompagnés d'étamines.

La grande dimension de cette plante n'est pas ce qu'elle a de plus remarquable. Par une singularité qui lui est particulière, elle n'a ni pistil, ni ovaire, ni graines; mais ces parties sont remplacées par une espèce d'embryon qui est lui-même une plante toute formée, et qui prend, en grossissant, la figure d'un oignon ovoïde, tant soit peu arrondi. A mesure que cet embryon, assez bien contourné et d'une plus forte dimension qu'une grosse noix, approche de sa maturité, on voit

paroître tout autour, et sur-tout dans le bas, des
filets blancs qui représentent des racines pendantes, et environnent le placenta ; il se garnit quelquefois dans le haut, de petites feuilles très-courtes.
Lorsqu'il est parvenu au dernier point de maturité, il tombe ; alors, ses racines prenant pied dans
la terre, il en sort une plante nouvelle, qui parvient dans la suite aux mêmes dimensions. Cette
singularité place cet aloès dans la classe peu nom-
breuse des plantes vivipares.

Un autre végétal remarquable par ses propriétés, est l'aloès *semper-vivum*, ou aloès-joubarbe :
il participe effectivement autant de cette dernière
plante que de celles dont il porte le nom. Ce qui
le singularise, c'est qu'en le suspendant au plan-
cher, et en l'entretenant dans une certaine humidité, il se conserve toujours vert, croît aussi
bien que s'il étoit en terre, et même donne des
fleurs. Du reste, l'épaisseur de ses feuilles et la
viscosité de son jus annoncent qu'il contient un
suc analogue à celui des autres aloès.

On cultive une très-grande quantité d'espèces
d'aloès dans nos jardins botaniques ; mais la plupart
demandent à être placés dans des serres chaudes
pendant l'hiver, dont ils craignent les rigueurs :
il n'y en a guère que deux ou trois espèces qui
réussissent en pleine terre dans nos départemens
méridionaux.

ARTICLE XII.

Des Acajous.

SECTION PREMIÈRE.

L'ACAJOU, arbre exotique, pomifère et nucifère.

1. *Anacardium orientale.* LIN.
   L'anacarde oriental.

   *Arbor pomifera, seu potiùs prunifera, indica;
   fructu reniformi.* CAT.
   L'arbre pomifère, ou plutôt prunifère, des Indes;
   à fruit fait en forme de rein.

2. *Acajou-pirea.* PIS.
   L'acajou-poire.

   Cassuvium. RUM.
   Le cassuvium.

L'acajou, cet arbre si connu et si utile dans nos
colonies, s'élève à vingt pieds; et souvent au-delà : il
est d'une assez belle apparence, sur-tout lorsqu'il
est aidé par la culture. Le tronc a rarement plus
d'un pied de diamètre : les branches croissent
d'une manière inégale, irrégulière et sans ordre;
on en voit même qui se penchent et descendent
jusqu'à terre. L'écorce qui recouvre le tronc est

très-ridée, d'une couleur grise cendrée : les racines sont grosses, ligneuses, chevelues et s'étendent au loin autour de l'arbre.

Les feuilles, d'un tissu dur et ferme, d'une
forme presqu'ovalaire, alternes, entières et sans
découpures, d'un vert très-gai et reluisant en dessus et en dessous, sont supportées par un pétiole
court, et garnies de plusieurs nervures parallèles,
qui tirent leur origine d'une côte ou nerf principal
intermédiaire ; elles ont cinq pouces de longueur,
sur trois de largeur.

Les fleurs, nombreuses et hermaphrodites, naissent dans l'aisselle des feuilles et à l'extrémité des
rameaux : leur odeur est assez suave. Portées sur
un très-long réceptacle à peine distinct du péduncule qui lui est joint, elles sont disposées en corymbes ou bouquets lâches, terminaux. La corolle
est de couleur rouge, et renferme dix étamines ;
quelquefois cependant il ne s'en rencontre que
huit dont une constamment sans anthères, toutes
les autres en étant pourvues. Il se trouve aussi
quelques fleurs entièrement privées d'étamines.
Dans leur sein est placé un ovaire porté sur un
disque arrondi et charnu, qui s'élève d'un calice de
figure ronde et d'une seule pièce. Cet ovaire est
accompagné d'un style couronné par un stigmate ; c'est proprement dans cet état une capsule à
une seule loge, renfermant une espèce de graine
ovoïde.

Cet ovaire s'alonge à mesúre qu'il tend vers sa maturité. Le réceptacle qui paroissoit très-mince, ou plutôt formé par une suite de péduncules, grossit, prend la figure et l'apparence d'une pomme ou d'une poire, d'abord verte, bientôt après d'une teinte rouge ou jaune, ou même l'une et l'autre à la fois. La chair intérieure de ce fruit est blanche, un peu spongieuse, succulente, d'une saveur douce un peu mêlée d'acidité, et très-vineuse quand elle est parfaitement mûre, mais, avant cette époque, d'une très-grande âcreté qui agace désagréablement les dents et le palais.

Cette chair ne renferme aucun pepin ni noyau ; mais ce fruit extraordinaire est divisé en deux parties dont la première, composée de la pomme ou de la poire, se termine par une espèce de noix faite en forme de rein ; c'est là exactement la semence du végétal, la seule par laquelle il se propage et se renouvelle. Cette noix est d'une couleur olivâtre, tirant beaucoup sur le fauve ; l'enveloppe en est lisse et brillante ; elle recouvre un brou composé de fibres réticulaires, dans l'intervalle desquelles se trouve un suc résineux très-visqueux, et d'une causticité si outrée, qu'il est dangereux, capable de nuire, et même d'empoisonner. Il cause la douleur la plus vive aux lèvres et au palais des ignorans qui y portent imprudemment les dents.

Ce suc est très-inflammable ; la noix entière, ex-

posée à la flamme d'une chandelle, produit un effet
agréable, et représente un petit feu d'artifice mé-
langé de diverses couleurs. La chaleur qu'elle contracte, augmentant l'élasticité de l'air y contenu, celui-ci s'échappe avec impétuosité, et chasse en avant
l'huile inflammable qui, embrasée par le feu de la
lumière, lance de petites fusées ardentes et pétil-
lantes : ces fusées ne s'éteignent que lorsque cette
huile est parfaitement consumée. Pour jouir de ce
spectacle amusant, il faut avoir soin de laisser autour de la noix un courant d'air suffisant, en la tenant à l'extrémité d'un couteau dont on la perce;
car, si on la pose à terre toute enflammée, la seule
partie exposée à l'air continue de brûler, et produit l'effet désiré ; tandis que celle qui touche immédiatement la terre, n'en produit plus aucun.

Ce brou si caustique, si piquant, qui est ordinairement de trois ou quatre lignes d'épaisseur,
recouvre une coque légérement ligneuse, très-
aisée à casser, quoiqu'adhérente à la partie visqueuse. Cette coque renferme une amande réni-
forme, composée de deux lobes, aussi douce et
aussi ferme que la noisette, d'une saveur très-
agréable, tendre et facile à écraser, très-blanche
et recouverte d'un épiderme ou pellicule brune,
d'une austérité approchante de celle du marron ou
du gland. L'intérieur de la noix est aussi revêtu
d'un épiderme d'une blancheur brillante et argen-
tine.

Il y a quelques variétés des acajous qui semblent
dépendre du sol, et ne diffèrent que par des feuilles
plus ou moins longues, des fruits plus ou moins
gros. Une de ces variétés (*acajou-pirèa*, l'acajou-
poire) a des fruits en effet assez ressemblans à
quelqu'espèce qui porte ce nom dans nos climats.
Ils sont de couleur jaune en dehors ; la chair intérieure en est très-douce lors de leur maturité. La
noix qui les termine, a la grosseur et la forme d'un
rognon de mouton ; elle est lisse, unie et brillante, assez dure, très-poreuse en dedans, et
abondamment fournie de suc résineux et visqueux.
Sa couleur approche de celle du marron d'Inde;
elle est cependant un peu plus foncée.

Une autre variété, connue aussi sous le nom
d'*acajou-poire*, ressemble en tout à la première,
excepté la couleur du fruit qui est rouge, et d'une
saveur aigrelette. Du reste, on rencontre souvent
de ces arbres qui semblent varier par la grandeur
des feuilles, la grosseur ou la couleur des fruits,
et une saveur plus ou moins douce. Toutes ces différences ne sont en effet produites que par celles
du sol, ou de la culture ; les fleurs et les fruits de
toutes ces prétendues variétés ont constamment
la même forme.

Tous les acajous croissent très-vîte ; on ne
trouve ces arbres que d'une grandeur assez médiocre dans les îles Antilles, et même d'une forme
irrégulière et comme rabougris ; mais ils s'élèvent

beaucoup plus sur la côte du Brésil : ils fleurissent
vers le mois de septembre, et les fruits parviennent
à maturité vers celui de novembre.

En faisant des incisions à l'écorce et au bois de
l'acajou, on se procure une gomme ou liqueur
résineuse d'une tout autre nature que le suc caustique de la noix : cette résine devient, en s'épaississant, rougeâtre, dure et transparente ; d'une saveur douce, moelleuse et agréable ; d'une odeur
suave et balsamique.

La médecine tire avantage de plusieurs parties
de cet arbre. La gomme-résine qu'on en obtient
par incision, est pectorale, adoucissante et cal-
mante ; on s'en sert avec succès dans les toux, les
rhumes et les autres affections de la poitrine.
L'huile ou suc caustique et résineux qu'on rencontre
dans le brou des noix, est en effet employé comme
un puissant caustique propre à consumer les chairs
fongueuses. On le met quelquefois en usage pour
enlever les cors, les poireaux et les verrues ; mais
il faut user de la plus grande précaution pour que
cette huile ne touche que les excroissances qu'on
veut attaquer, et ne s'étende pas sur la peau et la
chair qui les entoure. La causticité outrée de ce
remède pourroit occasionner des excoriations, et
causer une inflammation dangereuse dont on a vu
des effets funestes. Quelques personnes se sont ha-
sardées d'employer ce caustique pour enlever les
taches de rousseur ; mais on doit sentir le risque

d'une épreuve aussi douloureuse que dangereuse. Le suc de la poire est très-rafraîchissant; on le supplée quelquefois à celui du limon. Enfin, les racines bouillies sont indiquées pour appaiser la toux, et diminuer l'oppression.

Ce végétal n'a pas moins de propriétés alimentaires. Outre que la poire ou pomme est assez bonne à manger, même celles qui ont un peu d'acidité, on en fait encore des compotes très-agréables. Le jus de cette poire se substitue au citron pour la composition du punch; ce même jus, fermenté, fournit un assez bon vinaigre; et soumis à la distillation, il donne une eau-de-vie d'un goût assez agréable. Les noix, ouvertes avec un couteau et dépouillées de leur épiderme, sont très-bonnes en cerneaux; rôties comme des marrons et jusqu'à ce que l'huile qui les entoure soit évaporée, elles sont d'une saveur très-douce, fort approchante de celle des avelines, mais plus aromatique. On en compose en cet état une pâte qui forme une espèce de chocolat. On les emploie aussi en dragées, et on en met dans plusieurs espèces de pâtisserie. Les oiseaux sont très-friands de la poire.

Quant à ce qui regarde les arts, le suc caustique et résineux de la noix sert aux Indiens pour teindre le linge en noir : cette couleur étant indélébile, et résistant aux plus fortes lessives, on l'emploie pour marquer. La gomme-résine qu'on

obtient du bois, s'applique au même usage ; on
en fabrique aussi une des meilleures laques, d'autant plus avantageuse que les insectes destructeurs n'attaquent jamais les meubles qui en sont
enduits, et auxquels elle sert de vernis.

Le bois de l'acajou est très-dur, mais susceptible d'un très-beau poli ; sa couleur rougeâtre est
très-agréable et très-persistante ; ces avantages le
font rechercher pour les meubles. Quoique cet
arbre soit, comme on l'a dit, d'une grandeur et
d'une grosseur médiocres, on en obtient cependant
d'assez belles membrures, tant droites que courbées et ceintrées. Ce bois ne présente d'ailleurs que
très-peu de nœuds ; les menuisiers, les tourneurs
et les ébenistes en font un très-grand cas ; les
meubles qu'on en fabrique sont d'un grand prix,
sur-tout si on rencontre des morceaux d'une forte
dimension.

L'acajou croît au Brésil, dans les îles Antilles,
et dans plusieurs autres endroits des Indes occidentales ; on en trouve aussi dans les Indes orientales.

SECTION SECONDE.

L'ACAJOU *à planches*, ou le CÉDREL ODO-
RANT, arbre exotique, baccifère.

1. *Cedrela odorans, floribus paniculatis.* LIN.

Le cédrel odorant, à fleurs en panache.

2. *Cedrela foliis pennatis ; floribus laxè racemosis ; ligno levi odorato.* Brown.

Le cédrel à feuilles ailées ; dont les fleurs sont en grappes élargies, et le bois légèrement odoriférant.

3. *Cedrus odorata.* Mil.

Le cèdre odorant.

4. *Cedrus Barbadensium, alatis fraxini foliis.* Pluk.

Le cèdre des Barbades, à feuilles ailées, approchantes de celles du frêne.

5. *Pruno fortè affinis arbor, maxima, maturiæ rubra, laxa, odorata.* Sloa.

Très-grand arbre approchant du prunier, dont le fruit est gros et rouge dans sa maturité.

6. *Mala.* Rai.

Le mala.

Quoique la résine et les propriétés de cet arbre soient peu connues, on n'a pas balancé à le placer immédiatement après l'acajou pomifère, qui porte le même nom dans les lieux où il croît, et dont le bois sert aux mêmes usages.

C'est un très-grand arbre, de belle apparence, dont le tronc est droit et fort élevé. Le bois en est tendre, odorant, d'une couleur rousse tirant un peu sur le rouge, d'une odeur assez suave lorsqu'il est coupé depuis peu ; son écorce, au contraire, a une odeur narcotique et détestable, surtout dans sa fraîcheur. Le feuillage répand aussi, dans les temps chauds, une odeur désagréable, nauséabonde , et qui peut être dangereuse. La cime de ce bel arbre est garnie de beaucoup de branches touffues , qui donnent naissance à une infinité de rameaux couverts de feuilles.

Ces feuilles alternes, ailées, composées de nombre de folioles par couples et sans impaire, portées sur un support commun long d'un pied et plus, y sont attachées chacune par un court pétiole; leur forme est ovalaire, lancéolée, finissant en pointe , sans aucune découpure, ni aucune espèce de duvet ou de poil; mais elles sont garnies de nerfs et de veines divergentes. Leur couleur est d'un vert assez gai; elles ont quelque ressemblance avec les feuilles du frêne, à la grandeur près.

Les fleurs, très-petites et d'un blanc jaunâtre, sont assez régulièrement arrangées en grappes très-nombreuses, rameuses et faites en panache. Le calice, d'une seule pièce en forme de cloche, se flétrit lorsque le fruit se développe; il porte cinq pétales oblongs, obtus à leur extrémité, rapprochés en forme de tube court, et attachés au réceptacle par leur partie inférieure. Cinq étamines, moins longues que les pétales, dont les filamens sont aussi attachés au réceptacle, garnissent et accompagnent un ovaire supérieur et globuleux, porté sur un disque un peu relevé dans le milieu de la fleur, surmonté d'un style aussi long que la corolle, et garni d'un stigmate qui finit en pointe.

Toute la fleur a un coup-d'œil jaunâtre, et paroît d'une figure quinquangulaire.

L'ovaire on embryon devient une baie ou capsule ovoïde divisée en cinq loges, qui s'ouvrent à son sommet en cinq valves de peu de durée. Son milieu est garni d'un placenta ligneux, libre, de figure quadrangulaire, et contenant plusieurs semences munies latéralement d'une aile petite et légère, ressemblante au vélin.

Il découle de cet arbre, soit naturellement, soit par des incisions, un suc résineux qui se concrète facilement, jaunâtre et très-aromatique. On ne connoît à cette substance aucune vertu médicinale ; on sait seulement qu'elle est quelquefois employée, ainsi que son bois, en aromates ou en parfums : ils approchent, l'un et l'autre, du bois d'aigle ou agallocum, auquel on les substitue, pour brûler dans les cassolettes. C'est vraisemblablement cette propriété du bois et de la résine qui a fait donner à cet arbre le nom de *cèdre*, mais très-improprement, puisque ces deux végétaux n'ont entre leurs parties aucune ressemblance.

Le bois du cédrel est utilement employé, soit pour les constructions civiles, soit pour les nautiques. On en construit des barques et des pirogues ; et comme ce bois est assez tendre, il se creuse avec beaucoup de facilité. Les habitans de l'Amérique méridionale, d'où il nous vient, s'en

servent à ce dernier usage, et le recherchent avec
d'autant plus de soin, que sa légéreté le rend -us-
ceptible de soutenir de grandes charges sur l'eau,
et que son odeur aromatique et son amertume éloignent de lui les insectes destructeurs. On l'emploie aussi dans les boiseries et les meubles, tels
que les armoires et autres ouvrages de menuiserie; son poli et sa couleur le font rechercher
par les artistes de ce genre et par les ébenistes.
Ces ouvriers le substituent même au véritable
acajou, dont le bois est plus dur, le grain plus
fin, et la durée plus constante. Les membrures
très-larges qu'on tire du végétal qui fait le sujet
de cet Article, facilitent ces grandes pièces qui
passent pour être véritablement tirées de l'acajou,
et qui par-là augmentent prodigieusement le prix
de l'ouvrage. La fraude est d'autant moins facile
à reconnoître en Europe, que le transport de ces
différens bois assimile assez leur couleur; celui-
ci a cependant une teinte plus jaune et plus pâle.
Quant à l'odeur qui pourroit le faire reconnoître,
elle est trop légère pour résister à de longs voyages, et à l'air de la mer qui absorbe souvent les
odeurs les plus fortes. Ce bois précieux nous est
envoyé d'Amérique en madriers de diverses formes et grandeurs.

Quoique la nomenclature semble annoncer quelques différences dans les individus dénommés par
divers auteurs, on croit cependant qu'ils ne cons-

tituent qu'une seule espèce : on pourroit tout au plus les distinguer en variétés et seulement par le feuillage ; car la floraison est constamment la même, et tous les botanistes s'accordent sur ce point.

Ces arbres croissent dans la partie méridionale de l'Amérique ; on en cultive au Jardin des Plantes.

ARTICLE

ARTICLE XIII.

Du Cofassus.

Le COFASSUS, arbre exotique, légumineux.

Cofassus citrina : ucken pule battu. Rum.
Le cofassus citrin.

Rumphius nous décrit le cofassus comme un arbre assez fort dans ses dimensions. Son tronc est droit, remarquable par sa hauteur et sa grosseur ; le bois en est blanc ; l'écorce grise, rase, sans rides, ni poil, ni duvet. Les branches et les rameaux sont épais et en grand nombre : ces derniers s'étendent beaucoup en longueur, et sont presque toujours placés en triangle ; leur écorce est aussi unie que celle du tronc, mais elle est d'un vert plombé.

Les feuilles croissent sur ces rameaux, posées tantôt de deux en deux, tantôt de trois en trois ; accouplées et portées sur de très-longs pétioles : elles sont dénuées de duvet, et d'une couleur verte, assez gaie, acuminées dans les deux extrémités, longues de six à neuf pouces, sur une largeur de deux vers les extrémités, et de quatre dans le milieu. Les feuilles latérales sont plus petites que celles du milieu ; elles ont d'ailleurs des côtes transversales et protubérantes, et répandent, lorsqu'on les broie, une odeur forte, semblable à celle de leur résine.

Les fleurs naissent vers l'extrémité des rameaux, où elles forment de petites ombelles composées d'un amas de petites têtes ou bourgeons de couleur verte et de la grosseur des graines de moutarde. Ces bourgeons donnent origine à des fleurs blanches, si petites qu'elles sont à peine visibles, un peu alongées, et souvent très-peu, ce qui a empêché d'en connoître la construction et le nombre des étamines, qu'on ne pourra fixer que par le moyen d'une forte loupe.

A ces fleurs d'une si petite dimension succèdent de longues siliques étroites, croissant par paires et pendantes sur une queue ou péduncule commun. Ces siliques ont jusqu'à vingt-un pouces de longueur; elles sont cylindriques, plus grosses vers leur base; en tout de la grosseur d'une petite plume à écrire, un peu cannelées en dehors; elles sont garnies d'une double pellicule. L'extérieur ou épiderme est cannelé; au moment de sa maturité, il se fend en longs filamens, sous lesquels on trouve une seconde peau dure, continue et sans cannelure, de couleur jaunâtre, très-entortillée, et contenant de petits osselets ou amandes d'un blanc terne vers leurs bords. Ces osselets, minces et garnis de filamens déliés, blancs, et brillans comme de la soie,

sont en outre entourés d'une espèce de moelle sèche et de couleur herbacée, qui, à l'ouverture de
la valve, s'envole dans les airs comme un duvet
de plumes, s'évanouit entièrement, et ne laisse
plus rien dans la silique. Lorsque celle-ci est entièrement épuisée, et que les osselets sont tom-
bés, la pellicule intérieure s'étend, et ressemble à
une carte déroulée.

L'écorce prend à la longue et en se séchant une
teinte jaunâtre; c'est alors et sur les vieux arbres
qu'il en découle goutte à goutte une espèce de lait
de même couleur, ou plutôt une gomme résineuse
liquide : cette gomme se concrète par le contact
de l'air, et acquiert la figure, la consistance et la
couleur du soufre.

On ignore les vertus médicinales de cette résine et ses propriétés pour les arts. Quant aux
autres parties de l'arbre, son écorce triturée et
mise en poudre sert aux œdèmes ; épandue sur
les pieds des personnes attaquées de paralysie, elle
les soulage en rappelant la chaleur naturelle. Rumphius croit que ce végétal est du nombre des
apocyns.

Le bois de cet arbre a assez de solidité; il est
très-pesant, et rempli de fibres minces, très-rap-
prochées. Sa couleur est citrine, plus marquée
cependant dans l'intérieur et vers le cœur, d'une
teinte plus pâle vers les bords. L'odeur qu'il exhale est forte, assez suave, durable et jamais ver-

satile. L'élégance du bois le rend propre à plusieurs ouvrages dans les constructions civiles, lorsqu'on peut s'en procurer des pièces assez fortes ;
sa dureté le fait même considérer dans les constructions des vaisseaux. Les tourneurs et les ébenistes, flattés de sa couleur, l'emploient dans les
ouvrages délicats. On s'en sert, aux lieux où il
croît, pour procurer à certaines boissons du goût,
de la couleur et de l'odeur ; cependant il y laisse
une saveur amère, qui ne déplaît pas à tout le
monde.

Le cofassus croît spontanément dans l'île d'Amboine ; il se voit aussi, mais rarement, à Java, à
Balega, à Lima et à Leytimore.

ARTICLE XIV.

Du Houblon.

Le HOUBLON, plante indigène, conifère.

Humulus-lupulus. Lin.

Le houblon.

Lupulus - salictarius officinarum, mas et fœmi-
na. B.

Le houblon des boutiques, mâle et femelle.

Lupulus-salictarius spontaneus, seu vitis septen-
trionalis. Lob.

Le houblon spontané, ou la couleuvrée septentrionale.

Convolvulus perennis, heteroclitus, floribus herba-
ceis; capsulis foliaceis, strobulis instar. Mor.

Espèce de liseron vivace, irrégulier, à fleurs herbacées; à capsules foliacées, ressemblantes aux
cônes.

Lupulus sativus. Dod. Clus.

Le houblon cultivé.

Le houblon ne peut être placé dans la classe des
liserons, comme le font quelques auteurs, que par
sa faculté de grimper et de s'attacher aux arbres et
aux perches, car tous ses caractères sont d'ailleurs
très-différens de ceux de cette première plante. Ses

racines sont très-menues et entrelacées les unes
dans les autres ; les tiges qui en sortent sont foibles, très-longues, tortillées, rudes, anguleuses,
velues, et très-garnies de nœuds ; le dedans en est
creux : ces tiges dénuées de vrilles et rampantes,
embrassent les arbres et les perches à plus de
douze pieds de hauteur ; la couleur de l'écorce est
purpurine.

Les feuilles naissent sur les nœuds de deux en
deux, et opposées. Les pétioles qui les soutiennent
sont longs d'environ une palme, un peu rudes et
garnis de petits aiguillons ; ces pétioles, ordinairement verts, prennent quelquefois une teinte rougeâtre. Les feuilles, qui y sont attachées, et rarement simples, sont le plus souvent divisées par
trois ou cinq dentelures ou lobes très-profonds et
pointus, qui leur donnent l'air de feuilles de vigne :
d'autres fois elles ont l'apparence de celles de mû-
rier. On en voit aussi qui ont trois ou quatre dentelures moins profondes, placées tantôt d'un côté,
tantôt de l'autre : elles sont ordinairement de la largeur de la paume de la main, âpres, et rudes au
toucher, garnies de folioles, ou stipules géminées
ou quaternées : leur couleur est d'un vert gai, assez flatteur, en dessus, plus pâle et blanchâtre
au revers ; elles exhalent peu d'odeur, et leur saveur est légérement amère.

Les fleurs paroissent sur les mêmes nœuds et
entre les feuilles. On en trouve de mâles et de fe-

melles, les unes et les autres sur le même individu ;
quelquefois même il s'en trouve d'hermaphrodites.
Les fleurs mâles paroissent ordinairement à l'extrémité des rameaux, portées sur d'assez longs
péduncules de couleur verte, quelquefois purpurine; elles sont rassemblées en grappes qui forment un panache axillaire et terminal : ces fleurs
sont incomplètes, et n'ont ni pétales, ni corolle.
Leur calice est composé de cinq folioles obtuses et
concaves, garnies de cinq étamines séparées, dont
les filamens très-courts sont surmontés d'anthères
oblongues, de couleur herbacée.

Les fleurs femelles représentent des espèces de
cônes écailleux dont les feuilles sont pressées les
unes contre les autres : ces cônes sont portés
sur des péduncules axillaires, rangés comme des
briques, composés de grandes écailles membraneuses, colorées, ovalaires, entières et peu serrées, attachées autour d'un axe. Chacune d'elles
forme une fleur inférieure, incomplète, dénuée
de corolle; le calice sur lequel elles reposent, est
composé de l'écaille même qui les recouvre et les
enveloppe; elles contiennent un très-petit ovaire
supérieur, surmonté de deux styles en alêne, ouverts à leur extrémité, et couronnés par un stigmate aigu.

Le fruit de cette plante consiste en une petite
semence circulaire et aplatie, de couleur rousse,
enveloppée d'une tunique membraneuse qui lui

est propre, d'une odeur approchante de celle de l'ail, et d'une saveur très-amère.

Les cônes qui composent cette fleur ont, dans leur fraîcheur, une odeur assez suave, mais qui est très-fugace et se perd à mesure qu'ils se dessèchent; ils contiennent et exsudent une liqueur grasse, aromatique et un peu visqueuse : c'est un suc résineux qui paroît être le principe de l'odeur et de l'amertume.

On connoît l'usage des fleurs, et quelquefois des feuilles du houblon, pour la fabrication de la bière, à qui elles communiquent une odeur et une amertume qui n'a rien de désagréable, lorsqu'on a atteint la juste proportion. La fermentation acide du blé qui compose cette liqueur, se changeroit facilement en aigreur, si l'on n'avoit trouvé le moyen de la tempérer par un agent qui l'arrête, et qui, par le mélange de ses parties résineuses, suspend l'activité des sels qui conduisent au dernier degré de fermentation. C'est dans l'intention de produire cet effet qu'on suspend dans la bière des sacs remplis de fleurs de houblon : il appartient à l'art du brasseur d'en combiner la quantité nécessaire; une proportion trop forte rendroit la liqueur d'une amertume insupportable; trop foible, elle ne lui éviteroit que pour très-peu de temps l'aigreur que l'on appréhende, et qui fait rejeter cette boisson.

Cette même matière résineuse couvre et ab-

(169)

sorbe le goût de la chaux qu'on emploie, et dont elle fixe la viscosité épaisse et farineuse.

Quoiqu'on se serve parfois des feuilles du houblon, parce qu'elles contiennent quelque portion de cette graisse résineuse, ce n'est qu'au défaut des fleurs femelles ou cônes : ces derniers sont le plus communément employés, parce qu'outre la partie résineuse qu'ils contiennent plus abondamment, ils ont encore une odeur aromatique assez agréable que la fermentation vivifie, et incorpore à la liqueur : les feuilles ne participent que très-foiblement à cette odeur qui rend la bière plus forte et plus vineuse ; du reste, l'amertume, à quelque point qu'elle soit portée, passe à la longue ; la bière attendue, sur-tout celle mise en bouteilles, n'en est que meilleure.

Lorsque le houblon sort de terre, ses branches et ses feuilles sont rassemblées sur un pivot commun qui s'alonge, se développe ensuite, et forme les rameaux et toutes les autres parties de la plante : resserrées les unes contre les autres et représentant une pyramide obtusément pointue, ces feuilles ont l'air et quelquefois la figure de l'asperge ; elles sont cependant moins resserrées ; leur goût approche aussi de celui de la même plante, mais la saveur est un peu sauvage et styptique. Malgré ces défauts, on les mange avec quelque plaisir, lorsqu'on est privé des asperges, auxquelles on substitue ces rejetons.

Ces mêmes pousses, quelquefois employées en médecine pour la guérison des obstructions, sont apéritives; elles rendent, dit-on, de la fluidité au sang, et sont en conséquence indiquées pour la galle et d'autres maladies cutanées. Il faut cepen-dant les administrer avec précaution, sur-tout aux personnes très-bilieuses : leur vertu fermentative ne manqueroit pas d'occasionner la fièvre ou quel-qu'autre accident. On se sert aussi des feuilles, qui poussent par les urines, et semblent bonnes pour guérir la gravelle et empêcher les pierres de se former. Les fleurs et les cônes à leur tour sont favorables à la guérison du scorbut, des maux de rate et des maladies cutanées. On fait, outre les décoctions, quelques préparations de cette plante, telles que l'eau distillée, le sirop, etc. Les racines sont apéritives. En général les vertus de cette plante peuvent se comparer à celles de l'asperge : ses re-jetons empuantissent l'urine au même degré.

Le houblon croît spontanément dans les haies; il se plaît sur-tout dans les terrains gras et hu-mides. Ce houblon sauvage s'emploie également dans la confection de la bière. Quelques brasseurs prétendent même que ses cônes sont plus onctueux et ont plus de vertus; mais ces plantes éparses ne pouvant fournir une assez grande quantité de cônes, on les a soumises à la culture, sur-tout dans les lieux où la bière supplée au vin, tels que l'Angleterre et certains cantons de l'Allemagne. On trouve dans ce premier pays des champs entiers consacrés à cette culture, sous le nom de *houblon-nière* : là, on voit ces plantes symétriquement rangées et à distances égales, grimpantes sur de longues perches, le long desquelles elles présentent leurs feuilles, leurs fleurs et leurs cônes, qui tous prennent, par le soin particulier qu'on leur donne, une dimension plus forte que celle du houblon sauvage.

Le houblon croît dans presque toutes les parties de l'Europe ; on le retrouve dans quelques contrées des autres parties du monde.

ARTICLE XV.

Des Chanvres.

SECTION PREMIÈRE.

L e CHANVRE, plante indigène, à capsule.

> *Cannabis sativa, foliis oppositis, mas et fœmina.* LIN.
>
> Le chanvre cultivé, à feuilles opposées, mâle et femelle.
>
> *Cannabis fœmina, cannabis mas, eratica.* BAU.
> Le chanvre femelle, et le chanvre mâle, sauvage.
>
> *Cannabis sterilis.* DOD.
> Le chanvre stérile.
>
> *Cannabis foliis digitatis.* TOUR.
> Le chanvre à feuilles digitées.

Cette plante si connue, si commune et si utile, n'auroit peut-être pas besoin de description; cependant on s'est fait un devoir de ne négliger aucune de celles qui peuvent entrer dans le plan de cet Ouvrage, et contribuer à instruire.

Le chanvre est une plante dont la racine pivotante et garnie de plusieurs filamens chevelus, s'enfonce de sept à huit pouces dans la terre à la

couleur de laquelle elle participe. Cette racine donne
origine à une tige qui s'élève en droiture à quatre,
cinq, ou six pieds, de couleur verte et foncée,
parsemée de poils aigus et assez rudes, quelquefois
cannelée, presque toujours simple et unique sur
la même racine : il en sort cependant quelquefois
plusieurs ; cette multiplicité dépend de la nature
du terrain, ou de la force et de la bonté des engrais.
Cette tige est d'une odeur forte , pénétrante,
peu agréable ; celle du chanvre mâle est moins
forte, et s'élève moins que celle de la femelle. Il
faut remarquer qu'une habitude vicieuse a fait confondre, par la plupart des habitans de la cam-
pagne, le sexe des deux plantes ; ils appellent le
mâle, femelle, et la femelle porte le nom de mâle,
sans faire attention à la fructification qui caractérise cette dernière dans toutes les plantes.

Sur les tiges, et plus particulièrement vers leur
extrémité, poussent, quoique rarement, quelques
rameaux auxquels sont attachées des feuilles,
qui le sont pareillement au haut de la tige qu'elles
cachent et recouvrent ; ces feuilles, portées par de
longs pétioles, sont opposées, digitées, ou profondément crénelées ; la bordure en est garnie de
dents ou faite en scie : les dents inférieures sont
plus éloignées et plus petites ; les découpures sont
au nombre de quatre , le plus ordinairement, quelquefois de cinq, rarement de six ; elles ont toutes
un nerf protubérant partant du pétiole et donnant

origine à quelques veines ; la couleur de ces feuilles est d'un gros vert ; leur odeur ressemble à celle de la tige ; la saveur en est âcre, mordicante et désagréable.

Les fleurs du chanvre sont divisées sur deux individus, en mâles et femelles. Les fleurs mâles, qui ne produisent point de graine, paroissent, entre les aisselles des feuilles supérieures, en forme de petites grappes lâches ; elles sont composées chacune d'un calice à cinq folioles oblongues, légérement arquées et concaves, contenant autant d'étamines de couleur herbacée, moins longues qu'elles, composées de filamens trèscourts ; ces filamens portent des anthères oblongues et pendantes, à quatre faces, et fournissent une poussière onctueuse et résineuse. Chaque fleur est appuyée sur un péduncule court, mais apparent, attaché autour d'un pivot commun.

Les fleurs femelles, disposées de la même manière vers les extrémités, sont portées sur des pédicules si courts, que, sans une attention particulière, on seroit tenté de les croire sessiles : ces fleurs sont aussi plus petites et moins apparentes que celles du mâle ; leur caractère principal consiste dans des styles monophylles, oblongs ou coniques, pointus, et s'ouvrant dans toute leur longueur. On y remarque un ovaire supérieur, sur lequel reposent deux styles alongés en alêne ; leur couleur ne diffère pas de celle des fleurs

(175)

mâles ; elles exhalent aussi la même odeur que
la tige, mais beaucoup plus forte.

Le fruit est une petite coque ovoïdo-circulaire,
ou un globe légérement comprimé latéralement,
lisse et même brillant, ne contenant qu'une loge,
garnie entre deux valves qui restent unies, d'une
graine ou petite amande arrondie, couverte d'un
épiderme d'un gris foncé, mais très-blanc dans
l'intérieur, douce et singulièrement huileuse ; la
couleur de la coque est un roux ou marron plus
ou moins foncé.

Que le chanvre soit une plante résineuse, on
ne peut en former aucun doute : son odeur,
la qualité de l'huile qu'on exprime de sa graine,
le suc glutineux qui entoure sa tige, ses feuilles et
ses fleurs, et qui s'attache facilement aux doigts ;
enfin, l'analyse chimique qu'on en a faite, et même
le travail nécessaire pour en retirer les filamens
qui nous procurent tant d'avantages, et qu'on
n'obtient qu'en les dégageant de la substance qui
dans la plante les unit et les tient immédiatement
serrés ; tout annonce que cette substance ne peut
être que de nature résineuse.

Il est peu de personnes qui ignorent la manière
dont on cultive et dont on travaille le chanvre :
de bonnes terres qui gardent le milieu entre les
terres fortes et glaiseuses, et les sablonneuses, sont
celles qui lui conviennent, et où il réussit le mieux.
On a soin de réchauffer ces terres par les engrais

les plus chauds ; c'est sur-tout à cet usage que sont réservés ceux de volaille et de pigeon. On préfère les terrains un peu humides et qui avoisinent les ruisseaux : on ne sauroit rendre la terre trop meuble, et on la laboure plusieurs fois, soit à la charrue, soit, et mieux encore, à la bêche ou à la marre. Lorsque la terre est bien préparée, on sème, vers la fin du mois de mars, la graine très-épaisse ; on la recouvre soigneusement, de peur que les oiseaux, qui en sont très-friands, et qu'il est nécessaire d'écarter jusqu'à ce que la plante soit entièrement hors de terre, ne l'enlèvent, et ne diminuent ainsi la quantité de brins. Il faut prendre la même précaution, depuis que la plante commence à fleurir, jusqu'à ce qu'elle soit en pleine maturité, sans quoi on courroit risque de ne récolter que peu ou point de graine : il est nécessaire que la sémence soit nouvelle ; celle do deux ans réussit quelquefois ; après trois ans, elle devient inutile.

Lorsque, par la chute de la poussière contenue dans ses anthères, la fleur mâle a fécondé la femelle, elle se flétrit ; la plante commence à se dessécher : on se hâte alors de l'arracher en entier, et brin par brin ; on la lie en faisceaux, dont on dispose la tête vers le haut ; et après l'avoir laissée en tas pendant deux ou trois jours tout au plus, ce qui suffit pour y commencer une fermentation, qu'on appelle *suer*, on commence

la

la première opération, ou le rouissage, qui consiste à le mettre sur un pré : là, si la rosée ou la
pluie ne sont pas assez abondantes, on a soin de
l'arroser et de le tenir toujours humide ; ou bien
on place dans une eau stagnante tous les faisceaux
en tas qu'on a soin d'assujettir , et de charger pour qu'ils baignent exactement : de toutes
les manières l'eau fait entrer la plante en putréfaction , enlève ses parties mucilagineuses et résineuses , détache les fibres de la partie ligneuse
et de l'épiderme. Le rouissage sur le pré est à
la vérité meilleur, et donne de plus beau fil ;
mais il est plus long , et il est à remarquer qu'on
doit exposer cette plante à la rosée dans l'état le
plus vert possible ; car si elle étoit à moitié desséchée, la pluie, ne pouvant plus enlever la viscosité résineuse , tacheroit et noirciroit les fils.

Le chanvre femelle demande plus d'apprêt : on
attend pour l'arracher que la graine soit en maturité , ce qui n'arrive qu'un mois environ après la
première cueille. On fait de même des faisceaux ,
mais plus gros , et on attend pour les faire rouir
que la graine se détache spontanément. Pour hâter
le dépouillement qu'on en veut faire, on enfouit
dans la terre la tête des faisceaux ; lorsque la
graine peut se séparer aisément, on fait sécher les
faisceaux au soleil ; on bat ensuite la cime, et la
graine se détache pêle-mêle avec les feuilles, dont
on les sépare ensuite au moyen d'un crible, lorsque

le tout est sec : on procède ensuite au rouissage comme ci-dessus, en remarquant que la plante femelle demande à rester un peu plus long-temps, soit dans l'eau, soit à la rosée : la différence de la chaleur de l'atmosphère détermine le plus ou le moins de temps qu'elles y restent l'une ou l'autre.

Lorsqu'on juge le rouissage à son degré de perfection, on lave les faisceaux à l'eau claire, et on les fait sécher en écartant par le bas les différens brins qui les composent : on les rassemble de nouveau ; on coupe alors avec une serpe les racines, et l'extrémité de la cime où se trouvent les feuilles ; on les broie sous un couteau de bois pour séparer les fils de la partie ligneuse qui tombe en morceaux, et qu'on nomme *chenevotte* ; on fait ensuite passer ces fils par le séran, qui enlève les particules du bois et de l'épiderme, qui demeureroient attachées aux fibres filamenteuses : on finit par les carder, et cette opération les sépare en trois parties, qui forment le fil fin ou brin, le moyen, et l'étoupe ou le plus grossier ; ce dernier se trouve toujours chargé de quelque reste de chenevotte ou d'écorce. Le fil qu'on obtient du chanvre mâle est moins grossier, plus aisé à broyer, à sérancer et à carder, mais moins fort et moins long. La plante femelle, plus vigoureuse, et qui reste plus long-temps en terre, fournit un fil plus fort et destiné à la fabrique des cordages et des grosses toiles, comme le premier l'est à celle des toiles plus fines.

On emploie une méthode particulière pour donner plus de finesse et plus de lustre au fil qu'on obtient du chanvre. Lorsque la plante est broyée, on expose pendant plusieurs jours la filasse par petites poignées dans une eau courante ; on a soin de les frotter et de les tordre fréquemment : par cette opération, la filasse, se déchargeant peu à peu, et presqu'entièrement des parties mucilagineuses et résineuses, paroît aussi belle que si elle avoit passé par le séran : après l'avoir tordue pour la dernière fois, on l'étend sur des perches de la même manière qu'on fait la soie. Ainsi préparée, si on veut encore augmenter sa finesse et la rendre presque semblable à la filasse du lin, on la remouille modérément, et on la frappe avec un battoir sur une table unie, ce qu'on recommence à plusieurs reprises. Un particulier vient de trouver une autre méthode, qui, au moyen de certains mordans, détache encore quelques portions de la matière résineuse, et donne au fil du chanvre la finesse et le lustre de la soie.

Toute la plante jette une odeur assez désagréable et narcotique ; elle est échauffante, quoiqu'adoucissante, apéritive et discussive : on ne se sert guère en médecine que de la graine, dont on retire une huile fétide siccative, qu'on mêle dans quelques emplâtres.

On fait usage de cette même graine dans quelques contrées, pour la joindre aux alimens. On
la prépare aussi en dragées, qui, dit-on, réveillent
la concupiscence ; mais ce moyen est trop échauffant, et peut devenir dangereux. Les feuilles
pilées et bouillies forment une décoction qu'on
regarde comme un puissant sudorifique : on les
emploie aussi desséchées, et en forme de tabac
à fumer par le moyen d'une pipe ; elles enivrent
aisément, assoupissent, et quelquefois causent un
délire furieux, semblable à l'effet que produit la
fumée de la plante suivante.

La vertu fortement échauffante de la plante, et
sur-tout de la graine, se manifeste par l'usage
qu'on en fait dans l'art vétérinaire, pour exciter
la chaleur des jumens tardives : on leur frotte le
fondement avec le jus ou une forte décoction de
ce végétal, et cette méthode ne manque pas de
réussir. Le chenevis excite les poules à pondre ;
mêlé à leur nourriture, il contribue à les en-
graisser. L'eau dans laquelle on a fait rouir le
chanvre devient fétide, puante, et dangereuse
pour le bétail ; elle enivre aussi et fait périr le
poisson : ces inconvéniens ont fait défendre l'opération du rouissage dans les eaux courantes destinées à servir d'abreuvoir.

La graine du chanvre étoit employée, chez les
anciens, brûlée ou torréfiée, et se présentoit aux
convives entre les différens services : ils préten-

doient par-là rappeler la gaieté, faire naître l'appétit et exciter à boire. Nous apprenons cependant qu'un trop grand usage de cette substance brûlante, portoit des fumées au cerveau, l'ébranloit et l'enflammoit d'une manière dangereuse.

Le fil qu'on obtient des préparations de cette plante précieuse, est employé diversement ; le plus fin nous fournit de belles toiles propres à tous les usages du ménage, plus solides et plus durables que celles qu'on obtient des autres végétaux ; celui qui vient ensuite est mis en œuvre pour des toiles plus grossières, celles, par exemple, dont on se sert pour la fabrication des voiles ; enfin, l'étoupe cardée est employée à fabriquer les câbles et les différens cordages nécessaires à la navigation.

Cette étoupe cardée à plusieurs reprises, servoit autrefois à remplir des matelas ; et à force de la faire passer par différentes cardes plus fines les unes que les autres, on la réduisoit presque en ouate. C'est de cette même étoupe filée qu'on fait les mèches des flambeaux à poing, ainsi que celles des canonniers et des mineurs.

A la Chine, on travaille l'étoupe avec de la chaux, et on l'emploie pour la fabrication du gros papier.

La consommation immense que nous faisons de cette denrée, devroit nous engager à imiter cette opération ; elle suppléeroit avantageusement à la quantité de chiffons employés journellement dans nos papeteries, dont ils sont, comme on le sait, la base.

Les chenevottes ne restent pas inutiles ; on en fait des allumettes que leur sécheresse et leur prompte inflammabilité font préférer à toutes les autres. Les pauvres gens se chauffent du résidu du battage des pailles, des feuilles et des racines ; enfin, on a éprouvé que le charbon fait avec le chanvre mâle, est très-bon pour la fabrication de la poudre à canon.

Le chanvre est originaire de la Perse, où il croît spontanément, et où on le cultive ; il s'est parfaitement naturalisé dans nos contrées, où, généralement cultivé, il est devenu une plante indigène.

SECTION SECONDE.

LE **CHANVRE** *d'Inde*, plante exotique, à siliques.

Cannabis indica, seu ginji. RUM.
Le chanvre d'Inde, ou le ginji.

Cansjava, seu cannabis indica. LIN.
Le cansjava, ou le chanvre d'Inde.

Ketmia indica, seu cannabis, foliis bangue *dicta.* HERM. COMMEL.
Le ketmia de l'Inde, ou le chanvre, à feuilles de bangue.

Cannabis indica, seu herba stultorum.
Le chanvre d'Inde, ou l'herbe aux fous.

Cannabis foliis alternis. Lam.
Le chanvre à feuilles alternes.

Cannabis similis, exotica. Bau.
Plante exotique ressemblante au chanvre.

Cannabis peregrina, gemmis fructuum longioribus.
Mor.
Le chanvre étranger, à boutons de fruit alongés.

Quoique cette plante soit, en effet, du genre du chanvre, et n'en soit peut-être qu'une variété, quelques caractères différens ont déterminé à en faire un Article particulier.

Le chanvre d'Inde est divisé, comme le nôtre, en mâle et femelle, fournissant de la même manière les fleurs fécondantes et les fruits sur deux individus distincts : sa tige est simple et très-droite ; l'écorce, beaucoup plus mince que celle du chanvre indigène, peut se conduire et se diviser sans préparation préliminaire en fils assez fins : cette tige un peu anguleuse, assez ferme, de couleur vert pâle, s'élève à sept ou huit pieds et davantage : elle porte en assez petite quantité des rameaux latéraux, qui montent obliquement et se divisent par articles ou anneaux distans les uns des autres d'environ un demi-doigt, sur lesquels sont apposées des feuilles courbées en arrière et pendantes. La racine est mince, longue et chargée de fibres chevelues. L'intérieur de la tige est rempli d'une moelle fongueuse et aqueuse. L'odeur de la plante est forte ; elle approche un peu de celle du tabac.

Les feuilles paroissent divisées en cinq autres petites , ou plutôt elles ont cinq découpures profondes , dentelées en frange vers les bords, garnies de côtes qui les font paroître comme ridées, d'une couleur verte inégalement pâle : ces feuilles sont très-grandes, le milieu des échancrures ayant cinq pouces de longueur, et le reste proportionnellement. Les plus grands rameaux sont aussi garnis de feuilles de plus forte dimension, rassemblées sur d'assez longs pétioles , au nombre de sept ou de huit; vers la cime, au contraire, elles ne sont qu'au nombre de trois, dont le milieu est d'un demi-doigt de large , et les deux découpures latérales sont très-petites, à peine même sont-elles perspectibles. La grandeur du pétiole de chacune de ces feuilles est proportionnée , et plus ou moins longue selon leur position.

Des aisselles des feuilles et attenant la souche, croissent plusieurs rameaux à fleurs , auxquels pendent, chez l'individu mâle, de petites têtes ou boutons oblongs qui s'ouvrent en cinq pétales verts sur leurs bords, et au centre desquels on découvre cinq étamines d'un vert pâle , facilement caduques , sans embryon , ni semence : ces tiges florifères, dont les rameaux sont couverts, présentent journellement et alternativement des boutons qui s'entr'ouvrent.

Les fleurs femelles qui , comme on l'a dit, croissent sur d'autres individus , naissent aussi sur des tiges simples et droites qui s'élèvent jusqu'à dix pieds , et se divisent en beaucoup de rameaux latéraux. Les feuilles sont semblables à celles du mâle , mais d'un vert plus foncé , plus épaisses , exhalant une odeur plus forte : celles des plus gros rameaux sont échancrées par six ou sept découpures ; celles des rameaux latéraux n'en offrent que trois ; celles qui couronnent la cime ne paroissent être qu'une seule et simple foliole toute unie , sans pétiole apparent comme les autres feuilles : ces dernières semblent constituer la fleur ; car c'est du milieu d'elles qu'on voit sortir les fruits ou semences rassemblées sur les rameaux, sans aucune autre apparence de fleur qui les précède.

Ces semences sont rangées en cônes acuminés, sans poil ni duvet, gras au toucher , et striés comme des grains de riz. Entre ces fruits, se trouvent quantité de folioles, bractées , ou barbes si resserrées qu'elles semblent couvrir la tige. Chaque silique séminale renferme une bourse dont la pointe est un peu courbée ; elle entre en maturité lorsque sa pellicule commence à jaunir. La semence ou graine contenue dans cette silique, s'en dégage alors ; moins grosse qu'un grain de froment, fournie de deux ailes ou languettes latérales , elle ressemble assez à celle de certains

chardons ; mais elle est plus petite , de couleur
cendrée pâle, et brillante. Sous l'épiderme externe
qui est assez dur, et qui rend un son lorsqu'on
l'écrase sous la dent, se trouve une amande ou
moelle blanche et grasse, de saveur douce. Lorsqu'on écrase les siliques entières sous les doigts,
elles les tachent d'une couleur crasseuse et gluante,
effet d'un suc glutineux et résineux, qui les infecte d'une odeur repoussante, plus forte que
celle du tabac récent.

Les Indiens des lieux méridionaux, tels que
Java, Amboine et autres, cultivent l'une et l'autre
plante dans leurs jardins. Ils choisissent, à cet
effet, les terrains les meilleurs, et dans la plus
belle exposition au soleil ; ils les préparent et les
amendent avec soin. Le mâle et la femelle viennent
également de la semence recueillie sur cette dernière, qui, comme celle de notre chanvre, n'est
plus bonne et ne pousse pas après deux ans. Des
curieux et des cultivateurs ont essayé, parmi nous,
de propager cette plante ; il seroit bien à désirer qu'elle se pût naturaliser dans nos climats,
comme le chanvre originaire de Perse : elle donne
du fil plus beau, d'une meilleure qualité et en
plus grande quantité.

Cette plante est fournie d'un très-grand nombre
de fibres filamenteuses , pour la préparation desquelles les Indiens emploient à peu près la méthode dont nous nous servons : le fil est destiné

aux mêmes usages. La plante elle-même , avant d'être employée dans la filature , est d'un usage plus particulier ; c'est, selon les Indiens, un anti-dote contre les sollicitudes ; il délivre l'esprit des chagrins , des anxiétés et des frayeurs ; il excite la joie , procure le sommeil comme la plante né-phète des anciens. Cependant cette joie n'est en effet que factice , et ne produit que des rires feints , forcés , approchans de la folie , qui se terminent même trop fréquemment en manie : ces effets diffèrent selon les caractères et les tem-péramens.

On se sert pour cela des feuilles et du fruit. On apprend de plusieurs auteurs, spécialement de Garzias *ab horto* , qu'on les prépare de di-verses manières : l'une, qui jette promptement dans l'ivresse, est d'exprimer le suc des feuilles et des graines , et de boire cette liqueur mêlée avec de l'arec ; l'autre, plus efficace, consiste à fumer les feuilles desséchées de la même manière que le tabac ; et si , selon le même auteur, on veut se procurer des songes agréables , on y joint des aromates , tels que la noix muscade , le macis , le girofle, et même de l'opium. Enfin, si on veut exciter la lubricité, on y mêle du sucre , du musc , et de l'ambre. Ces compositions appelées dans le pays *majuh* , portent vivement à la tête, et, prises en certaine quantité , rendent les gens furibonds et prêts à se battre : aussi chefs et soldats les emploient pour s'animer au combat. Les Turcs, les Persans et les Mogols, qui les préparent mieux que les Maures, s'en servent aussi dans d'autres occasions, et prétendent que leur usage les égaie et diminue la fatigue.

La racine du chanvre d'Inde mâle est employée dans les gonorrhées virulentes, en masticatoire. Les feuilles de la femelle, mêlées avec de la noix muscade et du girofle, sont indiquées pour la guérison de l'asthme ; d'autres en font une infusion légère qu'ils prennent comme du thé, et à laquelle ils attribuent la vertu de dissiper l'ivresse. Les feuilles de l'un et de l'autre, appliquées en quantité, raniment les sens ; celles du mâle particulièrement, desséchées et mises en poudre, arrêtent les diarrhées, et confortent l'estomac. Enfin, cette même fumée si enivrante, seule ou mêlée avec du tabac, et administrée en fumigation, soulage, et souvent même guérit les hernies.

Cette plante sauvage, ou cultivée, est indigène aux îles orientales, principalement à Amboine et à Java : elle croît aussi à la Chine. On trouve dans la première île une variété de cette plante, qui a la tige et les feuilles beaucoup plus petites, et ces dernières rassemblées en faisceaux.

ARTICLE XVI.

Du Dombei.

LE DOMBEI, arbre exotique, à cônes siliqueux.

Dombeia chilensis.
Le dombei du Chili.

Pinus-aracauna, foliis turbinatis, imbricatis, hinc mucronatis; ramis quaternis, cruciatis. MOLI.

Le pin-aracauna, à feuilles retournées en sabot, imbriquées, finissant en pointes, portées sur des rameaux quaternés, et disposés en croix.

Le dombei est un arbre encore peu connu, et qui n'a guère été remarqué que par Molina et Lhéritier. Il est d'une très-forte dimension, tant en hauteur qu'en épaisseur. Son aspect est très-beau; il est intéressant par l'utilité qu'on en peut retirer. Sa fructification est tout-à-fait singulière, et, par sa configuration, pourroit former un genre nouveau et particulier, n'ayant aucun rapport avec aucun des fruits des autres végétaux. Cependant la figure de ses feuilles, et la forme conique extérieure de ses fleurs, semblent se rapprocher d'assez près du pin ordinaire, seule cause qui ait déterminé Molina à lui en imposer le nom. Le tronc de cet arbre, très-droit, s'élève ainsi à une très-grande hauteur. Son bois est blanc, très-solide, et recouvert d'une double écorce dont l'extérieure est épaisse, raboteuse, pleine de crevasses, assez ressemblante à celle du liége ; elle se sépare très-facilement de la seconde écorce qui est mince et lisse. La tige se termine en pyramide exacte ; elle est composée de rameaux placés de quatre en quatre, disposés en croix, ouverts horizontalement, et allant en diminuant insensiblement de longueur à mesure qu'ils sont plus élevés.

Le rameaux qui garnissent ces branches sont couverts de feuilles très-nombreuses qui n'ont aucune apparence de pétiole. Elles croissent plusieurs ensemble, formant des espèces de bouquets épars, peu serrés, droits et comme imbriqués sur huit rangées contournées un peu en spirale. Les feuilles elles-mêmes sont ovalaires, pointues, entières, sans découpures, lisses, coriaces, roides, et finissent par une petite pointe dure et un peu piquante ; elles sont un peu concaves dans leur intérieur, et convexes en dehors ; leur largeur est de huit à dix lignes, sur un pied et demi ou un peu plus de longueur ; elles ont le coup-d'œil et presque la forme du calice des artichauts.

Les fleurs paroissent solitairement au sommet des rameaux, et naissent sur des chatons en forme de cônes et sans péduncule ; elles sont divisées

en mâle et femelle sur le même individu. Le chaton ou cône mâle est un cylindre ovoïde , obtus,
long de deux pouces et demi à trois pouces, garni
de toutes parts , et en forme de briques resserrées ,
d'écailles très-nombreuses, dont les pointes font
le crochet en dehors. Cette disposition donne à
ce chaton un aspect assez approchant de celui du
chardon à foulon, *dipsacus fullonum sativum.*
Chaque écaille commence par un filament ligneux
et court, qui va s'épaississant, et s'élargissant depuis sa base jusqu'à son sommet. Ce filament soutient une languette particulière faite en fer de lance,
aiguë et coriace, dont la base est large , épaisse et
concave en sa face interne, tandis que la partie supérieure, mince et étroite, se recourbe en dehors
en forme de crochet. Cette languette est environ-
née de dix à douze anthères linéaires, étroites,
sillonnées dans toute leur longueur, aussi longues
que le filament, jointes à son sommet par leur
extrémité supérieure, rapprochées et conniven-
tes autour du filament par leur partie inférieure,
ce qui paroît lorsqu'on arrache le filament, ou
qu'on détache l'écaille de l'axe du chaton qui le
portoit.

Le chaton ou cône femelle est un ovale arrondi,
qui naît aussi à l'extrémité des rameaux et sans
péduncule. Il est de même rangé en forme de briques , composé d'un très-grand nombre d'écailles
serrées, dont les pointes sont droites et ne font

point le crochet comme celles des fleurs mâles :
elles sont aussi quatre à cinq fois plus grandes.
Chacune de ces écailles a une forme ovalaire,
alongée, presque ressemblante à un coin un peu
comprimé et rétréci en pointe vers sa base, large,
épais et calleux vers son sommet, ayant un stigmate à deux valves très-inégales. La valve interne est petite, courte ; ses bords sont arrondis
et obtus : l'externe est grande, épaisse et large à
sa base ; elle se recourbe en dedans vers sa base
interne, et se termine par une languette étroite,
aiguë et montante. Cette languette externe du stigmate est presqu'aussi longue que l'ovaire même ;
elle a au moins quinze lignes de longueur, et in-
cline sur lui à angle droit.

Le fruit consiste en un très-grand nombre de
semences alongées, rassemblées autour d'un axe
commun, formant un gros cône arrondi. Leur réceptacle est nu, velouté et légérement alvéolé.
Chacune de ces semences est oblongue, cylindrique, finissant un peu en pointe, et obtusément divisée en quatre angles : la base, qui est
lisse, a presque la forme d'un gland séparé de sa
cucule : elle est munie, vers son sommet, d'une
aile ou languette courte, en forme de spatule, à
bords épais, courbée en montant. Ces semences,
roussâtres et longues d'un pouce et demi, ont une
tunique de couleur purpurine, coriace, ne s'ouvrant pas, et contenant une espèce d'amande oblongue,

gue, un peu anguleuse vers sa base, blanche, tendre et assez bonne à manger.

Les botanistes, auxquels nous sommes redevables de la connoissance de ce végétal, annoncent qu'il est très-résineux, sans décrire ni faire connoître les vertus médicinales de cette résine, ni celles du reste de l'arbre. On apprend seulement que son bois, propre à plusieurs ouvrages de charpente ou de menuiserie, est excellent surtout pour fabriquer des mâts de vaisseaux, et que les habitans font usage de ses amandes en aliment.

Du reste, quoique cet arbre, toujours vert, prenne sa croissance avec beaucoup de lenteur, son aspect gracieux et son utilité laissent à désirer qu'il soit plus connu, et qu'on puisse le cultiver dans nos climats dont la température est assez semblable à celle du pays où il croît.

Cet arbre se trouve au Chili.

ARTICLE XVII.

Du Mélaleuque.

LE **MÉLALEUQUE**, arbre exotique, à capsule.

> *Arbor alba : caïu-putti.* Rum.
> L'arbre blanc.

> *Arbor alba, multinerviis.* Taber.
> L'arbre blanc, à feuilles très-garnies de nerfs.

> *Melaleuca foliis ovato-lanceolatis, nervosis, sub-falcatis; floribus lateralibus, sessilibus; calice urceolato.* Lin.
> Le mélaleuque à feuilles ovalairement lancéolées, garnies de nerfs; à fleurs latérales, sessiles; à calice fait en forme de vase.

> *Melaleuca viridiflora.* Gart.
> Le mélaleuque à fleurs vertes.

> 2. *Melaleuca angustifolia; staminum fasciculis longissimis, pedicillatis; capsulâ subglobosâ.* Gar.
> Le mélaleuque à feuilles étroites; dont les faisceaux d'étamines sont très-alongés et pédicillés; à capsule globuleuse en dessous.

> 3. *Melaleuca suavè olens, floribus pedunculatis, hemisphæricis, trifalcatis, repando-coronatis.* Gar.
> Le mélaleuque à odeur suave, dont les fleurs pédun-

culées et hémisphériques sont triplement divisées
et couronnées d'une bordure recourbée.

4. *Melaleuca lucida, glabra, foliis oppositis, ovatis,
venosis; paniculis terminalibus, pedicillis oppositis, ovatis, bistortis.* LIN.

Le mélaleuque lucide, ras, à feuilles opposées,
ovalaires, garnies de veines; à panicules terminaux, opposés, ovalaires et bistournés.

Leptospermum collinum. GÆR.

Le leptospermum des collines.

5. *Melaleuca villosa, tomentosa, foliis oppositis,
ovatis, venosis; paniculis terminalibus pediculatis, bis trifloribus.* LIN.

Le mélaleuque velu, et garni de duvet, à feuilles
opposées, ovalaires, garnies de veines; à panicules terminaux pédiculés, deux fois munis de
triples fleurs.

Leptospermum ciliatum. GÆR.

Le leptospermum velu.

6. *Melaleuca virgata, foliis oppositis, lineari-lanceo-
latis, enerviis; umbellis terminalibus.* LIN.

Le mélaleuque tacheté, à feuilles opposées, linéai-
rement lancéolées, foibles; à ombelles terminales.

Myrtus amboinensis. RUM.

Le myrte d'Amboine.

Leptospermum virgatum. FORTS.

Le leptospermum tacheté.

Plusieurs auteurs parlent du mélaleuque, de

ses différences et de ses variétés ; chacun d'eux lui impose un nom particulier : on s'accorde assez cependant à le placer dans le genre des myrtes.

Le caractère générique et essentiel de ces végétaux se tire de leurs fleurs qui consistent en un calice à cinq divisions, garni de cinq pétales qui entourent ordinairement de trente à trente-cinq étamines rangées en couronne, environnant un style, et un embryon bivalve, triloculaire, trivalve et polysperme. Le calice supérieur est persistant ; les pétales arrondis, ouverts, alternes avec les divisions du calice. Les filets des étamines sont en fuseau droit, rassemblés en cinq faisceaux dépassant de beaucoup la corolle, surmontés par des anthères ovalaires ou oblongues en sens horizontal. L'ovaire, contenu dans l'intérieur de la fleur, est arrondi en forme de toupie : le style est droit, filiforme, de la longueur des étamines, et surmonté d'un stigmate simple.

Le fruit est une capsule arrondie, composée de trois loges polyspermes, remplies de semences petites, très-nombreuses, couchées, oblongues, pointues du côté interne, tronquées dans le dehors, souvent ailées à leur maturité.

Les feuilles varient selon les différentes espèces ; elles sont tantôt unies, semblables ou approchantes des feuilles du myrte, de figure ovalaire, plus ou moins chargées de veines, tantôt linéaires, velues, garnies de duvet ; elles ont encore différentes figures qu'on peut trouver chez les botanistes qui en ont donné des descriptions.

Ces arbres sont en général tortueux, difformes : leur cime, peu garnie de branches, s'élève jusqu'à cinquante ou soixante pieds. Le tronc, communément de la grosseur d'un homme, acquiert quelquefois deux pieds de diamètre. Le bois en est blanc, recouvert d'une peau épaisse sur le tronc, ainsi que sur les branches, composées d'un amas de membranes nombreuses et très-fines qui se recouvrent les unes les autres, à peu près comme le bouleau. Le bas du tronc est toujours noirâtre, comme s'il eût éprouvé l'action du feu. Ce bois paroît être de peu d'utilité pour les arts ; ses tortuosités ne le rendent nullement propre aux usages de la charpente, ni à ceux de la menuiserie.

Il découle de ces végétaux une gomme-résine dont jusqu'à présent on ne connoît ni les vertus, ni les propriétés.

Cet arbre croît à la Guiane, à la Caroline, et en plusieurs autres lieux du continent des Indes occidentales.

ARTICLE XVIII.

De la Carline.

LA CARLINE, plante indigène et exotique,
à capsule.

1. *Carduus panis, seu pacis.* COR.
Le chardon-pain, ou paix.

Carlina acaulis. LIN.
La carline sans tige.

*Carlina flore maximo, subsessili; foliis latis, in-
ciso-dentatis, canescentibus.* LAM.
La carline à très-grandes fleurs, sans péduncule inférieur; à feuilles larges, découpées en dents,
blanchâtres.

Carlina acaulis, magno flore. BAU.
La carline sans tige, et à grandes fleurs.

Chamæleum album. MAT. COR.
Le chaméléon blanc.

2. *Carlina caulescens, magno flore, albo, albicante.*
BAU.
La carline à tige blanchâtre; à grandes fleurs blan-
ches.

Carlina elatior. CLUS.
La plus grande des carlines.

3. *Carlina lanuta.* Lin.

La carline laineuse.

Carlina flore purpureo, rubente, patulo. Tour.
La carline à fleur rouge pourpre, touffue.

4. *Carlina corymbosa, caule multiflori, subdivisa;*
   floribus sessilibus; calice radio flavo. Lin.

La carline à tige d'artichaut, portant quantité de
   fleurs subdivisées; à fleurs sessiles, et à calice à
   rayons rouges.

Carlina umbellata, apuliana. Tour.
La carline à ombelles, de la Pouille.

Arcana capitibus parvis, luteis, in umbella. Bau.
L'arcana à petites têtes jaunes, en ombelles.

Carlina patula, attractilidis folio et flore. Tour.
La carline touffue, à feuilles et à fleurs de chardon.

5. *Attractilis hispanica, tennifolia; flore luteo* Bau.
Le chardon d'Espagne, à petites feuilles; à fleur
   jaune.

Carlina forestis, flore aureo; perennis. Tour.
La carline sauvage, à fleur couleur d'or; vivace.

6. *Carlina racemosa, floribus sessilibus, lateralibus,*
   paucissimis. Tour.
La carline rameuse, à fleurs sessiles, latérales et
   en petite quantité.

Acarna flore luteo, patulo. Bau.
L'acarna à fleur jaune, touffue.

Carlina silvestris, vulgaris. Clus.
La carline silvestre, vulgaire.

Carlina humilis. Dod.

La carline basse.

*Carlina vulgaris , multis floribus corymbosis , ter-
minalibus ; calicibus radio albo.*

La carline vulgaire , à plusieurs fleurs rassemblées
en corymbes, terminales ; à calice blanc, radié.

Cnycus silvestris , spinosior. Clus.

Le cnycus, ou le chardon sauvage, très-épineux.

Chamœleum album officinarum : heluine vera. Dios.

Le chaméléon blanc des boutiques : le véritable
héluine.

La nomenclature ci-dessus fait connoître com-
bien sont nombreuses les espèces ou variétés de
la carline, plante singulière par son aspect, qui
l'assimile à certains chardons , ce qui a porté
quelques botanistes à lui en imposer le nom.

La racine de cette plante s'étend beaucoup, et
s'enfonce profondément dans la terre ; elle est
oblongue, épaisse et fibreuse. Avant que la plante
sorte de la terre, cette racine se divise assez ordinairement en quelques têtes, de chacune desquelles sortent des feuilles qui s'étalent et se cou-
chent circulairement sur le sol en forme de grandes rosettes.

Ces feuilles, longues de deux palmes et demie et
plus, sur une largeur d'un ou de deux pouces, sont
profondément découpées sur la côte, et comme
crénelées, garnies de tous côtés d'épines très-pi-

quantes, attachées à un pétiole d'un rouge foncé ; elles sont elles-mêmes d'un vert pâle et blanchâtre.

Au milieu de la rosette, formée par les feuilles, on voit naître une fleur sans tige, très-grosse, semblable par la quantité de ses épines à un hérisson, large de quatre à six pouces, garnie de tous côtés de pétales ou feuilles épineuses : du milieu de ces pétales partent des fleurons en forme de folioles blanches et un peu purpurines, qui semblent n'être qu'un amas d'étamines rassemblées en couronne. Le réceptacle de ces fleurs est épais, et composé d'une suite d'embryons supportés par un calice formé de plusieurs pièces , très – épineux.

Ces embryons deviennent une graine ou semence par laquelle la plante se reproduit, et qui a quelque ressemblance avec la semence des cardes ou des artichauts.

Telle est la première carline , qui croît en Italie, en Espagne et dans la plupart de nos départemens méridionaux : on en trouve abondamment dans celui de la Côte-d'Or.

La seconde espèce de carline, ou la carline à tige, diffère particulièrement des autres, en ce que sa fleur est supportée par une tige ou péduncule alongé de six à dix pouces. Cette tige, légérement cotonneuse et garnie de feuilles ordinairement simples, ne porte qu'une fleur unique.

Les feuilles, et principalement celles de la base,

sont longues, étroites, profondément découpées, souvent même jusqu'à la côte, qui est épaisse et protubérante, garnie de petites ailes courtes, incisées et dentées. Elles varient dans leur couleur; quelquefois entièrement vertes, elles sont d'autres fois blanchâtres et couvertes de duvet au revers, ou d'un rouge foncé; d'ailleurs très-épineuses sur leurs bords.

Les fleurs sont portées sur un calice composé de plusieurs pièces rangées en couronne de couleur blanche, tandis que les fleurons ou paillettes supérieures qui composent la fleur, sont d'un pourpre éclatant.

La racine de cette espèce est de beaucoup plus grosse, plus épaisse et plus laiteuse que celle de la précédente. L'odeur qu'elle exhale, frappe agréablement l'odorat; cependant elle est forte, pénétrante, et porte facilement à la tête.

Cette espèce se trouve plus particulièrement en Alsace, en Allemagne et sur les Alpes.

La carline laineuse est blanchâtre et très-peu cotonneuse : sa racine est mince, d'une teinte tirant sur le jaune, d'odeur assez agréable, forte et pénétrante, et de saveur tant soit peu amére; elle pousse une tige de sept à huit pouces de hauteur.

Les feuilles sont blanchâtres; la tige porte à sa cime, sans autre péduncule, une très-grande fleur; trois ou quatre autres plus petites l'entourent et terminent des rameaux ou péduncules

très-courts qui sortent des aisselles des feuilles
supérieures. Ces feuilles supérieures sont oblón-
gues, blanchâtres, garnies et bordées par des
épines jaunâtres; les inférieures sont très-découpées, légérement dentées de beaucoup d'épines,
et garnies d'ailerons aussi très-épineux.

Chaque fleur est accompagnée de bractées ou
folioles semblables aux ailerons des feuilles, mais
beaucoup plus courtes. Les véritables folioles ou
les pièces qui composent le calice, sont faites en
fer de lance, et n'ont qu'une épine qui les termine. La couronne qui constitue la corolle, est
de couleur pourpre très-vive, principalement en
dessous. On prétend que le suc qui en découle
conserve cette couleur éclatante.

Cette espèce croît en Italie et en Provence.

Une autre espèce ou variété, la carline à corymbes, pousse une tige d'un pied ou un pied et demi
d'élévation, cylindrique, de couleur rouge, médiocrement cotonneuse, ordinairement simple. Elle
porte à son sommet de trois à cinq fleurs jaunes,
presque sans péduncule, resserrées, imitant un corymbe ou faisceau épais formant parasol.

Les feuilles sont alternes, oblongues, un peu
étroites, recourbées, peu garnies d'un duvet cotonneux, mais hérissées d'épines de couleur verte
tirant sur le blanc. Cette espèce croît aussi en Italie
et en Provence.

La suivante, ou la carline d'Espagne, est plus

petite que l'autre, et entièrement dénuée de poil et
de duvet. Les fleurs de cette espèce naissent séparées, et ne forment ni faisceaux, ni corymbes, ce
qui la distingue des autres carlines multiflores. La
tige n'est élevée que de cinq à six pouces : elle est
droite, garnie de feuilles, sans duvet, cannelée ou
anguleuse, quelquefois simple et à fleur unique ,
le plus souvent munie à sa partie supérieure de
deux ou trois péduncules en forme de rameaux ,
terminés chacun par une fleur d'un beau jaune : les
feuilles sont alternes, un peu ailées , dentelées ,
sans duvet, mais très-épineuses. Le fleuron des
fleurs est d'un très-beau jaune : la couronne entière a un coup-d'œil moins éclatant; c'est une
teinte jaune tirant sur le roux. Cette espèce est naturelle et particulière à l'Espagne ; cette circonstance lui en a fait imposer le nom.

La carline à fleurs latérales porte une tige de
cinq à six pouces, grêle, menue, simple, garnie
de beaucoup de feuilles, et un peu cotonneuse. Les
feuilles en sont étroites, fournies de duvet, légérement dentelées et très-épineuses : les fleurs ,
d'un beau jaune, sortent en partie latéralement
des aisselles des feuilles qui semblent accompagner
leur tige; d'autres sont terminales : les unes et les
autres sont en assez petit nombre. Cette espèce est
aussi indigène à l'Espagne.

La carline ordinaire et la plus commune , qui
croît dans presque toutes les parties de l'Europe ,

porte une tige d'un pied d'élévation ou plus. Elle
est ordinairement de couleur rougeâtre, très-garnie de duvet cotonneux, quelquefois simple et ne
portant qu'une fleur terminale, le plus souvent rameuse et garnie de fleurs en parasol de couleur
pourpre assez vif : la couronne est intérieurement
d'un blanc sale ; les fleurons intérieurs, d'une couleur jaunâtre; ceux de l'extérieur rouges, purpurins ou violets : les feuilles sont alternes, un peu
étroites, découpées, garnies d'ailes dentelées,
très-épineuses, d'un vert blanchâtre et mat.

Les racines de toutes les espèces de carlines sont
onctueuses ou garnies d'un suc gluant et résineux.
De quelque manière qu'on les coupe, qu'on les
fende ou qu'on les déchire, transversalement ou
latéralement, il en découle une espèce de lait gru-
melé jaunâtre, et qui, par sa viscosité, s'attache
aux doigts presqu'aussi fortement que de la glu.
Lorsque ce suc est récent, sa teinte est d'un jaune
plus léger et presque blanc ; il se concrète avec le
temps, et devient dur comme la cire. Lorsqu'on le
ramasse et qu'on le rassemble en grume, il se rembrunit ; il prend même une teinte noirâtre lorsqu'il est manié.

Non-seulement on rencontre ce suc résineux
dans les racines, mais on en trouve encore vers le
sommet de la tête, et dans les feuilles épineuses
qui entourent le calice. La carline qui produit plus
particulièrement cette résine, croît en Italie, prin-

cipalement dans la Pouille , où les bergers ont grand soin de la ramasser : elle y est connue sous le nom de *cera di cardo* , cire de chardon.

Cette substance résineuse a une odeur assez agréable, mais forte : toute la plante a également une odeur forte et aromatique, une saveur âcre et un peu amère.

La substance résineuse de la carline, peu usitée maintenant dans les usages médicinaux, a elle-même une saveur qui n'est pas désagréable, malgré son âcreté : la plante est sudorifique, diurétique et alexipharmaque , bonne pour exciter le flux menstruel et tuer les vers des intestins. On s'en servoit autrefois pour les cas de rhumatismes et d'hydropisie ; on la regardoit même comme anti-pestilentielle, et on assure qu'elle a été d'un grand secours dans des maladies épidémiques qui affligeoient les armées de Charles-Quint dont elle a pris le nom.

Les anciens, entêtés de magie, attribuoient à cette plante qu'ils connoissoient sous le nom de chaméléon, plusieurs vertus et propriétés superstitieuses ; et l'on trouve chez des auteurs très-graves, recommandables d'ailleurs par leurs autres connoissances, un système de transplantation de qualités ou de maladies d'un individu à un autre, où le chaméléon joue un grand rôle.

Les femmes d'Italie se plaisent à mâcher la *cera di cardo*, comme elles font le mastic, et lui attribuent les mêmes propriétés ; cependant l'usage en est moins fréquent qu'autrefois.

On pense qu'on pourroit en tirer un autre parti. La nature de cette substance résineuse , se rapprochant de la cire du galé et des autres arbres qui fournissent de la cire ou du suif végétal, on en composeroit peut-être avec succès des flambeaux et des bougies. Ne pourroit-on pas aussi tirer un parti avantageux à la teinture , de ce suc d'un pourpre brillant qui découle de la carline laineuse , et qu'on assure se conserver dans tout son éclat ? Ce sont des essais qu'il seroit à désirer de voir exécuter.

Quoiqu'on regarde la carline, principalement le *chamæleum album*, comme un poison pour quelques animaux, tels que les chiens, les cochons et les rats, dans quelques endroits cependant, surtout en Italie , on mange la couronne de cette plante de la même manière que les réceptacles d'artichauts ; et on se sert de ses fleurs sèches, comme de celles du cardon , pour faire cailler le lait.

ARTICLE XIX.

De la Carotte gummifère.

L**A** CAROTTE ɢᴜᴍᴍɪ**ꜰ**ᴇ̀ʀᴇ, plante indigène.

> *Daucus gummifera, involucillis simplicibus ; foliis
> latis, membranaceis ad altera coloratis, ova-
> tis, inciso-dentatis.* Lᴀᴋ.
>
> Le daucus (carotte) ou le panais gummifère, à en-
> veloppes simples; à feuilles larges, membraneu-
> ses, alternativement colorées, ovalaires, décou-
> pées, dentelées.
>
> *Daucus maritimus, gummifer, saxatilis ; foliis ri-
> gidis, lucido et atro-virentibus; flore albo.* Jᴜs.
>
> Le daucus (carotte) maritime, gummifère et venant
> parmi les rochers; à feuilles hérissées, de couleur
> verte, noirâtre et lucide; à fleurs blanches.
>
> *Pastinaca, tenuifolia, lucida, gummimanans.*
> Boo.
>
> La pastenade (carotte) à feuilles étroites, lucide,
> donnant une gomme.

Le daucus gummifère est une espèce de panais
ou de carotte, qui diffère principalement des autres
par la gomme résineuse qui en découle en assez
grande abondance : elle en diffère encore par la
forme

formé de ses feuilles. Dans cette espèce , la tige , cannelée, s'élève à deux ou trois pieds ; elle est un peu velue et très-rude au toucher : sa racine est pivotante comme dans toutes les espèces de carottes, plus mince cependant, et garnie d'un chevelu peu considérable, même plus rare que dans les autres espèces.

Les feuilles de ce daucus, très-découpées, autant même que celles du cerfeuil ou de la ciguë , avec lesquelles elles ont quelque ressemblance, sont portées sur des pétioles velus , d'une couleur verte un peu brillante, et accompagnées de folioles et de stipules.

Les fleurs , rassemblées en ombelles très-amples, sont composées d'un amas de petites ombelles partielles , qui les garnissent en très-grand nombre. Les folioles qui accompagnent et entourent ces petites ombelles , sont simples , élargies , ovalaires , pointues , et finissent en poignard : elles sont membraneuses , vertes dans leur milieu , blanchâtres vers les bords , couvertes de poil , et débordent un peu les ombelles, qui sont d'ailleurs garnies de fleurs blanches sans calice. Ces fleurs ont seulement cinq pétales pliés en cœur : ceux qui se trouvent dans l'intérieur de l'ombelle sont plus grands. Au milieu de ces pétales , se voient cinq étamines garnies d'anthères simples ; entre les filamens se trouve un ovaire inférieur chargé de deux styles très-courts.

Cet ovaire se transforme en un fruit ovaloïde, ou capsule hérissée de poils très - roides ; cette capsule se divise en deux semences oblongues, dont un des côtés est plané, et l'autre arrondi et convexe. Beaucoup de fleurs, sur-tout vers le milieu de l'ombelle, avortent et ne produisent ni capsule, ni semence.

Cette espèce de carotte laisse découler de ses rameaux et de sa tige un suc visqueux, ou gomme-résine, d'une odeur assez agréable. On connoît peu l'usage de cette substance, malgré qu'on la croie convenable à la plupart des usages où l'on emploie le daucus. Quant à la plante elle-même, on ne s'en sert pas comme des autres panais ou carottes : son odeur trop aromatique, et sa saveur très-âcre, lui donnent un goût peu agréable. Le bétail la mange avec avidité.

On trouve cette plante en France et dans plusieurs parties de l'Europe, où elle croît vers les bords de la mer, sur-tout dans les endroits pierreux.

ARTICLE XX.

De la Cossinia.

LA COSSINIA, arbrisseau exotique, à capsules.

1. *Cossinia triphylla.* Commer..
La cossinia triphylle, ou à trois folioles.

*Cossinia triphylla, foliis ternatis, subtus tomen-
tosis; foliolis oblongis, obtusis.* Lam.
La cossinia triphylle, ou à trois feuilles, velues en
dessous; à folioles alongées et obtuses; vulgairement, *bois-de-fer de Judas.*

2. *Cossinia pennata.* Commer.
La cossinia ailée.

*Cossinia pennata, foliis pennatis; foliolis quinis,
lanceolatis, subtus tomentosis.* Lam.
La cossinia ailée, à feuilles ailées, garnies de cinq
folioles lancéolées, velues en dessous.

La cossinia est un arbrisseau inconnu jusque
dans ces derniers temps : il a été découvert par
Commerson, sur une haute montagne de l'île de
France, appelée la *montagne du corps-de-garde.*
Ce savant voyageur a fait une récolte considérable
de plantes rares, sur cette montagne, où selon lui
il se trouve une botanique particulière, adaptée à

O 2

ce local rempli de plantes qui paroissent lui être particulièrement indigènes. Telle est, par exemple, une fougère arborescente, échappée aux recherches de Plumier et d'autres botanistes: tel est l'arbrisseau qui fait le sujet de cet Article, absolument nouveau, et auquel Commerson a imposé le nom de *cossinia*, en reconnoissance des marques d'amitié qu'il avoit reçues de M. de Cossigny, dont l'habitation se trouvoit très-près de cette montagne, et qui lui a donné lieu de la parcourir commodément. Ce citoyen, dont il est fait mention dans plusieurs Articles, n'a suivi, dans l'accueil qu'il a fait à Commerson, que son zèle ordinaire pour la propagation des sciences et l'utilité publique, joint à l'estime et à l'amitié qu'il avoit conçues pour cet illustre voyageur, qui les méritoit à tous égards.

Ce botaniste infatigable a remarqué deux variétés de l'arbrisseau qu'il a découvert; la première offre un végétal qui s'élève à sept ou huit pieds, et qui se garnit de beaucoup de rameaux cylindriques, fournis d'un duvet cotonneux, principalement vers la cime.

Les feuilles qui naissent sur ces rameaux, sont alternes, composées de trois folioles oblongues, obtuses vers leur extrémité, rétrécies vers leur base, entières, de couleur verte, un peu rudes et glabres en dessus, mais garnies d'un duvet cotonneux à leur revers. Elles sont portées chacune sur un court pétiole, attaché sûr une queue commune ; la foliole impaire est d'un quart plus longue que les deux autres.

Les fleurs sont médiocres, de couleur blanche, disposées sur des grappes, dont les unes, sortant des aisselles des feuilles, et les autres, terminant les rameaux, forment des panicules à la sommité de la plante. Le calice qui soutient ces fleurs, est d'une seule pièce, mais profondément divisé en cinq dents ou segmens ovalaires, concaves et glàbres en dedans, persistans et recourbés sous le fruit : ce calice contient quatre, quelquefois cinq pétales ovalaires garnis d'onglets très-légers à leur base, et insérés au réceptacle : ces pétales sont très-ouverts et dépassent de beaucoup le calice ; ils soñt garnis de six étamines dont les filamens soyeux, aussi longs, et même plus que les pétales, sont terminés par des anthères ovalairement oblongues, et accompagnées d'un ovaire arrondi, obtusément trigone, surmonté d'un style simple à stigmate entier, et comme tronqué.

L'ovaire devient un fruit, ou capsule ovoïde, enflée, triangulaire, cotonneuse, divisée en trois loges, contenant plusieurs semences, et s'ouvrant, à son sommet, en six valves ; ces semences sont globuleuses, et de couleur noirâtre ; le calice, tant du fruit que des fleurs, est porté sur un pédicule assez long ; du reste, ce pédicule et les pétioles des fleurs sont très-chargés d'un duvet doux et cotonneux. Cette espèce fleurit dans le mois de mai.

Le second individu, remarqué par Commerson, ressemble assez au premier par le port et par la hauteur de sa tige : il en est distingué par la conformation de ses feuilles qui sont constamment ailées, et composées de cinq et quelquefois sept folioles oblongues, faites en fer de lance, et presque sans pétiole ; elles sont portées sur une queue ou pétiole commun, entières, vertes, glabres, quoiqu'un peu dures en dessus, garnies au revers d'un duvet cotonneux et blanchâtre. Les pétioles, ainsi que les péduncules des fleurs, et même le sommet des rameaux, sont pareillement garnis de ce duvet.

Les fleurs sont, comme dans le premier, tantôt axillaires, tantôt terminales, et portées à l'extrémité des rameaux; elles sont petites, blanches, composées d'un calice très-petit et cotonneux, garni de cinq pétales qui tombent presqu'aussitôt qu'ils sont épanouis. Ces pétales renferment six étamines plus longues qu'eux, et un ovaire qui devient un fruit, ou capsule cotonneuse, souvent chargée du style qui existoit sur l'ovaire dans le principe de la fleur.

Cet arbrisseau, que Commerson a placé dans le rang des balsamiers, laisse en effet découler un baume, ou résine, d'une odeur très-suave :

c'est dommage qu'il n'en ait pas donné une connoissance plus étendue. Les habitans de l'île de
France le connoissent à peine ; la montagne du
Corps-de-garde , sur laquelle il croît , est assez
écartée , très-élevée et escarpée. Le désir ardent
des connoissances peut seul déterminer à la parcourir ; et cet arbrisseau , trouvé vers son sommet, ne se rencontre point dans les plaines qui
l'entourent. Comme la température de ce mont
est moins chaude que celle du reste de l'île , peut-
être parviendroit-on à le cultiver en France, où
le climat est plus tempéré : ce seroit une acqui-
sition nouvelle , et agréable s'il rapportoit avec
lui ce parfum que lui attribue Commerson.

Le nom de *bois-de-fer de Judas* , que lui
ont donné les naturels du pays , semble prouver
que son bois est d'une nature très-dure, et qu'il
seroit peut-être propre à quelques ouvrages d'é-
benisterie. Ces considérations ont engagé la société
académique des sciences à prendre des moyens
pour obtenir des connoissances plus certaines sur
ce végétal, et s'en procurer des graines et des
plants, ainsi que de plusieurs autres espèces de
plantes, tant de l'île de France, que des autres
îles, et des Indes orientales.

Les deux arbrisseaux, dont on vient de donner la description, croissent spontanément à l'île
de France, dont ils paroissent particulièrement
indigènes.

ARTICLE XXI.

Du Cacao.

LE CACAOYER, arbre exotique, nucifère.

Théobróma, seu cacao. LIN.
Le théobroma, ou le cacao.

Cacao Clusii, exotica. TOUR.
Le cacao de Clusius, arbre exotique.

Căcao sativa, foliis integerrimis; fructibus ovato-oblongis, acuminatis, glabris, decem striatis. LAM.
Le cacao cultivé, à feuilles très-entières; dont les fruits ovalairement oblongs, sont acuminés, sans duvet, et divisés extérieurement en dix côtes.

Arbor cacavifera, americana. PLUK.
Arbre d'Amérique, portant le cacao.

Fructus amygdali similis, guatimalensis. BAU.
Fruit semblable à l'amande, croissant à Guati-mala.

2. *Cacao silvestris, fructu ovato, tomentoso, rubes-cente ; foliis integerrimis.* AUB.
Le cacaoyer silvestre, à fruit ovalaire, velu, roussâtre, et à feuilles très-entières.

3. *Cacao guianensis, foliis denticulatis; fructu ovato, quinquangulari, tomentoso, rubescente.* AUB.
Le cacaoyer de la Guiane, à feuilles dentelées; à fruit ovoïde à cinq angles, velu et roussâtre.

Le cacaoyer le plus connu, celui qu'on cultive avec tant de soin pour recueillir des amandes qui procurent une boisson saine, nourrissante, agréable et presque généralement goûtée, est un arbre de grandeur et de grosseur assez médiocre : il y a cependant des exemples que le soin et la culture en ont élevé à une assez grande hauteur, et à une dimension proportionnée. Cet arbre a en quelque sorte le port et l'aspect d'un cerisier de moyenne taille. L'écorce du tronc est roussâtre, ou de couleur de cannelle plus ou moins foncée, selon l'âge de l'arbre, ou le terrain où il est cultivé; celle des branches est d'une teinte plus claire et approchante du vert; du reste, très-unie par-tout. Le bois du tronc, ainsi que celui des branches, est poreux et très-léger : les rameaux qui le couronnent sont nombreux et très - feuillés.

Les feuilles alternes et longues finissent en fer de lance aiguë : elles sont très-entières, sans découpures ni dentelures, dénuées de toute espèce de poil ou de duvet, très - lisses, pendantes, et portées sur des pétioles d'un pouce ; elles ont ordinairement de huit à neuf pouces de longueur, sur trois ou quatre de largeur, et sont garnies de nerfs et de veines plus apparens au - dessus qu'au-dessous.

Les fleurs sont disposées en espèces de faisceaux, qui poussent en grand nombre sur les branches, et même sur le tronc de l'arbre. Avant qu'elles s'ouvrent, elles paroissent sous la forme d'un bourgeon ou bouton pâle, et à cinq angles longs de trois lignes, portées sur des péduncules simples et menus, légérement velus, longs d'un demi-pouce : elles sont composées d'un calice à cinq divisions, ou folioles faites en fer de lance, pointues, ouvertes et caduques, de couleur pâle en dehors, rougeâtre en dedans. Ce calice renferme cinq pétales jaunâtres, ou de couleur de chair très-pâle, dont la base est concave, et la partie supérieure voûtée : à son sommet, il a une lanière très-étroite qui se courbe sur le dos, et, se recourbant ensuite en avant, se termine par une lame élargie presqu'en cœur, et pointue. Chacun de ces pétales est creusé en coquille ; la lame d'une teinte jaunâtre, et les pétales panachés de petits points purpurins.

Dans l'intérieur des pétales sont situés dix filamens réunis en tube à leur base, dont cinq environnent le pistil : ces cinq filamens, longs, finissant en alène, sont certainement stériles. Les cinq autres, plus petits et plus courts, cachés dans la concavité des pétales, sont les véritables étamines, chargées chacune d'une anthère à deux loges séparées par les deux bouts, contenant la poussière fécondante. Tous les filamens sont rassemblés autour d'un ovaire supérieur, ovale, qui se termine par un style linéamenteux, ou filiforme, dont le stigmate, ordinairement simple, est quelquefois divisé en deux, trois, quatre et même cinq segmens : une partie de ces fleurs avorte, et c'est la plus grande quantité ; elles tombent à mesure : celles qui résistent sont les seules fécondes.

Le fruit est le résultat de l'ovaire grossi, qui se change en une capsule de la forme d'un concombre, obtuse, ou quelquefois un peu pointue vers son sommet, longue d'un pied et demi, souvent un peu plus ; relevée, comme nos melons, de côtes peu saillantes, au nombre de dix : sa superficie est inégale, et comme garnie de verrues ; parvenu à sa maturité, il est d'un rouge foncé, parsemé de petits points jaunes. On en voit sur certains pieds d'entièrement jaunes, ce qui n'est point une variété, mais un effet du terrain ou du climat ; quelquefois même il s'en trouve qui sont veinés de rouge et de jaune. L'écorce de ces fruits, assez coriace, est recouverte d'un épiderme de quatre à cinq lignes d'épaisseur : si on la fend en travers ou en longueur, on trouve dans l'intérieur, divisé en cinq loges membraneuses et persistantes, vingt-cinq noyaux, quelquefois plus, et même jusqu'à quarante, mais rarement en moindre quantité. Ces noyaux ou amandes sont attachés à un placenta, disposés en grappe, et assujettis par des fibres qui vont d'un bout à l'autre de l'écorce. L'intervalle entre ces amandes renferme une pulpe visqueuse, et d'une acidité assez agréable : ces noyaux sont ovoïdes, un peu plus gros que des olives. L'écorce ligneuse qui les recouvre est très-mince, très friable, d'un violet obscur; elle renferme une amande très-charnue, d'une couleur brune foncée, d'une saveur onctueuse , et légérement styptique.

Ces amandes ont un caractère particulier : les deux lobes qui les composent sont peu distincts, et la radicule se trouve placée à l'extrémité la plus grosse.

Le cacaoyer cultivé croît naturellement dans presque toutes les parties de l'Amérique méridionale ; mais plus particulièrement au Mexique, à Guatimala, et sur la côte de Caraque : il est très-commun dans les Antilles, principalement à Saint-Domingue et à la Jamaïque ; on le trouvé de même dans la Guiane française.

Dans presque tous ces endroits on le cultive avec soin ; il y est en tout temps garni de fleurs et de fruits, mais principalement, et en plus grande abondance que dans les autres saisons , pendant la durée des solstices. Ce végétal se perpétue de graines ; la promptitude avec laquelle elles lèvent et se propagent, a empêché qu'on ne tentât les boutures ou les provins. On aura peut-être vu, dans cette culture, quelques inconvéniens dont la perte du temps n'est sans doute pas le moindre.

On fait la récolte de ce fruit à mesure qu'il donne des marques de parfaite maturité : c'est alors que quelques personnes sucent et savourent avec plaisir la substance gélatineuse dans laquelle sont nichées les amandes. Cette substance rafraîchit la bouche et désaltère ; mais il faut bien se garder de mâcher ou d'écraser les amandes sous la dent ; elles ont dans leur fraîcheur une amertume bien plus insupportable que lorsqu'elles sont préparées et parfaitement sèches.

Pour parvenir à ce point de dessiccation , on rassemble près d'une cuve les fruits mûrs qu'on a cueillis ; on coupe en longueur l'écorce qui les entoure , et on les divise en deux parties pour en tirer la pulpe et les amandes qu'on jette pêle-mêle dans la cuve. Lorsqu'elle est suffisamment pleine , on laisse cette pulpe fermenter ; vingt-quatre heures sont suffisantes pour produire la fermentation qui , augmentant de plus en plus , convertit cette substance en liqueur vineuse. On y laisse les amandes jusqu'à ce que leur coque ait pris une teinte brune, et que la radicule ou le germe soit mort. En effet, la bonté du chocolat pour la composition duquel sont destinées ces amandes, consiste en partie dans l'extinction du principe végétatif, qui marque le degré parfait de la fermentation , comme de la maturité du fruit. Lorsqu'on est parvenu à ce point de fermentation , les amandes se détachent avec beaucoup

de facilité des fibres qui les retenoient, et sont
très-promptes à se dessécher à l'ardeur du soleil,
ou dans des étuves.

La liqueur vineuse qui reste après l'opération,
n'est pas perdue; on la passe, et elle procure une
boisson acide qui ne déplaît pas, sur-tout aux
gens du pays : mais le meilleur parti qu'on en
tire, c'est en la soumettant à la distillation, par
laquelle on obtient un esprit très-ardent et très-
inflammable, d'assez bon goût, et propre à composer des liqueurs.

C'est principalement de l'amande que l'on tire
le plus grand parti et le plus agréable. Lors de
leur arrivée au Mexique, les Espagnols trouvè-
rent que les naturels du pays en composoient une
boisson dans laquelle ils faisoient entrer beaucoup
de piment, boisson que ces conquérans ne trouvoient passable que parce qu'ils manquoient de
vin, ou d'autres liqueurs auxquelles ils étoient
accoutumés. La nécessité la leur fit adopter : l'in-
dustrie leur apprit, non-seulement à la changer
de nature, mais encore à la rendre saine et agréable. Ils substituèrent au piment des aromates plus
doux, moins piquans et moins caustiques, et fini-
rent par en composer une boisson qui leur paroît
délicieuse, leur sert souvent de nourriture et supplée aux autres alimens. Cette boisson à laquelle
ils ont conservé le nom de *chocolat*, que les Mexicains donnoient à leur liqueur pimentée, est gé-

néralement connue et usitée ; mais aucun peuple
n'en fait autant d'usage que ceux qui les premiers
ont trouvé l'art de la composer. On en prend chez
ce peuple à toutes les heures de la journée ; on
l'offre à ceux qu'on veut honorer ; sains ou malades, grands et petits, tous en prennent ; elle est
devenue un besoin pour la plupart, sur-tout pour
ceux qui sont nés ou qui ont voyagé dans les contrées éloignées où croît le végétal favorable qui
la leur procure.

On sait que, pour composer la pâte qu'on nomme
chocolat, on commence par faire légérement torréfier les amandes renfermées dans leur coque, afin
de pouvoir les en dépouiller plus aisément. Lorsqu'elles sont séparées de cette coque et bien mon-
dées, on les pile dans un mortier de fer qu'on a
eu soin d'échauffer, et on les réduit en pâte grossière. On broie long-temps cette pâte sur une
pierre dure, et un peu inclinée, échauffée d'a-
vance, et sous laquelle on place un fourneau plein
de feu : l'instrument dont on se sert à cet effet, est
un rouleau recouvert d'acier très-poli. Lorsqu'on
trouve la pâte dans l'état de finesse requis, on y
ajoute peu à peu du sucre en poudre très-fine, et
on y incorpore, si on veut, quelques aromates,
tels que la cannelle, le girofle, l'ambre, ou quelqu'autre, selon le goût : on se sert principalement
de la vanille, qui est le fruit légumineux de l'*epi-
pandrium vanilla,* arbre qui croît dans les deux

Indes. Tous ces ingrédiens doivent être mis en poudre impalpable ; et l'on ne sauroit employer de trop beau sucre à cet usage. Lorsque le mélange des différentes substances est bien parfait, que l'amalgame ne présente aucune partie dissimilaire, on laisse sécher la pâte pendant quelque temps, on la place dans des moules, ordinairement de fer blanc ; on la divise par tablettes d'une ou de deux onces, ou on la forme en rouleaux du même poids.

Personne n'ignore comment on fait fondre cette pâte pour en préparer la boisson plus ou moins épaisse, soit à l'eau, soit au lait : on en fait aussi des crêmes et d'autres préparations de cuisine ou d'office. Les amandes pilées grossièrement, fournissent aux confiseurs une pâte fort agréable, dont le goût approche de celui des noix qu'on confit à Rouen. Le chocolat, sans addition d'aromates, se nomme *chocolat de santé* ; c'est le plus sain et le plus usité. Celui auquel on a ajouté des parfums, est plus agréable au goût ; mais il est très-échauffant, et peut occasionner ou augmenter certains maux en irritant les nerfs.

Le chocolat et les confitures ne sont pas la seule ressource qu'on trouve dans les amandes du cacaoyer ; il n'existe aucune substance aussi oléagineuse : on en obtient, jusqu'à la moitié de leur poids, une huile concrète, à laquelle on a donné le nom de *beurre*, à cause de leur ressemblance ; car cette substance se coagule et se concrète, non-seulement

seulement au même point, mais même au-delà,
et a la consistance de la cire, lorsqu'elle est vieille.
Dès le moment qu'on l'a tirée des amandes, elle ne
garde plus la fluidité des autres huiles, elle ne se
liquéfie que par la chaleur. Cette solidité lui vient
sans doute des parties résineuses qui lui sont
intimement unies, et qui font sur ce beurre la
même impression que celles du mollé et des autres plantes à cire font aux substances qui en découlent.

Pour obtenir cette huile butireuse, on suit à
peu près la même méthode que pour préparer le
chocolat, avec cette différence qu'ici on met la
matière broyée, entre deux plaques chaudes qu'on
place sous une presse. Dès les premiers efforts de
cette machine, l'huile commence à couler, et se
coagule à mesure, et assez vîte : elle continue à
couler jusqu'à ce qu'il n'en reste plus ou peu dans
la pâte, dont on ne néglige pas le marc dépouillé
de sa substance oléagineuse. On en fait encore un
chocolat, bien moins agréable, à la vérité, plus
amer et moins nourrissant. En effet, le bon chocolat étant une espèce d'émulsion solide, qui doit
la plus grande partie de sa bonté à l'huile, jointe
aux parties extractives amères, salines, et terreu-
ses contenues dans les amandes, les aromates qu'on
ajoute à cette pâte desséchée, ne peuvent com-
penser, par la petite quantité de leur huile essentielle, la partie butireuse que la presse en a ex-

primée, ni tempérer l'amertume des parties extractives, qui n'est modérée que par la présence
de l'huile, et qui doit immanquablement augmenter lorsqu'on en a privé les amandes. De-là cette
grande amertume de certaines pâtes préparées
sans addition de sucre ou d'aromates, qu'on nous
apporte en très-gros rouleaux de St-Domingue
et des autres îles Antilles, où l'on retire beaucoup de ce beurre, et qui ne deviennent suppor-
tables que par une copieuse addition de l'un ou
des autres.

Il est encore d'autres méthodes pour obtenir
le beurre de cacao. Lorsqu'on n'a pas les instru-
mens nécessaires, on se contente de piler grossièrement les amandes qu'on entasse dans un sac de
toile claire et grossière; on les plonge en cet état
dans de l'eau bien bouillante, jusqu'à ce qu'elles
soient également chauffées. On place ensuite le
sac dans une presse qu'on a également échauffée
par le moyen de l'eau bouillante qu'on y a jetée.
L'expression fait couler l'huile pêle-mêle avec
l'eau; la première se fige bientôt, prend plus de
consistance à mesure que l'une et l'autre se refroi-
dissent, et se concrète à la surface. Lorsqu'il ne
passe plus rien, on fait de nouveau bouillir le marc
dans l'eau; on l'exprime une seconde fois, et ainsi
de même jusqu'à ce qu'on soit assuré qu'on a retiré de ces amandes toute la matière huileuse.

On met encore en usage un autre moyen. On

prépare le cacao de la même manière que s'il étoit destiné à faire du chocolat ; et lorsque la pâte a été réduite sur la pierre en consistance très-fine, on la fait bouillir à grande eau pendant une demi-heure et plus. L'huile rendue fluide par la chaleur, se dégage des parties extractives, et surnage à la superficie. A mesure que l'eau tirée du feu se refroidit, ces parties se précipitent, et l'huile se fige; on la ramasse alors très-facilement. Ce dernier procédé est le meilleur et le plus productif; mais, après cette première préparation, ainsi que dans la précédente, le beurre a toujours une teinte brune, qui lui vient du mélange d'une assez grande quantité de terre et d'autres parties extractives contenues dans ces amandes. Pour le purifier, on le met dans des bouteilles qu'on tient plongées dans de l'eau chaude ; le beurre redevient fluide, se sépare des parties hétérogènes, et acquiert une très-grande blancheur. Il perd bientôt sa liquidité , prend la consistance de beurre, et parvient quelquefois à la dureté de la cire.

On trouve dans le commerce différentes espèces de cacao, qui ne diffèrent que par la grosseur des amandes, et par le lieu d'où elles nous sont apportées : on les distingue en cacao de Caraque, petit ou gros. Ce cacao vient de la côte de Caraque : les amandes en sont plus grosses que les autres ; leur couleur extérieure est grise, et elles sont couvertes de terre; mais l'intérieur est sujet à la moisissure. On croit que ce défaut dépend de ce que, dans ces parages, on enfouit ce cacao dans la terre pour lui faire éprouver un commencement de fermentation, méthode pernicieuse, bien propre à lui enlever une partie de sa substance grasse, sans diminuer considérablement sa saveur amère. Ce qui fait trouver quelqu'apparence dans cette assertion, c'est que les amandes bien traitées ne se moisissent pas, quelque vieilles qu'elles soient, à moins qu'elles n'aient été exposées à une humidité forte et de longue durée.

Les cacaos de Caraque, soit gros, soit petits, ne diffèrent que par la grosseur. Le cacao Berbiche vient des îles de ce nom : il est moins agréable au goût que celui de Caraque. Celui des îles Antilles, qui nous vient principalement de Saint-Domingue et de la Martinique ou d'autres îles, est le plus petit : il est brun extérieurement, et n'est point recouvert de terre comme le Caraque; mais il a une saveur plus amère, quoiqu'il soit plus huileux que les autres; aussi le choisit-on de préférence pour en obtenir le beurre.

Le chocolat est nutritif, un peu échauffant, ainsi que les amandes qui le composent, et qu'on dit aphrodisiaques ; il fortifie l'estomac, que son usage rétablit; il convient en conséquence aux vieillards, il appaise la toux, soulage dans les constipations et autres maladies des intestins.

On se sert du beurre intérieurement ou extérieurement : dans le premier cas , on le prend
en nature , ou l'on en prépare des tablettes
béchiques ; dans le second , on l'emploie pour
appaiser les douleurs des hémorroïdes, et on en
fait des suppositoires. On a beaucoup écrit pour
ou contre l'usage du chocolat ; si quelques médecins le recommandent dans certains cas , d'autres
praticiens pensent qu'il épaissit les humeurs, et
dispose à l'apoplexie.

Le beurre de cacao est le meilleur et le plus
naturel des cosmétiques ; les femmes espagnoles
en connoissent bien tout le prix, et s'en servent
journellement ; il est négligé en France , où il
nous arrive en consistance plus solide et presque
dure : il faut alors le mêler et le faire ramollir
au moyen de l'huiled'amandes douces , ou de
quelqu'autre huile inodore , principalement celle
de béhen, qui a la propriété de se rancir moins
facilement que les autres substances huileuses ,
propriété que le beurre de cacao conserve au
premier degré. Il est très-rare que , même dans
sa plus grande vieillesse , il soit entaché de ce
défaut.

On a parlé des usages économiques du cacao,
préparé en chocolat ; on ajoutera que la coque
même dont on a dépouillé l'amande , après l'avoir
torréfiée , sert à composer une décoction ou
breuvage assez agréable , et qui conserve une

légère saveur de l'amande , sans en avoir l'a-
mertume.

Les amandes du cacao contiennent une assez
grande quantité de matière résineuse ; l'analyse
chimique a démontré qu'elles étoient composées
d'un tiers, et un peu plus, d'huile fixe, concrète,
grasse, douce et blanche ; d'un huitième de
résine, ou extrait résineux amer et acerbe, et
le reste, de parties extractives.

Outre le cacaoyer cultivé, on en connoît maintenant deux espèces ou variétés très-distinctes,
qu'Aublet a remarquées dans la Guiane française.
La première est ce qu'il appelle le *cacaoyer sauvage ;* c'est un arbre qui s'élève à quinze pieds
et plus , dont la tige est très-garnie de rameaux
feuillés.

Les feuilles sont alternes, très-amples, ovalaires, oblongues, finissant en pointe, bordées
d'espace en espace de légères dentelures un peu
rudes, quoique glâbres en dessus et garnies d'un
duvet cotonneux , de couleur roussâtre à leur
revers; elles sont portées sur des pétioles très-
courts, à la base desquels on trouve deux stipules
oblongs , pointus, qui tombent de bonne heure
et avant la chute des feuilles, dont les plus
grandes ont huit pouces de longueur, sur trois
et demi de largeur.

Les fleurs naissent en faisceaux, tant sur le
tronc que sur les branches ; elles sont jaunes ,

portées sur d'assez courts péduncules. Leur caractère est entièrement le même que celui du
cacao cultivé.

Le fruit est une grosse capsule ovoïde, dont
l'épiderme coriace n'est point marqué extérieurement par des côtes , mais recouvert de
duvet de couleur roussâtre ; cette capsule est
intérieurement divisée en cinq loges , contenant
une substance blanche, pulpeuse et gélatineuse ,
dans laquelle sont nichées plusieurs amandes
recouvertes d'une peau blanche , disposées les
unes sur les autres , et attachées à un placenta
qui réside dans l'angle interne de chaque loge.
Cette capsule ne s'ouvre pas en tombant ; mais
elle se casse assez facilement , et répand alors
un suc gélatineux qui est d'une saveur acide. Les
amandes sont assez bonnes à manger , et pourroient vraisemblablement s'employer aussi utilement que celles du cacaoyer cultivé. Cet arbre
croît spontanément dans les forêts.

L'autre variété du cacaoyer , reconnue pareillement par Aublet , pousse de sa racine une ou deux
tiges , et même quelquefois davantage ; lorsque
l'une d'elles monte perpendiculairement , elle
parvient à quatre ou cinq pieds de hauteur, sur
une circonférence de quinze à dix-huit pouces ;
à mesure qu'elle s'élève , elle jette , en tout sens,
des branches qui ne s'étendent pas très-loin.

Les feuilles , dans cette variété , sont alternes,

ovalaires, oblongues, finissant en pointe aiguë ; elles sont bordées de dentelures assez distantes les unes des autres, vertes et lisses en dessus, couvertes d'un duvet cotonneux, de couleur grise, en dessous, et attachées à des pétioles très-courts.

Les fleurs sont portées sur de petits pédun-cules, et disposées sur dès faisceaux, au nombre de quatre à six ; elles sont de couleur jaune, et ont les mêmes caractères que les autres espèces. La plupart de ces fleurs avortent, et tombent en très-grand nombre.

Les fleurs qui résistent, et dont l'ovaire se noue, produisent un fruit ou capsule ovalaire-ment oblongue, divisée à l'extérieur par cinq côtes saillantes, couvertes d'un duvet cotonneux ; decouleur jaunâtre, remplie d'une substance très-blanche et gélatineuse, qui recouvre des amandes arrondies, comprimées, blanches, d'assez bon goût quand elles sont fraîches.

Cette espèce se plaît dans les endroits humides ou marécageux qui se trouvent au sein des forêts.

On ne dit point si on emploie les différens bois des cacaoyers, ni s'ils ont quelques vertus médicinales dans d'autres parties que le fruit ou l'amande : on sait cependant qu'à la Martinique et dans nos autres colonies des Antilles, on em-ploie ce bois pour quelqu'usage économique, lors-que l'arbre commence à être sur le retour.

Le cacaoyer du premier numéro croît spontanément au Mexique, dans les Antilles, et dans la plupart des contrées de l'Amérique méridionale, où la culture l'a multiplié et rendu plus fructueux.

Ceux des numéros 2 et 3 se rencontrent plus généralement à la Guiane, dont ils paroissent indigènes; on les retrouveroit peut-être dans d'autres lieux de l'Amérique, et la culture pourroit les rendre propres aux mêmes usages que le premier.

ARTICLE XXII.

Du Bouleau.

L E BOULEAU, arbre indigène, conifère.

> *Betula alba, foliis ovatis, acuminatis ,serratis.* LIN.
>
> Le bouleau blanc, à feuilles ovalaires, acuminées, dentelées.

> *Betula alba : corari.* TOUR.
>
> Le bouleau blanc : le corari.

> *Betula alba, humilior, palustris.* GMEL.
>
> Le petit bouleau des marais.

> *Betula communis : arbor sapientiæ.*
>
> Le bouleau ordinaire : l'arbre de la sagesse.

Le bouleau est un arbre très-connu : soit que, venu dans un sol favorable, il élève sa cime vers le ciel ; soit que, rencontrant des terrains ingrats, montagneux ou pierreux, il reste dans l'état d'arbrisseau, ce végétal n'en est pas moins recommandable par l'utilité dont il est.

Lorsque le bouleau croît dans de bons terrains, on voit sa tige s'élancer à soixante ou soixante-dix pieds, et souvent davantage. Sa grosseur n'est pas proportionnée ; on en voit très-peu dont le diamètre excède un pied et demi ou deux pieds.

Son tronc nu est dénué de branches à plus des trois quarts de sa hauteur : là, sa cime commence à s'étaler ; elle est ordinairement assez médiocre, sans cependant être désagréable à la vue. Les rameaux très-légers qui garnissent ses branches principales, sont dans une position qui les fait paroître pendans. L'écorce de l'arbre, ainsi que celle des branches principales, sont remarquables par l'épiderme satiné et très-blanc qui les recouvre. Cette écorce se trouve quelquefois crevassée et noirâtre, mais ce n'est que vers la base des arbres qui annoncent leur décrépitude par les rides et l'obscurité, et qui dégradent cet épiderme si beau et si tendre : celle des rameaux, aussi fine, a une teinte un peu glauque, quelquefois brunâtre et tirant sur le rouge. La racine de cet arbre, pivotante dans les bons terrains, et quelquefois divisée par des bras latéraux, est entièrement latérale dans les terrains rocailleux ; en aucun cas elle ne s'étend très-loin, et elle est toujours garnie de beaucoup de chevelus.

Les feuilles sont alternes, ovalairement pointues, de figure triangulaire, ou représentant un delta, finement dentelées : leur couleur est d'un vert très-clair en dessus, presque blanchâtre en dessous, sans aucune apparence de poil ni de duvet d'aucun côté, excepté dans leur première jeunesse où elles sont un peu pubescentes ; mais en grandissant elles deviennent entièrement glâ-

bres, et garnies de nerfs assez protubérans, qui
donnent naissance à différentes veines ; leur grandeur est assez médiocre, proportionnellement
sur-tout à leurs pétioles très-longs, et portés sur
des rameaux très-flexibles. Ces pétioles sont aussi
sans duvet, mais parsemés de petits points blancs,
qui semblent être des tubercules résineux ; leur
épiderme est d'un brun rougeâtre.

Cet arbre est polygame, ou portant des fleurs
mâles et femelles qui naissent sur le même individu, mais séparées. Les fleurs mâles croissent sur des chatons écailleux, assez longs, cylindriques, un peu tachés, imbriqués en forme
de cônes ; les écailles sont concaves, obtuses,
souvent légérement frangées : chacune est accompagnée de deux autres moindres qu'elle, très-
petites, placées sur leurs côtés. C'est du milieu de
ces étoiles que sortent trois fleurs incomplètes,
composées chacune d'un petit calice d'une seule
pièce, ouvert en quatre segmens ou divisions, et
contenant quatre étamines pendantes, dont les
filamens sont très-courts et très-déliés : ceux-ci
supportent des anthères ovales et divisées en deux
loges qui contiennent la poussière fécondante, et
ne sont accompagnés d'aucune espèce de pétales.

Chaque écaille de la fleur femelle, moins obtuse que celles de la fleur mâle, et presqu'à demi-
fendue en trois, contient deux fleurs incomplètes,
tout-à-fait nues, sans calice ni pétales, et ne con-

sistant qu'en un ovaire très-petit, surmonté de deux styles soyeux, un peu plus alongés que lui.

Cet ovaire devient un fruit ou semence nue, aplatie, bordée par deux ailes minces et membraneuses, cachées avant sa maturité par les écailles qui le contenoient en état d'ovaire.

Outre les caractères différens de ces deux fleurs, deux saisons servent à les faire distinguer. Les chatons mâles, toujours grêles, et pendans à un assez long péduncule, naissent en automne vers son milieu, subsistent pendant tout l'hiver sans s'épanouir, et s'ouvrent au printemps pour laisser échapper la poussière qui doit vivifier les fleurs des chatons femelles : ceux-ci, au contraire, plus courts et plus gros, ne paroissent jamais qu'au printemps, et dans le moment du développement des feuilles.

Il est évident que le bouleau contient une matière résineuse; les tubercules ou points blancs et presque transparens, qui se font remarquer principalement sur les jeunes rameaux ; le gluten qui se rencontre sur les feuilles, et plus abondamment sur les bourgeons ; l'odeur balsamique et assez suave qu'exhalent les uns et les autres ; la cire qu'on obtient par l'ébullition de son bois, et l'analyse chimique qui a été faite de son suc ou de la liqueur aqueuse qui le compose, tout confirme dans cette opinion, et fait placer ce végétal au rang des arbres résineux du second rang.

Les vertus médicinales de cet arbre consistent dans son écorce, dans ses feuilles, dans son bois, mais principalement dans le suc qu'on en retire : on y trouve aussi un agaric de quelqu'utilité. L'écorce, comme bitumineuse, échauffe et ramollit : elle est employée pour les maladies de la peau et les érésipèles. Les feuilles, dont la saveur est légérement amère, sont dessiccatives et apéritives : on les a quelquefois indiquées dans les cas d'hydropisie, ainsi que pour la galle, soit en bains préparés à cet usage, soit en décoction : l'agaric l'a été pour arrêter les flux hémorroïdaux trop abondans, en les saupoudrant de sa peau réduite en poudre. Le bois en décoction est recommandé pour le calcul et la gravelle : de-là quelques praticiens lui avoient donné le nom de *bois néphrétique* d'Europe, et le substituoient au bois néphrétique d'Orient, qui est très-rare, très-cher, et dont toutes les vertus ont été attribuées au bois du bouleau.

La substance dans laquelle on reconnoît cependant le plus de vertus, et qui appartient au même arbre, est le suc qu'on en obtient, soit en coupant les branches et les rameaux, soit en faisant au tronc des ouvertures par le moyen d'une vrille : ce suc découle de l'arbre en plus grande abondance que d'aucune autre espèce de végétal. On en a souvent tiré une assez grande quantité pour fabriquer de la bière ; et Hoffman assure qu'en quatorze jours il en distille autant que l'arbre peut peser, en y comprenant les branches et même les racines.

Quoi qu'il en soit, ce suc est un remède admirable, et souvent éprouvé contre la pierre des reins et de la vessie. On a négligé ce remède dans ces derniers temps, parce que tout suit la mode, même l'art de guérir : on pense que le suc précieux dont on parle reprendra quelque jour un crédit mérité. On lui attribue encore d'au-tres vertus, telles que celles de purifier le sang, de lever les obstructions du foie et de la rate, de guérir la galle, de faire disparoître la jaunisse. Les anciens employoient plus fréquemment cette substance ; et comme ils lui reconnoissoient des propriétés merveilleuses, ils y en ajoutoient de superstitieuses, et lui supposoient le pouvoir de résister aux sortiléges et aux enchantemens auxquels nos bons pères ajoutoient foi : aujourd'hui, non contens de lui enlever ces prétendues qualités, nous l'avons presque chassée de la matière médicale, et reléguée dans les campagnes, où son usage fait encore quelquefois de très-belles cures.

Si cet arbre a perdu quelque chose du côté de la médecine, il n'a rien perdu de son utilité économique. Son bois est employé à plusieurs usages : uni et léger, il procure d'assez bonnes planches lorsque l'arbre est parvenu à une dimension convenable, et on les a quelquefois employées à construire des nacelles. Ses branches fournissent aux tourneurs des barreaux de chaises ; les charrons y trouvent des rayons pour les roues ; les jeunes arbres, courbés de bonne heure, leur procurent d'assez bonnes jantes, que l'on emploie sur-tout, et plus communément en Suède. Agés de dix ans, on en fait des cerceaux pour les futailles ; plus forts, on en obtient qui peuvent servir aux cuves. Les fabricans de sabots préfèrent ce bois aux au-.tres à cause de sa légéreté. Si on le brûle, il fournit par les procédés ordinaires un assez bon noir de fumée. Le suc un peu acide, et d'une saveur assez agréable, désaltère sur-tout quand on le boit peu après qu'on l'a tiré ; car il passe facilement à l'aigreur ; on en fabrique quelquefois de la bière à laquelle il donne un bon goût ; enfin, la décoction du bois, ainsi que de son écorce, teint en jaune, et contribue à donner aux cuirs de Russie l'odeur qui les distingue.

L'écorce elle-même est utilement employée dans le Nord, sur-tout chez les Lapons, à couvrir les cabanes : cette écorce est presqu'incorruptible. Sous les climats glacés on rencontre souvent dans les forêts, des bouleaux dont le bois, depuis long-temps mort de vétusté, est réduit en poussière, tandis que l'écorce subsiste encore seule, et conserve à l'arbre la figure qu'il avoit avant que le temps eût agi sur sa substance la plus solide : sans doute la matière résineuse, concen-
trée

trée dans cette partie, lui procure ce caractère d'incorruptibilité, comme elle la donne aux cèdres et aux genevriers, ce qui doit faire soupçonner que ces substances sont de même nature ; mais la petite quantité de résine contenue dans le bouleau, et pour ainsi dire absorbée par les matières extractives et hétérogènes, n'a pas sans doute encouragé à faire à ce sujet les expériences nécessaires pour constater l'homogénéité de ces substances.

Différens de la plupart des autres grands végétaux, dont les rameaux cassans ne sont guère bons qu'à brûler et à former des bourrées, ceux du bouleau, flexibles et plians, servent quelquefois de liens ; mais leur plus grand usage est pour en faire des balais bons et assez durables. Ces mêmes rameaux ont fait donner par les pédans, à l'arbre qui les fournit, le nom de *l'arbre de la sagesse :* c'est une allusion ridicule à l'emploi des verges dont ils se servent par une méthode barbare, et presque toujours inutile, pour corriger les enfans ; ces verges étant ordinairement composées des rameaux flexibles et effeuillés du bouleau.

De tous les grands arbres, le bouleau est celui qui résiste le plus au froid ; on le trouve jusque sous le pôle arctique : c'est le dernier qu'on rencontre dans le Groënland. Sa végétation est aisée ; il se reproduit de graines, de bouture, de plants enracinés ; tout terrain lui est bon ; on l'a vu

même croître au milieu des craies qui ne présentent aucune substance nutritive aux autres végétaux, et au sein des rochers les plus arides. Dans
ces endroits, à la vérité, sa dimension médiocre
le rapproche des arbrisseaux ; mais s'il trouve
une terre succulente et propice, on le voit
s'élever à une hauteur égale à celle des plus
grands arbres des forêts. On a remarqué qu'il
prospéroit mieux dans les terrains humides, qu'il
devenoit et plus haut et plus gros, mais qu'il ne
duroit pas aussi long-temps, et que son bois
n'étoit pas aussi propre d'ailleurs pour les usages
économiques.

Comme le bouleau prend ses feuilles très-à
bonne heure, il figure bien dans les bosquets
printaniers, en petit nombre cependant ; on le
place aussi dans les remises. Il seroit à désirer
qu'on le multipliât davantage, vu son utilité, et
qu'on en mît une certaine quantité dans les nouvelles plantations de bois.

Le bouleau croit en France, et dans plusieurs
parties de l'Europe, sur-tout vers les parties
occidentales. On le trouve en Canada, et dans
plusieurs autres endroits.

ARTICLE XXIII.

Des Groseilliers.

SECTION PREMIÈRE.

Du Cassis.

Le CASSIS, ou le GROSEILLIER NOIR, arbrisseau indigène, baccifère.

Ribes nigrum. LIN.
Le groseillier noir.

Ribes inerme , foliis subtus punctatis mammis laxis; floribus campanulatis ; bracteis pediculis brevioribus. LAM.
Le groseillier sans épines, à feuilles ponctuées en dessous de tubercules lâches; à fleurs faites en cloche; à bractées courtes sur les péduncules.

Grossularia non spinosa ; fructu nigro, majore et minore. BAU.
Le groseillier sans épines, à fruit noir, grand et petit.

Ribes fructu nigro. DOD.
Le groseillier à fruit noir.

Ribes nigrium. LOB.
Le groseillier noirâtre.

Parmi les différentes espèces de groseilliers épineux ou sans épines, qui tous ont un fruit mucilagineux, acidulé, blanc, ou rougeâtre, sans aucune apparence de substance résineuse, il s'en rencontre quelques variétés remarquables par la résine qui les caractérise. Le groseillier noir, connu plus communément sous le nom de *cassis*, offre le premier cette variété, étant le seul qui nous soit indigène.

Le cassis est un arbrisseau qui s'élève depuis quatre pieds jusqu'à six ; il vient ordinairement assez droit, et très-rameux, sur-tout lorsqu'il rencontre un terrain qui lui plaît ; les rameaux poussent de tous côtés, et forment des espèces de buissons. Dans tous les cas, cet arbrisseau est très-garni de rameaux, qui se divisent à leur tour en d'autres plus petits et divergens, garnis d'un assez grand nombre de feuilles. Ces rameaux ainsi que la tige sont très-aromatiques, et recouverts d'une écorce glutineuse, pareillement aromatique, d'un vert obscur et noirâtre sur la tige, un peu plus clair sur les rameaux.

Les feuilles sont odorantes, même à un plus haut degré que le bois ; elles poussent principalement vers l'extrémité des petits rameaux divergens ; elles sont d'abord renfermées dans de petits bourgeons qui semblent écailleux par l'assemblage des feuilles naissantes. On aperçoit, sous les écailles de ces bourgeons, de petits points glanduleux, très-glutineux, qui ne sont autre chose qu'une substance résineuse : ces points se répan-

dent et paroissent à l'œil à mesure que les feuilles
s'épanouissent ; celles-ci se développent peu à peu,
et s'étendent ; d'abord très-petites, et portées sur
un pétiole plus long qn'elles, elles augmentent et
deviennent larges, anguleuses, découpées en trois
lobes pointus, approchantes des feuilles de la vigne, dentées vers leurs bords, échancrées à leur
base, et assez épaisses : de couleur verte en dessus et sans duvet, elles sont garnies de quelques
poils à leur revers, dont la teinte est plus pâle et
comme blanchâtre. Un nerf protubérant, qui part
du pétiole, les parcourt, se divise, se propage jusqu'à l'extrémité des lobes, et donne naissance à
quelques veines légères. C'est sur le revers principalement qu'on aperçoit ces points résineux qui
paroissoient déjà sur les bourgeons ; ils sont de
couleur jaunâtre, et contribuent à donner aux
feuilles une odeur forte qui leur est propre ; cette
odeur a quelque chose d'extraordinaire ; on ne sauroit comparer son parfum à aucun autre connu ;
elle participe cependant à celle de la punaise ou
du mahaleb ; malgré cela, elle est assez agréable.
La saveur de ces feuilles est un peu austère ; elles
ont, dans leur plus grand développement, trois
pouces de largeur, et sont ordinairement accompagnées de petites folioles ou stipules lisses, simples et un peu dentelées sur leur bord.

Les fleurs naissent en grappes latérales fort
lâches ; elles sont portées sur un péduncule assez

court, et accompagnées de bractées très-petites ,
et plus courtes que le péduncule. Le calice est un
peu fait en cloche, velouté, de couleur rougeâtre,
tirant sur le violet vers ses bords ; il est d'une
seule pièce divisée en cinq segmens ovalaires et
réfléchis ; il contient un nombre égal de pétales
d'un vert blanchâtre, droits, obtus et rapprochés
en cône court, pentagone et tronqué. Ces pétales
contiennent un ovaire ou style, très-légérement
divisé en deux à son sommet, tenant au calice, et
entouré de cinq étamines attachées de même, et
dont les filamens, plus longs que les pétales, sont
surmontés d'anthères ovalaires partagées par un
sillon.

- Le fruit est une baie globuleuse, surmontée
d'un ombilic : elle est de couleur noire, et contient
sous une pulpe rougeâtre, succulente, aromatique, d'une saveur douce et un peu acidulée,
plusieurs semences ovoïdes.

Ces arbrisseaux produisent leurs fruits dès le
commencement de l'été, ou vers la fin du printemps, lorsqu'à peine les feuilles sont développées ; dans cet instant, elles paroissent petites ,
peu colorées et très-aromatiques.

On cultive le cassis dans les jardins, et presque
tous les terrains lui conviennent ; cependant ceux
qui sont trop humides lui deviennent préjudiciables : il s'y couvre presque toujours d'une mousse
roussâtre, et dure très-peu de temps.

On a beaucoup vanté les vertus médicinales de
cet arbrisseau. Un particulier de Bordeaux a fait
à son sujet un Traité qui est devenu fort rare ; il
le vante et le met dans le rang des spécifiques les
plus certains pour plusieurs maladies. Ce qu'il en
dit est peut-être un peu exagéré ; cependant on
doit le regarder comme possédant en effet quelques vertus. Ses feuilles sont anodines, répercus-
sives, stomachiques, et indiquées dans la dyssenterie, les rhumatismes, les morsures de bêtes veni-
meuses, conseillées même dans l'hydrophobie ; elles
ont quelquefois réussi dans la guérison des fièvres
intermittentes. Les baies sont rafraîchissantes, diu-
rétiques, et leur parfum les rend un peu cordiales ;
on en compose un ratafia assez agréable et très-
stomachique ; on en fait aussi un extrait et une
conserve d'assez bon goût.

Les feuilles et le bois du cassis ont été mis en
usage dans l'art vétérinaire.

Cet arbrisseau est indigène à la France, et croît
dans plusieurs autres parties de l'Europe.

SECTION SECONDE.

Du Groseillier de Pensylvanie.

LE GROSEILLIER de *Pensylvanie*, arbrisseau exotique, baccifère.

Ribes pensylvanicum, inerme, foliis utrinque

*punctatis, racemosis; bracteis pediculatis, lon-
gioribus.* **Lam.**

Le ribès, ou le grosoillier de Pensylvanie, sans
épines ; à feuilles ponctuées des deux côtés ; à
fruit en grappes, les péduncules accompagnés de
longues bractées.

Grossularia americana, fructu nigro. **Dech.**
Le groseillier d'Amérique, à fruit noir.

Ribesium nigrum pensylvanicum, floribus oblongis.
Dill.
Le ribésium, groseillier noir de Pensylvanie à fleurs
oblongues.

Le groseillier de Pensylvanie, connu depuis
long-temps au Jardin des Plantes du Muséum
de Paris, est une espèce très-différente du cassis,
quoique plusieurs rapports remarquables semblent
les rapprocher. Celui-ci en diffère par la longueur
de ses bractées, par la forme de ses fleurs, par la
dimension de ses grappes et de ses feuilles.

Cet arbrisseau s'élève à environ trois pieds, et
devient assez droit; ses rameaux s'étendent assez
loin, leur écorce est de couleur grise.

Les feuilles sont alternes, pétiolées, divisées en
trois lobes pointus, dentelés en scie, dont les
stries sont inégales sur leurs bords, entières à
leur base; les bords en sont légèrement ciliés. Sur
le reste de leur superficie, il n'existe ni poil, ni
duvet, ni en dessus, ni au revers ; mais elles sont
parsemées des deux côtés de petits points rési-

neux de couleur jaunâtre. Les pétioles qui les soutiennent sont velus ou garnis sur leurs bords de
cils très-courts, principalement dans leur jeunesse;
du reste, ces feuilles sont absolument inodores,
ainsi que toute la plante.

Les fleurs, d'un blanc jaunâtre, sont supportées
par de courts péduncules sur des grappes solitaires
et pendantes, et longues de trois ou quatre pouces.
Les péduncules communs sont garnis de poils et
de bractées linéaires, beaucoup plus longues que
le pédicule propre; caractère qui seul pourroit
faire distinguer ce groseillier du cassis. Le calice est
presque cylindrique; ses découpures sont oblongues, ouvertes et réfléchies seulement vers leur
sommet: les pétales sont blanchâtres, approchans
du jaune, un peu longs, garnis de cinq étamines
plus courtes qu'eux; l'ovaire est accompagné d'un
style simple, mais terminé par deux stigmates.

L'ovaire se transforme en une baie très-alongée,
plutôt ovoïde que globuleuse, très-noire à sa maturité, d'une saveur fade et doucereuse, très-foiblement acidulée.

On ne connoît ni vertus, ni propriétés à aucune partie de cet arbrisseau, si on en excepte
les baies, qui sont rafraîchissantes, et qui peuvent
se manger en place des autres groseilles; mais leur
peu de saveur les fera toujours négliger.

Cet arbrisseau croît spontanément dans la Pensylvanie.

SECTION TROISIÈME.

Du Groseillier de Sibérie.

LE GROSEILLIER *de Sibérie*, arbrisseau baccifère.

> *Ribes fragrans, inerme, surculis ramosis, erectis ;*
> *foliis subquinquangulo-trilobatis; racemis fruc-*
> *tiferis, erectis.* PALLAS.
>
> Le groseillier reluisant, sans épines, poussant des
> scions rameux, droits; à feuilles subquinquangu-
> lairement trilobées; à grappes droites, fructifères.
>
> *Ribes flagrans, inerme, racemis erectis ; corollis*
> *campanulatis; foliis obtusè trilobis; caule ascen-*
> *dente.* WILDENOW.
>
> Le groseillier reluisant, sans épines; à grappes
> droites; à corolles campanulées; à feuilles obtu-
> sément trilobulaires; à tige montante.

Le groseillier de Sibérie est un très-petit arbrisseau, dont une partie des tiges est penchée, et
presque couchée, tandis que les autres s'élèvent
en droiture ; les unes et les autres n'ont guère
qu'un pied de hauteur, et forment un buisson d'un
aspect agréable. L'écorce qui les recouvre se détache par lames : les rameaux sont alternes ; ceux
de l'année sont parsemés de points proéminens,
qui transudent une résine très-jaune.

Les feuilles, qui garnissent ces rameaux en
assez grand nombre, sont pareillement alternes ;

le pétiole qui les porte est très-long, sans aucun poil ni duvet ; formées à cinq angles, elles ont trois ou cinq lobes ; sont dentées en scie, coriaces, vertes en dessus, veinées et d'un vert plus pâle à leur revers ; elles laissent voir, sur la surface inférieure, des gouttelettes jaunâtres qui découlent en très-grand nombre, et qui forment une résine balsamique d'une odeur très-forte quoique suave; cette odeur, approchante de celle de la mélisse, conserve quelque ressemblance avec celle du cassis, auquel le groseillier de Sibérie ressemble beaucoup par le port.

Les grappes qui portent les fleurs sont courtes, placées verticalement, et fort roides ; les fleurs, dont le péduncule est très-court, sont rassemblées sur ces grappes ; les calices, faits en clochettes blanches, à cinq divisions très-profondes, sont très-odorans ; les pétales, aigus et en fer de lance, sont ouverts ; les fleurs sont entourées de petites bractées qui tombent peu après l'épanouissement.

Les grappes qui portent les fruits sont alongées, droites, et jamais inclinées par la pesanteur du fruit ; ce qui est un caractère distinct et particulier de cet arbrisseau : ces fruits sont des baies de la grandeur, de la forme, et de la couleur de celles du groseillier rouge.

Cet arbrisseau croît sur les plus hautes montagnes, vers les confins des pays habités par les Tartares-Mongols : c'est là qu'il a été observé par Pal-

las : ce voyageur atteste que c'est le dernier arbrisseau qu'il ait rencontré dans les pays les plus
glacés , et qu'il croît dans les lieux où nul autre
arbre ne peut résister aux rigueurs du froid.

Le groseillier de Sibérie est indigène à cette
contrée.

Les trois végétaux appartenans à la famille des
groseilliers, qui font le sujet des derniers Articles,
se distinguent, tant par leur odeur que par la substance résineuse qu'ils contiennent. Leur fruit est
également bon à manger, quoique de saveur un peu
différente ; l'usage qu'on en peut faire en alimens,
a déterminé à les placer dans cette Partie. Ses
vertus médicinales sont peu connues, malgré tout
ce qu'on a écrit du premier , maintenant assez négligé.

ARTICLE XXIV.

Du Giroflier ou Géroflier.

LE GIROFLIER ou le GÉROFLIER, arbre exotique, baccifère.

1. *Caryophyllus aromaticus.* LIN.
Le giroflier aromatique.

Caryophyllus aromaticus Indiæ orientalis, fructu elevato, monospermo. PLUK.
Le giroflier aromatique des Indes orientales, à fruit relevé, à un seul germe.

Caryophyllus aromaticus, fructu oblongo. BAU.
Le giroflier aromatique, à fruit oblong.

Caryophylli aromatici. DALECH.
Les girofles aromatiques.

Najelboom-tjenche. RUM.
Le najelboom-tjenche.

2. *Tsjenke-papua, seu radja : caryophyllus regius.* RUM.
Le tsjenke-papua, ou le radja : le giroflier royal.

Caryophyllus bracteolis majoribus luxuriantibus, subimbricatis. LAM.
Le giroflier à grandes bractées luxuriantes, imbriquées en dessous.

Tshinka-papoua, sive caryophyllus spicatus. RUM.
Le tshinka-papoua, ou le giroflier à épis.

Caryophyllus fructu oblongo , abortivo , minus squammoso ; ex insula amboinensi. BREI.
Le giroflier à fruit alongé et avortant, moins écailleux ; croissant dans l'île d'Amboine.

3. *Tsjencke-octan: caryophyllus silvestris.* RUM.
Le tsjencke-octan : le giroflier silvestre.

Caryophyllus languescente vi, aromaticus, malabaricus, folio et fructu majore. PLUK.
Le giroflier à foible odeur, aromatique, du Malabar , à grandes feuilles et à gros fruits.

Caryophyllus silvestris. VALEN.
Le giroflier silvestre.

Le giroflier, ou le géroflier, est un superbe arbre ; l'élégance de son port , le parfum et la grande utilité de ses fleurs et de ses fruits lui méritent une place parmi les arbres les plus précieux ; il ressemble assez, par sa forme, à un laurier dont la tige finiroit en pointe ; sa hauteur est celle des grands alisiers, c'est-à-dire qu'il parvient à dix-huit pieds et plus ; il s'élève même quelquefois à la hauteur du hêtre : sa racine est pivotante, et s'enfonce perpendiculairement et profondément dans la terre.

La tige de cet arbre est ordinairement simple, principalement dans ceux qui, venus de graines , se laissent en place ; toujours droite, elle se bifurque quelquefois vers le quatrième ou cinquième pied de hauteur, se divise même en deux ou trois troncs moindres que la base ; ceux dont la tige

se multiplie ainsi , sont beaucoup plus estimés
par les cultivateurs , que ceux qui restent avec
un tronc unique , parce qu'ils se chargent plus
abondamment de fleurs et de fruits. Le bas de
cette tige , qu'elle soit simple ou qu'elle se bifurque , n'est jamais parfaitement cylindrique , mais
visiblement anguleuse, et faite comme si elle pro-
venoit de plusieurs souches.

 L'écorce du giroflier est très-unie , et n'offre
aucune trace de poil ni de duvet ; elle approche
de celle du hêtre par son poli , et sa couleur
qui est grisâtre , et elle est très–adhérente au
bois ; c'est le long de cette écorce qu'il sort de
la tige , et de tous côtés plusieurs rameaux légers
auxquels sont attachées nombre de feuilles ; ces
rameaux entourent l'arbre en tout sens , ils
s'étendent beaucoup dans le bas , et , diminuant
peu à peu , donnent à la plante une forme de
pyramide assez régulière, ou d'un cône qui va cependant en diminuant sensiblement vers la tête :
cette forme les fait reconnoître de très-loin , et
distinguer parmi les autres arbres au milieu desquels ils croissent. Ces rameaux sont opposés, menus, effilés, sans poil ni duvet, étendus horizontalement ; leur bois est assez ferme, quoique léger,
et dur au point que les rameaux , même médiocres,
sont en état de soutenir un homme.

Ce fait, attesté par Rumphius, est démenti par
l'expérience des girofliers de nos colonies, dont

les branches sont si foibles qu'elles résistent difficilement aux ouragans, et que l'abondance des pluies suffit même quelquefois pour les faire rompre. Comme les girofliers qui y sont cultivés sont encore très-jeunes, on ne peut guère juger que par comparaison ; d'ailleurs les ouragans fréquens qui règnent dans ces parages, et qui ne sont pas connus dans les possessions hollandaises, et le climat différent, peuvent contribuer à la différence des bois.

Les feuilles croissent de deux en deux, et opposées, formant une croix avec les subsé-quentes ; elles ont quelque ressemblance avec les feuilles de laurier ; cependant, plus petites et plus étroites, leur longueur étant depuis deux pouces jusqu'à quatre, sur un pouce et demi ou deux de largeur, elles finissent en pointe dans les deux bouts. Leur couleur est d'un vert foncé en dessus, le revers a une teinte jaunâtre ; y on aperçoit, par le moyen de la loupe, de petits points résineux : plusieurs veines uniformes et qui se ressemblent toutes, les parcourent, et, se rassemblant, se terminent vers les bords, qui, dénués de poil et de duvet, sont entiers, et n'offrent ni incision ni cannelure ; leur rigidité leur fait seulement former plusieurs sinuosités. Elles sont portées sur de légers pétioles, de la longueur de six à neuf lignes, sous chacun des-quels se voient deux folioles ou bractées, petites, opposées,

opposées, faites en forme d'écailles; ces bractées sont caduques, et disparoissent très-promptement.

Les feuilles qui garnissent la partie supérieure de l'arbre, sont si unies et si brillantes, qu'à leur inspection on les croiroit couvertes d'une espèce de vernis. A mesure qu'elles vieillissent, elles deviennent plus rudes, et peuvent enfin aisément se réduire en poudre; elles sont alors tachetées de marques d'un rouge obscur et sanguinolent; leur saveur est dans ce moment un peu aromatique; tant qu'elles sont jeunes, elles n'ont presque point d'odeur, et leur saveur est herbacée. Ces feuilles poussent en abondance sur les rameaux dans la saison des pluies, c'est-à-dire vers le mois de mai; c'est aussi le temps où commencent à paroître les rudimens ou premiers germes des fleurs et des fruits.

Les fleurs ressemblent, dans le principe, à un aiguillon vert et pointu, qui pousse à l'extrémité des rameaux, et qui se change très-promptement en petites têtes oblongues, faites en houppe élargie; ces fleurs (qu'on a souvent et mal à propos confondues avec le fruit, parce que leur calice est invariablement adhérent, et ne se détache dans aucun temps) consistent dans ce périanthe long qui représente un clou, dont il forme dans sa longueur le corps et la pointe, et dont les pétales et l'embryon constituent la tête.

Ce calice , extrêmement alongé , est divisé,
à son extrémité, en quatre folioles , ou dents
pointues, concaves , et ouvertes en dehors ; il
renferme quatre pétales un peu plus grands que
les dents , arrondis et concaves , qui restent
fermés assez long-temps , et jusqu'à ce que le
fruit commence à grossir ; ces pétales s'ouvrent
alors , et laissent apercevoir un très – grand
nombre d'étamines, dont les filamens capillaires,
de couleur blanche , un peu plus longs que les
pétales , sont attachés à un rebord quadrangulaire, uni au disque de la fleur, et sont surmontés
par des anthères jaunes.

Ces étamines entourent un embryon, ou ovaire
inférieur , couronné par les pétales , et porté
par un disque simple et surmonté d'un style
quadrangulaire et concave , qui est terminé par
un stigmate ; chacune de ces fleurs est portée
par un péduncule assez court ; trois de ces péduncules sont , à leur tour , soutenus par un
péduncule commun , dont la longueur n'est pas
non plus très – considérable ; les péduncules
communs sont rassemblés sur une queue ou péduncule plus long : cette réunion de plusieurs
péduncules forme une espèce de bouquet ou de
couronne ordinairement composée de neuf fleurs,
qui constituent à la suite les fruits, souvent de
quinze ou de dix-huit, plus rarement de vingt-
un, vingt-quatre, vingt-six, parce que, parmi

les clous qui viennent de trois en trois, il s'en trouve fréquemment qui naissent solitaires, et dérangent l'ordre ternaire.

Les pétales et les étamines tombent vers le quatrième mois, après que les rudimens ont paru; l'effet de l'ovaire dont le calice est insé-. parable, fait gonfler celui-ci, et ils deviennent une baie ovalairement oblongue, de la grosseur du pouce, de couleur rouge obscure ou noirâtre, terminée ou soutenue d'un côté par le calice, qui s'est durci, ou qui a pris, en quelque sorte, la consistance du bois; l'extrémité opposée est garnie d'un ombilic quadrangulaire, qui est le résidu du style. Cette baie est à une seule loge, et contient une semence unique, ou noyau, assez gros, ovoïde, de couleur jaunâtre, qui se divise en deux lobes appliqués l'un sur l'autre et séparés par une ligne très-sinueuse dont les contours représentent une S; ce noyau est entouré d'une pulpe légère, succulente et médiocrement aromatique, recouverte d'un épiderme très-mince; de couleur qui paroît noire.

Les clous de girofle, qu'on les nomme ou fleurs ou fruits, varient dans leur couleur pendant le temps de leur croissance; verts dans le principe, ils deviennent roux en grandissant, et prennent ensuite une couleur rouge et sanguinolente, ce qui n'a lieu cependant que dans certains individus regardés comme variétés; car celles qu'on appelle femelles (, on ne sait à quel propos, puisque, dans toutes les espèces de giroflier, les fleurs sont constamment hermaphrodites), rougissent seulement dans le haut de la fleur. Lorsque les baies sont en pleine maturité, elles paroissent noires ; mais si on enlève l'épiderme qui n'a pas plus d'épaisseur que celui d'une cerise, la teinte de la pulpe est violette.

En conséquence de cette dissemblance de couleur, les Indiens admettent dans le giroflier trois espèces qui, dans le fond, peuvent tout au plus être regardées comme des variétés distinguées par les différentes nuances des fleurs, et un peu par la grosseur des fruits.

La première espèce des Indiens est un peu colorée ; les fruits en sont assez gros et très-aromatiques.

La seconde fournit des fruits très-hauts en couleur, qui est sanguinolente ; les branches de cette espèce s'étendent beaucoup, et se chargent de beaucoup plus de fruits que la première, ses bouquets étant plus garnis de péduncules.

La troisième, celle qu'ils appellent femelle, fournit des fruits moins colorés, mais plus gros que ceux des autres, et qui, dans la distillation, fournissent une plus grande quantité d'huile essentielle.

Les baies mûres du giroflier se nomment en latin *antophylli*, dont on a fait en français *antofles ;* on leur donne aussi le nom de clous-matrices, mères de girofle, ou baies de giroflier : ces baies sont beaucoup moins aromatiques que la fleur, avant que le gonflement du calice et de l'ovaire n'ait eu sa perfection : de-là vient qu'on a saisi et déterminé le moment où ce gonflement commence à avoir lieu, pour cueillir ce qu'on appelle le clou de girofle : cueillette dont on rendra compte, ainsi que de la culture de l'arbre, lorsqu'on aura traité des deux autres espèces de giroflier, dont il est question dans la synonymie qui se trouve à la tête de ce Chapitre.

Le giroflier placé sous le numéro 2, et dont Rumphius nous donne le nom malabare *tsjenke-popua, seu radja,* qu'il rend par celui de *caryophyllum regium,* le giroflier royal, n'est vraisemblablement qu'une variété du premier, dont la différence consiste dans celle des corymbes, et dans la figure des fruits qui ont une forme particulière, approchante cependant de celle des clous ordinaires ; la floraison et le port de l'arbre sont constamment les mêmes. Une seule chose qui pourroit déterminer à le regarder comme une espèce différente, c'est que, d'après le rapport de cet auteur, on distingue cet arbre en mâle et femelle, et que ce dernier porte des baies qui, à leur maturité, approchent de la forme de celles du genevrier : il assure que les fruits de l'un et de l'autre ont une saveur plus âcre, plus piquante, et plus aromatique que ceux du premier giroflier.

Cet arbre est très-rare ; on le disoit même autrefois unique et placé dans le jardin du roi de Ternate , et on ajoutoit par une crédulité superstitieuse, que la vie de ce prince et celle du végétal dépendoient strictement et mutuellement l'une de l'autre; que, nés à la même époque, ils finissoient aussi dans le même temps , ce qui avoit fait donner à l'arbre le nom de *royal*.

En mettant à part toutes ces fables , on croit qu'on ne doit regarder ce prétendu arbre royal que comme un phénomène botanique, une espèce de monstruosité , telle qu'il s'en découvre tous les jours dans les autres végétaux ; opinion d'autant mieux fondée , que Rumphius qui nous a dépeint cet arbre dans une gravure, y a joint la figure de quelques autres corymbes qui présentent une forme et des fruits différens : on est donc autorisé à croire que cet arbre n'est qu'un jeu de la nature , et que l'importance qu'on y met ne devroit rouler que sur la curiosité, dont cette variété peut être l'objet [1].

La seconde espèce , sous le numéro 3 , est le

[1] Il n'est que trop fréquent que les botanistes confondent les espèces et les variétés; telle plante annoncée par différens botanistes, sous divers noms, passe pour être une espèce distincte, tandis que, dans le fait, c'est toujours la même, ou tout au plus une variété distincte par de légers accidens.

giroflier silvestre ou sauvage ; celui – ci s'élève beaucoup plus haut que celui qu'on cultive ; les feuilles en sont plus longues, et opposées comme dans les autres espèces, cependant moins régulièrement ; leur longueur est de neuf jusqu'à treize doigts, sur quatre de largeur ; elles sont moins brillantes, moins dures que les autres ; leurs bords sont moins sinueux, et moins arqués ; elles ont une légère odeur de girofle avec un mélange d'acidité.

Les fruits sont pareillement rassemblés en bouquets, mais plus rares, et on ne trouve guère qu'un ou deux de ces corymbes sur chaque rameau, et sur chacun, deux, trois ou quatre fruits, assez ressemblans par la forme à ceux du giroflier ordinaire, mais plus gros du double ; le chapiteau, ou tête du clou, n'est cependant pas proportionnellement aussi renflé.

Les fleurs ne présentent aucune différence dans leur forme ; elles se colorent d'un rouge léger, mêlé de taches grises cendrées, quelquefois noirâtres : si on laisse mûrir les fruits, ils deviennent très-gros, alongés, et de la longueur d'un petit doigt, entourés d'une chair rouge guère plus épaisse qu'un couteau, molle et succulente, mais d'une saveur désagréable, jointe avec de l'acidité ; cette pulpe entoure un noyau beaucoup plus long que dans le giroflier cultivé, marqué par une ligne qui le divise en deux segmens.

Ces baies desséchées ne sont pas d'un rouge obscur, mais d'une couleur grise sale; les clous sont pleins de rides, et n'ont point cette saveur aromatique si recommandable dans les clous cultivés; leur goût est, au contraire, assez désagréable, sauvage et austère.

Le bois du giroflier sauvage est plus dur que celui du cultivé, plus solide et plus pesant; sa couleur est cendrée, mêlée d'une teinte rougeâtre. Les caractères de cette espèce sont bien suffisans pour le faire distinguer de celui qui est cultivé.

On n'entrera pas dans le détail de la culture du du giroflier, telle qu'elle se pratique dans les possessions hollandaises, ou dans nos colonies des îles de France et de la Réunion (de Bourbon), où cet arbre a été transplanté; on se contentera de dire que ce végétal ne réussit ni dans les fonds sablonneux, ni dans les terrains trop forts ou trop argileux, et qu'il se déplaît dans les sols assez humides pour produire des glaïeuls, mais qu'il demande une bonne terre, quoique légère; telles sont ordinairement les terres de couleur noire.

Cet arbre se plaît à l'ombre des autres arbres, principalement à celle du canaris, pourvu que l'ombre ne soit pas trop épaisse, et qu'il n'en soit pas trop couvert [1]; il demande aussi à être débarrassé des plantes et des arbustes qui crois-

[1] Dans nos colonies, le giroflier exige un air libre, une exposition au grand soleil, et point d'ombre.

sent autour de lui, contre l'opinion de quelques écrivains, qui ont prétendu que le giroflier étoit d'une nature si chaude, qu'aucune herbe ne peut croître sous son ombre, ou autour de lui. L'expérience a prouvé, au contraire, que les girofliers qu'on néglige, et auxquels on ne donne pas une culture constante, sont très-promptement entourés d'herbes parasites, qui les épuisent et les tuent à la longue; dans cet état d'épuisement, ils deviennent en quelque sorte sauvages, et ne rapportent que très-peu de fruits, minces, et sensiblement moins aromatiques que ceux auxquels on n'épargne aucun soin.

Le giroflier, livré à la nature, s'élève très-haut, produit beaucoup de fleurs et de fruits, et dure très-long-temps. Dans le temps que Rumphius écrivoit, on en voyoit un à Ternate qui, par des époques certaines, devoit avoir plus de cent ans; il étoit très-élevé, et sa grosseur telle que deux hommes pouvoient à peine l'embrasser; cet arbre fournissoit annuellement une quantité de clous qu'on pouvoit mesurer par quintaux.

Des arbres aussi prodigieux dans cette espèce, sont sans doute très-rares, même dans leur pays natal. Quant à ceux qu'on cultive, l'exemple en est beaucoup moins fréquent; on en trouve la raison dans la précaution qu'on prend de les arrêter dans leur croissance; peut-être qu'en renforçant par ce moyen les branches inférieures qui pro-

duisent toujours beaucoup plus de fruits, on augmente ainsi la récolte. C'est sans doute le motif des
cultivateurs hollandais ; mais on en a un autre dans
les îles de France et de la Réunion (de Bourbon);
la fréquence des ouragans fait craindre à leurs
habitans que des arbres trop élevés ne souffrent,
et ne soient rompus ou abattus par l'effet de ces
fléaux, ce qu'on a plusieurs fois éprouvé : il existe
cependant dans ces îles, sur-tout dans celle de la
Réunion, quelques arbres isolés qui ont résisté à
ces tempêtes, se sont beaucoup élevés, et fournissent beaucoup de fruits.

. Le giroflier vient très-bien de graine, et peut
se laisser en place sans avoir besoin d'être élevé
en pépinière, ni d'être transplanté; ce n'est vraisemblablement que pour conserver quelque régularité [1] dans les bois plantés de ces arbres, et pour
cueillir plus aisément le fruit, qu'on a adopté la
dernière méthode; on a remarqué d'ailleurs que
la transplantation procuroit la bifurcation de la
tige, tandis que les arbres venus de graine et lais-
sés en place, ne donnent le plus souvent qu'un
tronc qui s'élève beaucoup, qu'ils fournissent plus

---

[1] C'est pour parvenir à cette régularité que les cultivateurs de nos colonies font des pépinières des girofliers,
qu'ils transplantent et rangent en allées ou en quinconce.
Cette méthode des pépinières est ignorée des Indiens; on
s'étonne que les Hollandais ne la leur aient pas communiquée, et ne l'emploient pas eux-mêmes.

de feuilles que de fruits, et que ces derniers sont souvent isolés sur les corymbes ; l'expérience a d'ailleurs appris que les tiges ainsi divisées étoient plus fécondes que les troncs uniques : on a adopté cette manière de les cultiver, quoique la transplantation soit difficile, incertaine et dangereuse.

La racine du giroflier est un navet, ou pivot très-gros et très-long, finissant en pointe déliée ou chevelue, ne fournissant aucune espèce de racine latérale, et même presque dépourvu des fibres chevelues ou capillaires qui se rencontrent dans la plupart des plantes. Ce pivot, profondément enfoncé dans la terre, est le principe de la vie du végétal, le canal par lequel entrent primordialement les sucs nécessaires à son existence ; et si malheureusement on le rompt, ou même qu'on l'endommage légérement à quelque distance au-dessus de la pointe chevelue, qui reste presque toujours dans la terre, l'arbre languit, et ne peut prospérer.

Le danger qu'on court, en transplantant le giroflier, de briser le pivot et de perdre l'arbre, est une preuve qu'il n'est susceptible ni de boutures, ni de provins ; il n'y a aucun exemple de ces opérations, qu'on n'eût sûrement pas négligées, si on avoit pensé qu'elles pussent servir à la propagation d'un végétal aussi essentiel ; d'ailleurs, il vient trop facilement de graine pour qu'on ait besoin d'avoir recours à ces opérations toujours longues, et souvent incertaines dans d'autres espéces d'arbres.

Le giroflier croît très-vîte, et produit quelquefois des fruits dès la cinquième année; aux Moluques, il ne passe guère six ou sept ans sans fructifier; mais à Amboine, il lui faut dix ou onze ans : il n'en est pas de même dans nos colonies des îles de France et de la Réunion; on a vu cet arbre donner quelques fleurs à la troisième année, ce qui prouve que ce climat lui est favorable; le produit en est alors peu considérable, à la vérité; mais à six ou sept ans, il est en état de produire jusqu'à deux livres de clous, ce qui doit paroître d'autant plus considérable que, d'après le calcul, il faut cinq mille clous pour former une livre.

Ces clous sont le véritable produit du giroflier, et celui qui constitue et fait une branche de commerce considérable. On choisit, pour les cueillir, le moment où les pétales de la fleur, commençant à s'épanouir par le gonflement du calice et de l'ovaire, désignent qu'ils sont au degré qui leur convient; quelques jours plus tard, ces clous deviendroient trop forts, et perdroient quelque partie de leur arome.

Pour faire la récolte de ces clous, on se sert de plusieurs méthodes différentes; à Amboine, et dans presque toutes les possessions hollandaises où l'on en recueille, on commence par nettoyer la

terre qui entoure chaque arbre, des herbes qui y
sont nées; on l'aplanit, on la bat, et on en enlève la poussière : des hommes montent alors sur
l'arbre, ils attirent les bouquets ou corymbes
placés au bout des rameaux, et en détachent les
fleurs qu'ils déposent dans des corbeilles, ou laissent tomber sur la terre.

Chez d'autres colons, on attire les branches
avec un crochet, sans monter sur l'arbre; quelques-uns gaulent les clous qu'on ramasse, lorsque par cette opération on a fait tomber tous
ceux qui garnissoient l'arbre; mais ces deux méthodes sont dangereuses; on ne peut guère les
employer sans briser quelques branches de l'arbre, et alors on retarde, souvent de plusieurs années, leur fructification : dans d'autres endroits,
principalement dans nos colonies, on ne prépare
pas le sol, on se contente d'étendre des draps sous
les arbres pour recevoir les clous qui tombent,
et qu'on n'a pu recueillir dans des corbeilles.

On laisse assez ordinairement les clous qui
croissent sur les rameaux les plus élevés, étant
peu abondans et presque toujours solitaires; ce
sont ceux-là qui, parvenus à toute leur grosseur,
et à la parfaite maturité de la baie, tombent spontanément, et fournissent, sous le nom d'*antofles,*
la semence qui doit reproduire l'arbre.

On suit aussi différentes méthodes pour la dessiccation de ces clous; les uns commencent par

les plonger et les faire macérer dans de l'eau modérément chaude, et, après un assez court intervalle, ils les entassent dans des corbeilles qu'ils suspendent à des soliveaux, au-dessous desquels ils entretiennent une fumée épaisse qui les dessèche, et leur donne une couleur d'un roux tirant sur le noir; d'autres les exposent tels qu'on les tire de l'arbre, et sans les mouiller, à une fumée copieuse, et finissent la dessiccation par l'ardeur du soleil; il en est qui se servent d'étuves ou de fours; enfin, d'autres se contentent de les étendre au soleil.

De ces différens moyens de dessiccation, le premier paroît le moins favorable, et peut offrir quelqu'inconvénient; l'eau chaude dans laquelle on fait macérer ces clous, doit nécessairement enlever quelques parties de leur arome; du moins l'effet de cette eau doit être un gonflement, et la dessiccation subséquente par la fumée doit leur laisser un air ridé et une couleur trop obscure; ceux qui, après les avoir exposés à la fumée, les exposent ensuite à l'ardeur du soleil, courent le risque de la couleur qu'on reproche aux premiers; ceux qui les passent, ou à l'étuve, ou dans des fours, suivent, peut-être la méthode qui approche le plus de la perfection; mais on peut craindre une dessiccation trop prompte, ou trop forte, capable d'enlever une partie des propriétés; et il sembleroit que la plus naturelle et la plus simple, qui est

celle du soleil, devroit être préférée ; cette dessiccation ne laisse au clou qu'une teinte roussâtre, et
ne lui enlève rien de son arome, ce qui est prouvé
par l'odeur plus agréable que répandent les clous
desséchés par cette méthode, et la couleur de
l'huile essentielle qu'on en retire.

L'usage apprend le vrai point de dessiccation,
qu'on reconnoît en grattant les clous avec l'on-
gle ; on les trouve alors d'une couleur purpurine,
très-claire, approchant du dedans d'une cerise.

Le vrai temps de la récolte des clous de girofle
est le mois d'octobre et celui de novembre ; c'est
à ces époques qu'on s'est quelquefois plaint de
l'effet de la floraison ; l'odeur aromatique des fleurs
est si forte et si violente, qu'on ne peut impuné-
ment rester à l'ombre, ou même aux environs de
l'arbre qui les produit ; cette odeur porte violemment à la tête, cause des migraines et des car-
dialgies.

Le girofle est employé en médecine ; il a une
odeur forte, très-aromatique et très-suave ; sa saveur est très-chaude, presque brûlante, tant soit
peu âcre et amère ; il est regardé comme échauffant,
tonique, stomachique, cordial, emménagogue, et
en cette qualité employé dans les coliques, les
paralysies, la carie, l'odontalgie, etc. Les Indiens
le regardent comme un puissant aphrodisiaque,
et le mettent quelquefois en usage pour ranimer
les vieillards ; ils se servent aussi des feuilles du

giroflier, dont ils préparent des bains propres à fortifier les nerfs.

Les clous de girofle sont fournis de beaucoup d'huile essentielle, qui est pesante, et se précipite au fond de l'eau ; elle est limpide, et moins âcre que le clou même dont on l'obtient ; son usage est indiqué dans les coliques, pour lesquelles on l'administre en petites doses ; mais sa plus grande utilité, c'est pour appaiser les violentes douleurs de dents. Les Indiens qui savent obtenir cette huile par l'alambic, ne l'ont qu'imparfaite ; elle n'est jamais rectifiée, et les alambics de cuivre dont ils se servent pour l'obtenir, lui laissent toujours un goût désagréable d'empyreume. Elle est d'ailleurs si chaude et si brûlante qu'elle emporte la peau sur les membres qu'elle touche ; ce n'est qu'en la mêlant avec quelqu'autre substance huileuse, qu'on peut l'employer pour les coliques, et dans ce cas on ne l'administre qu'à très-petites doses : du reste, l'usage de cet aromate est peu pratiqué en médecine chez ces peuples ; ils en mêlent cependant quelquefois dans le tabac qu'ils fument ; il augmente, selon eux, son énergie, et soulage les maux de tête.

Cet aromate n'est guère plus employé chez nous comme remède, quoiqu'il soit très-énergique dans les occasions où l'on a besoin de forts stimulans ; sa grande activité peut le rendre dangereux ; en effet, l'odeur en est si violente, qu'on connoît plus d'un

exemple

exemple de gens qui, après avoir dormi dans des magasins où se trouvoient plusieurs balles de girofle, se sont réveillés avec de violens maux de tête, des douleurs d'estomac, et des envies de vomir. L'usage du girofle étoit autrefois plus fréquent ; outre une huile essentielle, on en tiroit des extraits, des baumes, des conserves, et on en obtenoit par les opérations pharmaceutiques une eau et un sel.

Si les clous de girofle sont aujourd'hui négligés en médecine, il n'en est pas de même des usages alimentaires ; c'est un des assaisonnemens les plus agréables et des plus employés dans la cuisine, pourvu néanmoins qu'on en ménage la quantité ; sa trop grande profusion donne de l'âcreté aux ragoûts ; son usage excite l'appétit, il est bon pour les vents.

L'office en tire aussi un très-grand parti, soit pour les conserves ou les confitures dans lesquelles on les fait entrer ; soit pour les mêler avec d'autres aromates dans les liqueurs et les ratafias qu'ils rendent plus agréables ; on en fait même un particulier, où il n'entre que cet aromate, connu sous le nom d'*eau cordiale*.

Aux Indes, et dans nos colonies, on confit les clous de girofle dans leur primeur, et lorsqu'ils sont encore verts ; dans ce moment, on les trouve plus agréables, n'ayant pas encore acquis toute la force que leur procure un plus grand degré de

maturité ; on en confit aussi au temps de la récolte. On dit que les Hollandais confisent également les antofles, dont ils font provision pour
leurs voyages, comme bons à la digestion, et propres à soulager les maladies scorbutiques. Cette
assertion est difficile à croire, la chair de ces baies
étant bien peu épaisse, et le noyau qu'elles entourent, très-dur.

Le bois du giroflier cultivé est très-solide, mais
d'une assez vilaine couleur ; le gris sale qui la constitue est mêlé de taches de couleur de boue ; on ne
l'emploie à aucun ouvrage de charpente, ni de
menuiserie, ni d'aucun autre art mécanique de ce
genre ; les ouvriers n'en font aucun cas.

Il n'en est pas de même du giroflier sauvage,
dont le bois est d'un gris plus distingué, mêlé
de taches brunes ; ce bois est dur, solide et pesant ; il est assez en usage dans les arts mécani-
ques : dans toutes les Moluques, on le débite en
planches et en soliveaux ; on ne doit cependant
pas le laisser exposé sur la terre, l'humidité lui
est contraire, et le fait aisément pourrir ; si on le
tient dans un lieu sec, il durcit au degré du bois
de fer, et on l'emploie alors aux chevilles et aux
raies des moulins ; on en fait des manches de ha-
che, et des pilons pour écraser le riz : c'est principalement à Amboine qu'il sert à ces usages ; pour
le faire durer plus long-temps, on l'expose à une
fumée épaisse : il faut aussi prendre garde de ne

pas le tenir à un soleil trop ardent, il a le défaut
de se fendre à une trop grande chaleur.

Le giroflier contient sans contestation de la résine dans ses fleurs et dans ses fruits, comme
l'analyse chimique le démontre ; mais on croit
pouvoir ajouter ici que l'arbre entier contient
une substance résineuse; on citera en témoignage
l'autorité de plusieurs savans.

Avicenne est le premier qui parle de la résine
du giroflier ; Clusius atteste qu'il a rencontré des
fragmens de résine dans des balles de girofle en-
voyées des Indes à Anvers ; Bauhin, dans son His-
toire des Plantes, annonce qu'il a entre les mains un
morceau assez considérable de résine du giroflier,
de couleur jaune, sèche et fragile, se fondant très-
aisément, et exhalant une forte odeur de girofle ;
mais cette résine est sans saveur ; enfin, Chabræus
connoissoit aussi cette substance, et atteste qu'il
en existe entre les mains de plusieurs savans.

Ces différentes autorités, qui ne sont pas soutenues par les observations des modernes, pourroient faire penser que leurs auteurs ont pu être
induits en erreur, et qu'on leur a offert une résine
comme étant découlée du giroflier, laquelle n'étoit
peut-être qu'une substance produite par un autre
arbre, à laquelle on auroit pu mêler, soit du girofle en poudre, soit de l'huile essentielle de clous
de girofle. Si ce soupçon, qui jetteroit un louche
sur la bonne foi et les lumières des savans qui an-

noncent ce fait comme authentique, n'est pas assez
concluant pour le révoquer en doute ; en atten-
dant que, par des expériences nouvelles et cons-
tantes, faites sur des arbres anciens par des incisions pratiquées, comme dans les arbres résineux ordinaires, on se soit assuré que le giroflier ne contient pas de résine, on est en droit de
croire aux assertions de ces savans. On dit des arbres
un peu anciens, parce qu'il en est vraisemblablement de cet arbre comme des végétaux résineux
de toute espèce, dont les jeunes individus ne fournissent que peu ou point de substance résineuse,
ou dont les sucs qui ne participent pas à cette
nature, sont trop abondans pour pouvoir se consolider, et se revêtir des caractères qui constituent les résines.

Un savant botaniste a inséré dans l'Article du
giroflier, que les fruits parvenus à leur parfaite
maturité, et gonflés jusqu'à la grosseur d'un
pouce, se remplissent d'une gomme dure et
noire, d'odeur agréable et aromatique.

Sans prétendre combattre cette opinion, qui
émane sans doute d'une observation particulière
qu'on a crue décisive, on pense que cette observation, faite sur des fruits desséchés, est contraire
à la nature même de ces fruits, qui consistent
dans une pulpe succulente, peu épaisse, revêtue
d'un épiderme très - léger, et qui entoure un
noyau compacte : sans doute, dans les fruits obser-

rés , il s'étoit fait une extravasion de sucs résineux, ce qui arrive souvent dans les végétaux
résineux baccifères , et qui a été remarqué principalement dans des baies du genevrier, qui contenoient dans leur intérieur , outre la pulpe doucereuse et aromatique qui constitue leur saveur ,
des parties glutineuses et résineuses , qui , par la
mastication, s'attachent aux dents et au palais. Cette
remarque souvent faite, sur-tout dans les fruits
de cet arbrisseau approchans de leur maturité ,
ou même entièrement mûrs sans néanmoins être
desséchés, fait croire que celle de ce savant pourroit être du même genre , et qu'elle ne donne pas
un caractère général et constant ; elle ajoute cependant à la certitude de la présence de la substance résineuse dans le giroflier.

Enfin , on la retrouve dans les clous de girofle
qu'on transporte en Europe : l'analyse chimique
le prouve par la distillation réitérée de l'huile essentielle. On a remarqué qu'on trouve une plus grande
quantité de résine dans l'huile obtenue des clous
desséchés au soleil.

Le giroflier étoit inconnu aux anciens ; il est
naturel aux îles Moluques, où il est généralement répandu , et croît en abondance : c'est de là
qu'il étoit transporté dans toutes les Indes et à
la Chine ; et c'est depuis la découverte des Indes
par les Portugais , que les clous de girofle ont été
connus en Europe. Comme dans ces commence-

mens on en tiroit des comptoirs de la Chine, il a passé assez long-temps pour constant qu'ils étoient originaires de cet empire, et que le giroflier y étoit indigène, ou du moins qu'il y étoit cultivé ; cette opinion est démentie par les voyageurs, qui attestent que les Chinois tirent cet aromate des possessions hollandaises, et que l'arbre qui le produit est entièrement étranger à son sol.

Avant la découverte des Indes par les Portugais, on avoit déjà transporté des girofliers à Amboine, où ils s'étoient naturalisés : le parfum de ce fruit, le goût agréable qu'il donne aux alimens et aux liqueurs, en répandirent promptement l'usage en Europe, et il devint un objet considérable de commerce. Les Hollandais, qui en sentirent la conséquence, cherchèrent à s'en emparer après leurs conquêtes sur les Portugais ; pour ne pas être exposés à partager cette branche intéressante de commerce avec les autres nations, ils environnèrent leurs possessions de ces arbres précieux, et les détruisirent par-tout où la nature avoit paru fixer leur patrie. Les Moluques se virent dépouillées de leur propriété, et leurs tyrans prirent les précautions les plus rigides pour qu'elles ne pussent plus les récupérer.

En détruisant les girofliers dans les Moluques, les Hollandais ne prirent pas moins de soins pour empêcher que les autres nations ne pussent se les procurer : jamais les baies mûres, moins en-

core les plantes de cet arbre, ne devoient sortir
de leur enceinte, et les peines les plus rigoureuses
furent prononcées contre les contrevenans ; bien
sûrs que les clous qui passoient dans le commerce,
n'étant que des fleurs desséchées, garnies d'embryons inféconds, ne pourroient jamais rien fournir de propre à la végétation , ils ne souffroient
pas que le fruit en maturité fût connu à l'extérieur
autrement que par les confitures au sucre ou au vinaigre qu'ils en faisoient, et qui y détruisoient la
force végétative.

Vers le milieu du dernier siècle, M. Poivre se
procura quelques antofles qu'il transporta à l'île
de France, et qui y germèrent heureusement : son
départ de cette colonie fit négliger ces plants assez
long-temps, soit par suite d'un préjugé répandu
par les Hollandais, que cette épicerie ne pouvoit
entièrement réussir que dans leurs possessions,
soit par une indolence coupable. Des citoyens plus
zélés, habitans des deux îles, apportèrent leurs
soins à la culture de cet arbre. Dans l'île de France,
les citoyens Céré et Cossigny s'appliquèrent à l'y
faire réussir ; dans celle de la Réunion (Bourbon),
le citoyen Hubert en fit des plantations, et son
exemple encouragea ses voisins à l'imiter. La cé-
lérité de la végétation fournit bientôt un grand
nombre de baies mûres, qui furent confiées aux
soins de plusieurs colons des deux îles ; bientôt
ce végétal se multiplia. Dès 1781 , Hubert recueil-

lit sur ses girofliers jusqu'à quinze livres de clous; leur dessiccation faite avec soin, présenta le même arome, la même saveur que les clous dónt les Hollandais avoient depuis si long-temps la possession exclusive : on leur trouva même quelque degré de perfection; et des clous de nos colonies, envoyés à Pondichéry, où l'on est à la source de cette épicerie naissante dans les Indes, furent trouvés d'une odeur plus suave, d'une saveur moins âcre et plus agréable que ceux qui provenoient des Hollandais.

Le témoignage des gourmets et des gens éclairés, ainsi que l'analyse chimique et comparative des deux espèces, que viennent de faire les commissaires nommés par la société académique des sciences [1], et qui ajoute à la valeur réelle de ceux de nos colonies, en leur donnant la prépondérance sur les autres; l'ardeur qu'on met à multiplier l'arbre qui les procure, sur-tout dans l'île de la Réunion, où, en l'année 1800, on a vu récolter soixante-dix milliers de clous parfaits, quantité fort au-dessus de la consommation qui s'en fait en France; tout porte à croire que bientôt on arrachera des mains des Hollandais le commerce exclusif qu'ils faisoient des épiceries fines, et que ce qui réussit si bien pour les girofliers, s'exécutera avec le même succès pour le muscadier et le cannellier, dont ces cupides républicains se sont

___

[1] Les citoyens Zanetti aîné , et Larcher d'Aubancourt.

trop long-temps approprié le commerce exclusif aux dépens des autres nations.

Le giroflier croît dans les Moluques, à Amboine, à Java, à Ternate, et vraisemblablement dans plusieurs autres îles des Indes orientales ; il commence à se naturaliser dans nos colonies des îles de France et de la Réunion (de Bourbon), d'où on en a transporté à la Guiane et dans nos colonies de l'Amérique, où il paroît réussir également.

Le giroflier royal, qu'il soit une variété ou une espèce distincte, croît particulièrement à Ternate.

Le giroflier silvestre se rencontre dans toutes les Moluques, et sur la côte du Malabar : on pense qu'il peut se trouver parmi les arbres de l'île de Madagascar, dont nous n'avons que des notions et des descriptions imparfaites.

Nota. Le peu d'usage qu'on fait de cet aromate en médecine, et celui plus général qu'on en fait pour les alimens, ainsi que les secours qu'on tire de son bois pour les arts, ont déterminé à le placer à la fin de la Seconde Partie, qui contient les végétaux dont les propriétés sont les plus universelles.

ARTICLE XXV.

Du Cynomètre.

Lè CYNOMÈTRE, ou le TANOURA, arbre exotique, baccifère.

1. *Cynometra cauliflora.* Lin.
Le cynomètre cauliflore.

Cynometra trunco florifero. Lin.
Le cynomètre à tronc florifère.

Cynomorium : malaicè nam-nam. Rum.
Le cynomorium de Rumphius : le nam-nam des Malais.

2. *Cynometra ramiflora.* Lin.
Le cynomètre ramiflore.

Cynometra ramis floriféris. Lin.
Le cynomètre à rameaux florifères.

Cynomorium silvestre : nam-nam-utan malaicè, lammut-abbal amboinense. Rum.

Le cynomorium silvestre de Rumphius : le nam-nam-utan des Malais; le lammut-abbal d'Amboine.

Iripa. Rhée.
L'iripa.

Malus indica, pomo cucurbitæformi, monosperma. Rai.
La pomme indienne, de la forme d'une cucurbite, à une seule semence.

Nam-nam silvestris. **Valen.**
Le nam-nam silvestre.

Fructus exoticus secundus. **Clus.**
Second fruit exotique.

Tanoura insulæ Franciæ, et madagascarensis.
Le tanoura de l'île de France, et de Madagascar.

Il y a plusieurs espèces ou variétés de l'arbre que les botanistes appellent *cynomètre*, mot dérivé du grec, et qui signifie les parties naturelles des chiens, *canum pudentiæ* : à Madagascar, dans les Indes, on lui donne différens noms ; celui de *tanoura* est adopté à l'île de France, et ce nom qu'on avoit donné à son fruit, un peu différent de celui représenté dans les gravures de l'*Herbarium Amboinense* de Rumphius, n'avoit pu déterminer la nature de ce fruit, ni celle de l'arbre dont il dérive. Plusieurs exemplaires, très-bien conservés, qui m'ont été communiqués par M. Ventenat, m'ont fait reconnoître dans le *tanoura*, l'*iripa* de Rhéedi, le *cynometra* de Linnæus, le *cynomorium* de Rumphius ; et comme ce dernier est celui qui a le mieux décrit cet arbre, c'est de lui que j'emprunterai ce qui le caractérise.

Quoique les autres botanistes en reconnoissent quatre espèces ou variétés, cet auteur n'en distingue que deux : l'une cultivée, l'autre sauvage.

La première espèce ne s'élève guère qu'à la

hauteur du limonier ; son tronc, fort irrégulier,
ne paroît pas glâbre, mais composé de manière
qu'on pourroit le croire un assemblage de plusieurs troncs, pleins de nœuds et de verrues inégales, se divisant en plusieurs autres troncs par-.
ticuliers, tous couverts d'une écorce raboteuse,
et de couleur rousse et noirâtre, ressemblante à
celle du limonier à l'intérieur ; quant à l'extérieur,
elle prend une teinte d'un assez joli rouge, et devient très - dure auprès des nœuds et des tubercules.

Les racines de ce végétal sont très-nombreuses,
et la plupart raboteuses ; il y en a de très-grandes
qui s'élèvent au-dessus de la terre, accompagnées
de plus petites et de moyennes, qui ont crû dans
leur intervalle ; celles-ci ont l'air et la figure de
queues de pourceau, tournées et recourbées en
arc, ce qui produit un aspect bizarre et singulier.

La cîme de l'arbre n'est pas très-ample, mais
elle est très-épaisse, et fournie d'une grande
quantité de rameaux fermes, assez longs et très-
feuillés.

Ses feuilles sont constamment jumelles ou bi-
nées ; leur pétiole est très court et gros ; elles ont
une forme particulière, qui les distingue des autres
feuilles ; car celles - ci paroissent jumelles, et divisées entr'elles, comme si, d'une seule pièce dans
le principe, elles eussent été depuis séparées et
découpées par leur milieu ; de-là vient, qu'un grand

nerf protubérant qui part du pétiole, ne passe pas
directement dans le milieu de chacune des feuilles ; mais il est plus rapproché de la partie intérieure que de l'extérieure. Ces feuilles se terminent en pointe obtuse, et n'offrent aucune apparence de poil ni de duvet ; elles sont au contraire
brillantes, d'un vert assez gai, et, lorsqu'elles sont
jeunes, un peu colorées d'un joli rouge. Leur longueur est de cinq à six pouces, sur un demi-pouce
et plus de largeur. Ces jolies feuilles, qui se font
si bien distinguer des autres, sont aussi le seul
ornement qui pare la tête de cet arbre, qu'elles
rendent très-élégante ; car d'ailleurs il n'y paroît
ni fleurs, ni fruits.

Les uns et les autres sortent du tronc, depuis
la base jusqu'à l'insertion des rameaux ; les fleurs
sont rassemblées en faisceaux, portées sur des espèces de tubercules et attachées à un petit péduncule ligneux ; il y en a d'un peu plus grandes
et d'un peu plus petites. Le calice est composé de
quatre folioles oblongues et réfléchies, de couleur légérement rouge, qui ont l'air de pétales
recourbés en dehors ; ce ne sont cependant pas
là les véritables, ces premières folioles, ou ce calice, renferment cinq autres pétioles très-blancs
et aigus, au milieu desquels sont placées neuf
étamines, dont les filets, aussi de couleur blanche,
sont surmontés d'anthères jaunâtres. Ces fleurs
sont hermaphrodites, et contiennent un ovaire

ou pistil jaunâtre ; elles ne paroissent , comme on l'a dit, que sur le tronc, principalement dans les endroits où il se trouve des nœuds ; on en voit cependant quelquefois sur les branches les plus grosses , ce qui est fort rare, ainsi que sur les grosses racines qui se propagent hors de la terre : la force de la végétation en fait pousser dans cette partie, qui communément avortent, et ne produisent point de fruit, ce qu'elles ont de commun avec celles des grosses branches.

Les fruits sont d'une forme très-irrégulière, contournés en croissant, un peu aplatis et larges presque d'une demi-palme, sur un peu plus de longueur d'une. Leur couleur est un mélange mixte de fauve et de vert très-foncé ; ils sont galeux et couverts de tubercules qui, au tact, sont âpres, et paroissent velus, rudes comme un cuir : le côté droit ou intérieur est garni d'une espèce d'avancement obscur, un peu excavé en forme de gondole, et par sa figure singulière, a pris le nom indécent de *membre de chien*, sous lequel il se vend publiquement à Amboine.

La chair extérieure de ce fruit est à peine de l'épaisseur de la peau d'une prune, mais elle est sèche et plus dure ; sa saveur est aride et âcre à la bouche, comme du raisin qui n'est pas même parvenu à l'état de verjus ; dans sa pleine maturité, ce fruit peut cependant se manger cru , malgré sa saveur âpre et austère.

Dans l'intérieur de cette espèce de baie se trouve un noyau, ou plutôt une féve grande proportionnellement, et unie, de la même forme que le fruit, recouverte d'une pellicule légère ; sa chair, qui se divise en deux lobes très-àisés à séparer, n'est point mangeable lorsqu'elle est sèche, étant de saveur astringente et très – désagréable. Ce fruit est en pleine maturité vers le mois de mars.

Rumphius paroît avoir eu connoissance d'une variété, ou plutôt d'une autre espèce de *cynomorium ;* car les caractères ne sont pas entièrement les mêmes quant à la fleur et au fruit. Il l'a décrit comme une fleur très-petite, hermaphrodite; régulière, polypétale, contenant un calice à quatre feuilles, dans lesquelles sont renfermés plusieurs pétales, dix étamines et un ovaire, qui devient un fruit charnu, contenant une semence fébacée. Ce fruit est à demi-orbiculaire, uni des deux côtés, ayánt deux faces plus grandes et deux plus petites.

Ces fleurs et ces fruits sortent également du tronc et des branches de l'arbre, dont les feuilles sont à peu près semblables au cynomètre cultivé. Cette espèce paroît avoir été communiquée à Rumphius par quelqu'autre botaniste.

Le *cynomorium* silvestre, le cynomètre à rameaux floriflètes de Linnæus, étoit mieux connu du premier botaniste. Cet árbre est beaucoup plus élevé que le cultivé ; et selon Rhéedi qui le nomme

iripa, il parvient à une hauteur de plus de soixante pieds. Son tronc est très-gros, son bois
cendré ; son écorce, noirâtre à l'extérieur, est rougeâtre en dedans, d'une saveur âcre et sans odeur :
sa cime n'est pas si belle que celle du premier,
mais plus étendue, avec moins de branches séparées.

Les feuilles sont semblables à celles du domestique, cependant plus longues, plus acuminées,
moins fermes, et ne sont pas d'un joli vert, mais
d'une teinte très-obscure qui rend triste l'aspect
du végétal.

Les fleurs sont de même caractère, mais plus
petites, et portées sur un péduncule particulier,
assez long, lequel est soutenu par une queue commune à cinq ou six, attachées à la queue par de
petits genoux, le long des rameaux et dans les
aisselles des feuilles, car elles ne croissent pas sur
le tronc comme dans le premier. Ces fleurs sont
petites, inodores, blanches, et contiennent huit
étamines à anthères rougeâtres, qui entourent un
style.

Les fruits sont beaucoup plus petits, grossiers,
ridés et couverts de tubercules, d'une couleur
mixte de roux et de verdâtre ; lorsqu'on les manie,
ils sont, comme les autres, rudes, et semblables à
des cuirs velus ; leur forme est ovalairement arrondie et comprimée, inégale, marquée de quelques raies ; de figure cucurbitacée : l'épiderme en

est

est épais, mou, recouvrant très-peu de chair, et
semé d'une poussière semblable à celle qu'on trouve
sur les amandes. Au moment de sa maturité, ce
fruit s'ouvre en deux, et fait voir une amande ou
féve blanche, couverte d'un épiderme léger, serré
et compacte : ni le fruit, ni la féve ne se mangent;
leur saveur est acerbe, astringente et insupportable. Cette espèce est toujours verte, et ne perd
point ses feuilles.

Tels sont les fruits du *cynomorium silvestre*
de Rumphius, de l'*iripa* de Rhéedi; on le nomme
tanoura à l'île de France, où il se trouve, et à
celle de Madagascar, où il croît en plus grande
quantité. Toutes les descriptions qui en ont été
faites, tant par les auteurs cités, que par d'autres
botanistes, tels que Rai, Valentin etc., se rapportent exactement aux exemplaires qui se trouvent dans les Herbiers; mais il est assez singulier
que dans tous les exemplaires que l'on possède des
fruits du cynomètre, soit cultivé, soit sauvage, aucun de ces auteurs, pas même Rumphius qui est si
exact dans ses descriptions, et qui entre quelquefois dans des détails si minutieux, n'ait fait sur ce
fruit une observation importante : c'est que chaque
tubercule renferme une résine blanche et brillante,
dont l'odeur peu saillante approche de celle de la
térébenthine. Cette omission est d'autant plus extraordinaire, que cette résine est très-apparente,
et que pour peu que ces tubercules soient déchirés,

ou qu'on les entame, avec une épingle, lorsqu'ils sont desséchés, on aperçoit cette résine sous forme d'une poussière blanche et brillante, qui se rencontre aussi quelquefois en petites larmes auxquelles le rassemblement de la matière a donné une légère teinte jaune. On soupçonne que cette poussière, qui recouvre le fruit particulièrement remarqué par Rhéedi , et qui est vraisemblablement la cause de sa rudesse, n'est autre chose que cette résine dans l'état d'amollissement où se trouvent presque toutes les substances de cette nature avant le contact de l'air, et avant qu'elles ne soient séparées du végétal.

Cette résine exposée sur des charbons ardens, s'est aisément enflammée, a produit une fumée blanchâtre, et répandu une odeur assez agréable qui tient un peu de l'encens, et approche de celle que fournit la résine tacamahaca; celle-ci se fond en entier, sans laisser ni cendre, ni charbon, ce qui prouve qu'elle est une résine pure.

Cette réticence ne doit pas empêcher de placer le *tanoura* au nombre des végétaux résineux : on ignore si sa résine se rencontre dans d'autres parties, ou si elle se rassemble seulement dans son fruit, circonstance qui se rencontre sur fort peu de plantes. Il y a apparence, ou qu'on n'a jamais essayé de faire des incisions à l'arbre, ou que le suc qui en sera découlé, n'aura pas offert des résultats satisfaisans : il est probable aussi que la petite quantité de résine qui se rencontre dans le fruit, n'a pas encouragé à faire des essais utiles à la médecine ou aux arts.

Le fruit du cynomètre cultivé se mange, comme on l'a dit, cru et sans apprêt, lorsqu'il est parvenu à sa maturité. Malgré sa qualité astringente, et par son acidité, il sert à appaiser momentané-ment la soif ; il doit cependant donner un goût peu agréable, par la concurrence de la résine y contenue, et reconnue dans un apprêt qu'en font les Hollandais, en les confisant au vin et au sucre. Des voyageurs qui ont eu occasion de goûter de cet apprêt que les Hollandais regardent comme un mets délicat, ont assuré y avoir trouvé une saveur appro-chante de celle de la térébenthine ou du goudron , d'autant moins agréable au goût, que cette confi-ture s'attache au palais et aux dents. Sans doute ces peuples marins, accoutumés à l'odeur de goudron qu'ils respirent sans cesse dans leurs voyages, trouvent quelqu'agrément dans les mets qui participent de son goût, puisqu'ils mettent aussi ces fruits en usage pour l'assaisonnement des poissons desséchés : du reste, ils prétendent que ces confitures conviennent à ceux dont l'estomac est languissant après une maladie, et dans la con-valescence, et qu'elles sont propres d'ailleurs à ar-rêter la diarrhée. Lorsque ces fruits sont encore verts et à demi-mûrs, on les mâche le matin , pour faire expectorer la pituite, et en nettoyer la bouche : la féve ou l'amande contenue dans ce fruit, est trop austère pour qu'on puisse en faire aucun usage alimentaire.

Le fruit du cynomètre silvestre ou du *tanoura* a une chair trop acerbe et trop astringente pour qu'on en fasse aucun usage : son amande n'est pas plus employée en alimens ; mais on tire de l'un et de l'autre, par expression, une huile très-utile pour la guérison de la galle : elle doit sans doute sa vertu à la résine que ces fruits contiennent. Les autres usages médicinaux qu'on fait des diverses parties de ce végétal, consistent dans l'apprêt des feuilles qui, cuites avec de l'urine de vache et du miel, sont un remède pratiqué pour la cure de la galle et de la lèpre: les mêmes feuilles en décoction avec du lait doux et des mangues, sont indiquées contre l'asthme, les fermentations de viscères, et les maux de tête qui en sont la suite : les racines sont légérement pur-gatives.

On ignore si on a fait quelqu'usage mécanique du cynomètre cultivé; mais celui qui croît dans les forêts est dur, et employé quelquefois aux cons-tructions civiles.

Le premier cynomètre se cultive à Amboine et à Leytimor; l'élégance de sa tige, l'abondance de ses feuilles et leur beauté, sur-tout lorsque la couleur des jeunes feuilles purpurines se joint au vert agréable des plus anciennes, le font regarder comme un objet d'agrément. Cet arbre croît lentement, et exige une terre molle, légère, un peu sablonneuse, quoique grasse ; c'est vraisemblablement le seul motif de sa beauté qui a engagé à en prendre soin, car il rend peu de fruit. On le cultive aussi à Batavia chez quelques curieux ; d'ailleurs il est assez rare dans presque toutes les autres îles des Indes orientales.

La première espèce du cynomètre se trouve aux Moluques, à Amboine et aux Célèbes ; la seconde espèce, outre qu'elle croît dans les mêmes lieux, se trouve, sous le nom de *tanoura*, dans les îles de Madagascar, de Bourbon et de France : cet arbre est assez rare dans ces dernières ; sauvage, il croît par-tout dans les forêts.

Dans toute cette Partie, on ne s'est occupé que des végétaux dont les qualités économiques l'emportent sur les vertus médicinales ; il en est peu qui ne puissent s'employer à quelqu'art, ou servir d'alimens aux hommes ou au bétail : s'il s'en trouve quelques-uns qui puissent contribuer à soulager les uns et les autres dans leurs maux, c'est qu'il n'y a peut-être aucun végétal qui ne possède quelque vertu ignorée, que la nature nous laisse à deviner ; c'est notre intelligence seule et notre ardeur à découvrir et débrouiller ses secrets, qui peuvent nous les faire distinguer.

Les vertus médicinales des végétaux contenus dans la Troisième Partie, sont mieux connues ; ils sont plus généralement employés. Il y en a bien qui rentrent dans la classe de la partie économique : tels que les aromates qui, chez les Orientaux et chez tous les Indiens, sont plus fréquemment destinés à un raffinement de voluptés, qu'au soulagement de l'humanité, quoiqu'en effet leur usage modéré puisse contribuer à la santé, comme leur abus peut incommoder grièvement : c'est sous ces deux aspects qu'ils seront traités. Comme les végétaux de cette Seconde Partie ont été accompagnés de ce qui peut regarder les deux autres, dans celle qui suit, les vertus médicinales auront la prépondérance. Mais s'il se trouve quelques rapports avec la peinture et la teinture qui font l'objet de la Quatrième Partie, ou avec ce qui regarde les autres arts, on les distinguera des rapports médicinaux auxquels cette Troisième partie semble spécialement consacrée.

TROISIÈME PARTIE.

DES ARBRES, ARBRISSEAUX OU PLANTES
QUI ONT UN RAPPORT PLUS IMMÉDIAT
A LA MÉDECINE; DES AROMATES ET DES
VÉGÉTAUX VÉNÉNEUX.

ARTICLE PREMIER.

Des Baumes ou Plantes balsamifères.

On n'est pas généralement d'accord sur ce qu'on
doit appeler *baume*. Quelques auteurs prétendent
que cette dénomination ne convient qu'aux substances de ce genre, dont l'odeur est suave et bien
marquée; les autres, que ce nom doit être adapté
aux seuls sucs qui conservent leur fluidité. Sans
entrer dans aucune discussion, on s'en tiendra à
la dénomination la plus connue; et comme les
baumes ne sont autre chose qu'un suc résineux,
qui, à la longue, se concrète, on les placera en
tête dès résines médicinales, comme la térébenthine qui est une substance fluide, contenant des
qualités favorables à plusieurs arts, a ouvert la
Seconde Partie.

SECTION UNIQUE.

Des Baumes, proprement dits.

---

§ Ier.

Des Baumes liquides.

LE **BAUMIER** *de la Mecque*, arbrisseau exotique, baccifère.

Amyris oppobalsamum, foliis pennatis; foliolis sessilibus. LIN. FORSK.

L'amyris à baume, à feuilles ailées; dont les folioles sont sessiles : le baume de la Mecque, d'Egypte, etc.

Balsamum lentisci folio, œgyptiacum. BELL.

Le baume à feuilles de lentisque, croissant en Egypte.

Balsamum syriacum, rutæ folio. BAU.

Le baume de Syrie, à feuilles de rue.

Le suc du baumier, ou balsamier de la Mecque, étant le plus rare et le plus recherché, parmi les substances qui prennent ce nom, ce végétal tiendra ici le premier rang : ce n'est qu'un arbrisseau qu'on voit rarement s'élever à la hauteur du troêne ou du citise. Le bois de cet arbrisseau est blanc et sans odeur sensible ; l'écorce, rougeâtre à l'extérieur, verte en dedans, d'une saveur très-aromatique ; les branches, très-flexibles et résineuses, exhalent une odeur très-suave.

Les feuilles , toujours vertes , ont quelque ressemblance avec celles de la rue , ou mieux encore avec celles du lentisque ; elles sont ailées avec impaire , et composées de trois, cinq ou sept folioles dénuées de pétioles.

Les fleurs , légumineuses et de couleur purpurine , sont semblables pour la forme à celles de l'acacia.

Les fruits sont de petites coques ovoïdes , pointues , rougeâtres , et prenant une teinte rembrunie au temps de leur maturité ; elles contiennent une liqueur jaunâtre ressemblante à du miel, d'un goût âcre , un tant soit peu amer , et d'une odeur agréable qui approche de celle du baume.

Il découle de cet arbrisseau , par de légères incisions qu'on y fait, une résine précieuse, dont la rareté fait le prix exorbitant , et qu'on appelle *baume* par excellence. Celui qu'on obtient le premier exhale une odeur admirable et pénétrante à un très-haut degré ; elle approche un peu de la vraie térébenthine , mais elle est beaucoup plus suave et plus vive ; le goût en est médiocrement amer et astringent. Ce baume est très-léger , et surnage toujours à l'eau ; mais il forme au-dessus une pellicule qui finit par se coaguler : on peut alors très-facilement enlever cette pellicule qui est très-blanche. Plus le baume est nouveau, meilleur il est : on le reconnoît à la pesanteur ; à mesure qu'il vieillit, il se concrète et s'attache aux parois des bouteilles dans lesquelles on le conserve. Cette dessiccation et l'évaporation insensible qu'il éprouve , même dans les vases le plus exactement bouchés , contribuent à diminuer son poids.

Les anciens , auxquels cette substance étoit connue , ne le distinguoient point par espèces. Aujourd'hui on en connoît trois : la première , et la plus précieuse , est le baume qui découle par l'incision qu'on fait à l'arbrisseau ; elle est on ne peut pas plus rare et entièrement réservée pour le grand-seigneur. La seconde s'obtient par l'ébullition des rameaux et des feuilles dans de l'eau bouillante , au moyen de laquelle on retire une espèce d'huile limpide , subtile, assez recherchée , et dont la principale destination est pour l'usage des femmes turques et grecques, qui s'en servent comme du cosmétique par excellence , pour adoucir la peau , rendre le teint uni, et oindre les cheveux. La troisième espèce est le produit d'une seconde ébullition , qui rend une substance beaucoup plus épaisse , moins odorante et plus susceptible de coagulation : c'est cette dernière qu'on voit le plus communément dans le commerce.

Le baume de la Mecque est regardé comme la plus précieuse de toutes les substances qui portent ce nom. Il est souverainement vulnéraire , cicatrisant , stomachique , convenant aux maladies qui affectent la poitrine, aux fièvres et à beaucoup d'autres sortes de maux , tant intérieurs qu'exté-

rieurs : il est aussi regardé comme anti-pestilen-
tiel, et en cette qualité très-usité par les Egyp-
tiens, qui en prennent journellement jusqu'à un
demi-gros dans les temps où la contagion s'est
déclarée.

Le baume n'est pas la seule partie de l'arbrisseau qu'on mette en usage : on se sert encore des
baies ou fruit qu'on appelle *carpobalsamum* ; on
emploie aussi le bois, ou plutôt les sommités et
les branches les plus tendres. On nous apporte,
sous la dénomination de *xilobalsamum*, de petits
rameaux grêles, minces, tortus, à peine de la
grosseur d'une plume d'oie , recouverts par une
écorce double, dont l'extérieure est mince, ridée,
d'une couleur roussâtre; l'intérieure, d'un vert pâle.
Cette écorce est d'une saveur amère, et exhale une
odeur résineuse approchante de celle du baume.
Ces fragmens sont rares dans les boutiques, où
l'on n'en voit que de vieux et sans odeur.

Les femmes turques font un très-grand usage
du baume de la Mecque pour restaurer leur beauté;
elles se tiennent à cet effet dans un bain très-
chaud, et se frottent le visage et le sein de ce
baume précieux. Elles demeurent une heure dans
le bain après cette première friction ; le troisième
jour qui suit, elles se remettent dans un bain semblable, et se frottent de nouveau. Pendant un
mois au moins que dure cet exercice, en laissant
constamment deux jours d'intervalle entre chaque

friction, elles ne s'essuient jamais la peau. Lorsque le baume, ainsi entassé couche sur couche,
s'est desséché, elles se frottent d'huile d'amandes
douces et se lavent avec de l'eau de fleurs de fèves
distillées.

Ce baume est d'un si grand prix, que les empe-
reurs turcs, voulant, dit-on, se le réserver, ont
cherché à détruire cet arbrisseau dans les différentes contrées où il croissoit, pour ne conserver
que ceux des environs de la Mecque où il croît,
dans un enclos cultivé et gardé avec le plus grand
soin : cette précaution n'empêche cependant pas
qu'on n'en trouve encore ailleurs.

Cet arbrisseau croît en Egypte, en Judée, en
Syrie, dans l'Arabie-Heureuse, et dans quelques
autres contrées.

LE BAUMIER *de Copahu*, arbre exotique, baccifère.

Copaiba. **Mar.**
Le copaïba.

Copaiba et copaifera officinalis. **Lin.**
Le copaïba, ou l'arbre portant le baume de Copahu des boutiques.

Arbor balsamifera brasiliensis. **Rai.**
L'arbre balsamique du Brésil.

Le baumier de Copahu, ou l'arbre qui fournit
le baume de ce nom, s'élève assez haut. Ses ra-

cines sont grosses, nombreuses et répandues en
tous sens à fleur de terre. Le tronc est gros, très-
droit. Le bois est d'un rouge foncé, parsemé de
taches d'une couleur plus vive, et imitant le vermillon : il est aussi dur que celui du hêtre. Le
tronc est couronné par une très-grande quantité
de branches étendues en tout sens, et qui se partagent en plusieurs rameaux très-feuillés. L'écorce
est épaisse, rude, comme recouverte de poussière
d'une couleur brune et obscure.

Les feuilles, en grand nombre, couvrent les
rameaux; leur couleur est d'un vert un peu foncé,
plus clair en dessus, et plus gai au revers. Elles
ont quatre ou cinq pouces de longueur, sur deux
à deux pouces et demi de largeur ; arrondies presqu'ovalairement, parsemées de côtes et
de nervures très - apparentes au revers où elles
sont d'une couleur rouillée, ces feuilles sont portées sur un pétiole dur et brillant, de la longueur
d'un doigt.

Les fleurs, aussi très-nombreuses, naissent à
l'extrémité des rameaux, rassemblées en grappes
paniculées. Elles sont d'une grandeur assez médiocre, de couleur blanche, composées de cinq
pétales, quelquefois de quatre seulement. Ces pétales, disposés en roses, contiennent dix étamines terminées par des anthères oblongues et vacillantes, qui entourent un embryon composé
d'un pistil arrondi, soutenu par un léger sup-

port, surmonté d'un stigmate obtus : chaque fleur est portée sur un péduncule mince et alongé.

L'embryon se convertit en un fruit qui représente une capsule ou baie circulaire finissant en pointe, et retenant une partie du style. Ce fruit, vert dans l'origine, devient très-noir en mûrissant, et s'ouvre pour peu qu'on le presse avec les doigts ; il contient une pulpe douce et molle, tant soit peu visqueuse, de couleur jaunâtre, qui a l'odeur de pois verts écrasés, et recouvre une amande assez bonne à manger, dont la coque, un peu molle, se brise facilement avec les dents. La saveur de cette amande est médiocre, sa couleur d'un vert d'eau : les singes en sont très-friands.

On fait à ces arbres des incisions, ou bien on les perce avec une tarière au moment de la plus grande chaleur de l'été, et il en découle une liqueur huileuse résineuse : d'abord très-limpide, et semblable à l'huile distillée de térébenthine, elle s'épaissit dans la suite, et devient d'un blanc mat et tirant sur le jaune. La première liqueur qui en sort se garde séparément, et a beaucoup plus de vertu que celle qui découle à la longue. Lorsqu'on taille les arbres dans un temps opportun, on en obtient jusqu'à douze livres de baume en peu d'heures ; dans d'autres saisons, on en recueille très-peu, souvent point du tout. Lorsqu'on a extrait le premier baume, on recouvre la plaie avec de l'argile ou de la cire, pour l'ouvrir de nouveau au bout de quinze jours, et alors on en obtient un suc résineux liquide, de la consistance de l'huile lorsqu'il est récent, tenace et gluant à la longue. Sa couleur est d'un blanc très-jaunâtre ; sa saveur, âcre, amère, aromatique ; d'une odeur pénétrante , approchante de celle du calambac.

On trouve deux espèces de baume de Copahu dans les boutiques ; l'un plus liquide, limpide, d'une couleur blanche pâle, et tirant sur le jaune ; d'une saveur légérement amère ; d'une consistance plus ou moins épaisse selon qu'il est plus ou moins ancien , approchante de la térébenthine de la meilleure espèce ; d'une odeur assez analogue, mais beaucoup plus vive, très-pénétrante, et assez suave.

La seconde espèce est grossière, d'un blanc mat, beaucoup moins limpide que la précédente ; d'une odeur assez désagréable, qui approche beaucoup plus de la térébenthine du pin ou du sapin, quoique plus forte et plus pénétrante que la première ; d'une saveur très-amère et presqu'insupportable. On trouve souvent une portion d'eau dans le fond des vases où ce baume est contenu, ce qui prouve qu'il a été falsifié, ou qu'on l'a extrait par quelque décoction. Ce dernier baume est très-peu estimé, et ne donne pas aux urines l'odeur et le goût que prennent celles des personnes qui usent du baume naturel, et sur-tout du premier qu'on a obtenu : celui - ci, en teignant les urines, leur communique une odeur violacée.

Le baume de Copahu est un suc résineux fluide ; il contient une très-grande quantité d'huile qu'on en retire en le soumettant à la distillation avec suf-fisante quantité d'eau. A la fin de l'opération, il reste une résine concrète qui se dissout en entier dans l'esprit-de-vin. Ce baume, souverainement vulnéraire, et légérement astringent, est employé intérieurement et indiqué pour les ulcères de la vessie, et des conduits de l'urine : aussi est-il propre sur la fin des gonorrhées ; il adoucit la salure des sérosités et de la salive ; il rétablit le sang ; est utile aux scorbutiques, aux flux de sang opiniâtres : il arrête quelquefois les fièvres inter-mittentes. On s'en sert aussi extérieurement pour la guérison des plaies.

Pour que le baume de Copahu soit réputé bon, il doit être d'un blanc pâle, tirant un peu sur le jaune ; parfaitement transparent, il doit avoir, lorsqu'il est nouveau, à peu près la consistance de l'huile. On ne trouve pas les mêmes qualités dans la seconde espèce, qui, selon quelques phar-maciens, ne peut être autre chose qu'une subs-tance obtenue par la décoction du bois, des feuilles, ou du fruit du balsamier ; d'autres le regardent comme une sophistication composée d'une très-petite partie du véritable baume de Copahu, mêlé avec de la térébenthine.

On fait mention d'un autre baume qu'on re-garde

garde comme analogue à celui de Copahu, et auquel on attribue les mêmes vertus dans tous les cas, et quelquefois à un plus haut degré : on nomme ce baume *rakasiri*. On sait qu'il coule d'un arbre indigène à l'Amérique ; mais cet arbre n'est point connu, et aucun auteur n'en a donné la description. Le baume lui-même ne l'est guère plus, et on ne le rencontre que rarement et seulement chez quelques curieux.

L'arbre qui produit le baume de Copahu, croît dans plusieurs endroits des Indes occidentales, et principalement au Mexique, au Pérou et au Brésil.

LE BAUMIER BLANC *du Pérou*, arbre exotique, légumineux.

1. *Arbor balsami indici.* HER.
   L'arbre au baume des Indes.

2. *Balsamum exPeru.* B.
   Le baumier du Pérou.

Le balsamier du Pérou est un arbre qui vient à la hauteur du citronnier. Sa cime est assez bien garnie de branches. Son écorce intérieure est assez épaisse, d'une couleur très-brune ; celle qui la recouvre est très-mince, d'une couleur légère et comme cendrée.

Les feuilles sont alongées et assez semblables à celles de l'amandier, mais plus arrondies dans leur centre, et plus pointues à leur extrémité.

Les fleurs naissent à l'extrémité des rameaux ;
elles sont jaunes et attachées à de longs péduncules ; c'est tout ce qu'on sait à leur sujet.

Le fruit a la figure de petites gousses ou siliques
alongées qui, en mûrissant, s'aplatissent, et prennent l'apparence de petites feuilles larges et longues,
ayant vers leur extrémité une cavité dans laquelle
sont renfermées des graines d'un blanc pâle,
oblongues, un peu torses, épaisses, tant soit peu
ressemblantes aux graines du citron.

Dans quelque temps de l'année qu'on fasse des
incisions à cet arbre, mais principalement après
la saison des pluies, on en obtient une très-grande
quantité de baume très-blanc et très-limpide,
fluide, tenace, moins épais que la térébenthine,
d'une saveur légérement âcre, et un peu amère ;
d'une odeur suave, quoique forte et pénétrante,
approchante de celle du styrax : c'est le vrai baume
blanc du Pérou ; il est très-inflammable.

Le baume noir de la même contrée se tire par
décoction de plusieurs parties du même végétal,
qu'on coupe par morceaux, et qu'on fait bouillir
pendant assez long-temps dans de l'eau. Lorsqu'elle
est refroidie, on trouve sur sa superficie une huile
qui y surnage, de couleur roussâtre. On recueille
cette huile avec des coquilles de grandes moules ;
elle est de la consistance de la térébenthine. Bientôt cette substance s'épaissit, se concrète au degré
de la résine la plus dure, et contracte une couleur

noirâtre. Elle est naturellement d'une odeur vive
et pénétrante, sur-tout si on l'expose sur des charbons ardens. Cette odeur approche de celle du benjoin. La saveur un peu âcre de cette résine pique
légérement la langue, et lui laisse un goût un peu
empyreumatique; du reste, elle s'enflamme avec
beaucoup de facilité : c'est là ce qu'on appelle le
baume noir du Pérou.

L'une et l'autre de ces substances balsamiques
sont employées dans la médecine, pour le soulagement de l'asthme, dans la phthisie et les maladies de poitrine. Elles sont aussi indiquées dans les
cas de suppressions de règles ; elles conviennent
extérieurement dans les douleurs causées par des
humeurs froides, dans la contraction des nerfs
et pour consolider les plaies, à quoi elles peuvent
également servir l'une et l'autre. Cependant il
faut rejeter le baume noir, et ne se servir que du
blanc lorsqu'on l'administre intérieurement. En
général l'usage de ces substances peut devenir dangereux par la violence de leur odeur qui appesan-
tit la tête, et attaque les nerfs.

Ce baumier croît dans les parties méridió-
nales de l'Amérique, et plus particulièrement au
Pérou.

LE CABUÉRIBA, arbre exotique.

Cabueriba, sive balsamum peruvianum. Pis. Mar.
Le cabuériba, ou le baume du Pérou.

On trouve dans Marcgrave une description imparfaite d'un arbre qui fournit un baume du nom *du Pérou.* Cet arbre n'est cependant pas indigène à cet empire ; il croît avec plus d'abondance au Brésil, dans les lieux les plus éloignés et les plus déserts ; on l'y trouve en très-grand nombre, formant même des espèces de forêts remarquables par la suavité de l'odeur qu'elles répandent au loin.

Il paroît qu'il y a deux espèces ou variétés de cet arbre, l'une et l'autre d'une très-grande dimension, mais différentes par quelque particularité dépendante du bois ou de l'écorce. L'une a son bois rougeâtre, et assez semblable à celui que le même auteur appelle le *cèdre du Brésil,* à l'odeur duquel il participe : il est nommé par les habitans *acatacatinga.*

L'autre a une écorce cendrée, épaisse d'un doigt, couverte d'une membrane légère, de couleur de vermillon, et sous laquelle on rencontre une liqueur jaunâtre, qui, en vieillissant, contracte une odeur très-suave, une consistance assez dure, et une couleur rouge assez semblable à celle de la grenade, mais plus foncée.

Les feuilles ont quelque ressemblance avec celles

du myrte : c'est tout ce que nous apprend cet auteur, qui ne donne aucune description ni des fleurs ni du fruit ; il laisse même soupçonner que ces arbres sont infructifères.

A la pousse des feuilles, on en retire, sans doute par incision, un suc résineux, appelé sur les lieux *cabareicica*, d'une odeur suave analogue à celle du baume de l'Article précédent ; assez compacte et tenace, il s'endurcit et devient ductile quand il est échauffé.

Ce baume sert aux mêmes usages que celui de Copahu ; à l'asthme, aux intempéries des viscères, aux langueurs ; extérieurement il est approprié aux plaies et aux morsures des animaux vénéneux. Ses vertus doivent être bien salutaires, puisque les animaux même, blessés, trouvent leur guérison en se frottant contre l'écorce.

Le bois de ce baumier est employé et même recherché pour la construction des édifices ; sa couleur et son odeur agréable porroient le faire mettre en œuvre par les ébenistes et par les tourneurs.

Cet arbre croît au Brésil et dans quelques autres lieux des Indes occidentales.

LE **BAUMIER** *de Tolu*, arbre exotique.

Balsamum tolutanum, foliis cerasiæ similibus ; quod candidum est. BAU.

Le baumier de Tolu, à feuilles semblables à celles du cerisier ; d'où découle un baume blanc.

Balsamum provinciæ Tolu : arbor balsamifera
quarta Hernandi. HER.

Le baumier de la province de Tolu: le quatrième
arbre balsamifère d'Hernandès.

Le baumier de la province de Tolu ne s'élève
pas très-haut ; mais il répand de tous côtés un très-
grand nombre de rameaux. La forme et la position de ses branches lui donnent l'air et l'apparence
d'un petit pin.

Les feuilles ont quelque ressemblance avec celles
du cerisier, mais plus encore avec celles du ca-
roubier ; et conservent toujours leur verdure.

Les fleurs qui naissent à l'extrémité des rameaux, ont un calice fait en cloche et divisé en
cinq segmens. Les pétales sont aussi au nombre
de cinq ; leur couleur est rougeâtre ; ils renferment dix étamines. On n'aperçoit ni ovaire, ni pistil, et le fruit est inconnu.

Lorsque dans les plus grandes chaleurs de l'été
on fait des incisions à cet arbre, on en obtient une
liqueur ou un suc résineux tenace, qui tient le milieu entre les baumes secs et les liquides. Cette liqueur est d'une couleur rouge, d'une odeur suave et
très-exaltée, qui a quelqu'analogie avec celle du
benjoin, ou plutôt du citron et du jasmin mêlés
ensemble. On reçoit ce baume dans des cuillères
enduites de cire noire, d'où on le verse ensuite
dans des calebasses pour le faire passer dans le

commerce, sous le nom de baume fluide du Pérou, ou de baume de Tolu.

On nous apporte une autre espèce de baume sous la même dénomination : elle arrive en grosses masses opaques d'un brun foncé approchant du noir, renfermée dans de petits cocos. On nomme cette substance baume en coque ; c'est celui qu'on a obtenu par une forte décoction des branches et de l'écorce du même arbre, qui fournissent une huile très-épaisse, susceptible de se concréter facilement, et de prendre toute la consistance de la résine proprement dite.

On a cru pendant très-long-temps que le baume de Tolu étoit le même que le baume blanc du Pérou, et que la différence de couleur n'étoit que le résultat de la manière dont on le récoltoit ; mais on sait maintenant que ce sont deux végétaux différens qui les produisent : du reste, le baume brun solide de Tolu est de même nature que le baume noir et sec du Pérou. On leur fait contracter de la fluidité, en faisant tremper dans de l'eau chaude les vases dans lesquels ils sont contenus : cette fluidité n'est à la vérité que de courte durée ; il arrive même souvent que la chaleur seule de l'été les ramollit à ce degré. C'est pour éviter cet effet, qu'on est obligé de tenir le baume sec du Pérou dans les caves ou dans des lieux frais, de crainte qu'il ne s'étende et ne se gâte par les ordures qu'il entraîneroit. Il en est de même du baume solide de Tolu ; le fluide est très-rare, et on lui substitue presque toujours le baume blanc du Pérou.

Ces deux baumes ont à peu près les mêmes vertus médicinales. Cependant celui de Tolu les possède à un degré plus éminent : il est employé comme aromatique, vulnéraire, anti-putride, et comme un préservatif souverain contre les maladies contagieuses ou pestilentielles. La pharmacie en connoît plusieurs préparations, notamment un sirop employé avec succès dans les maladies de poitrine. On en extrait un sel et une teinture, par le moyen de l'esprit-de-vin qui le dissout en entier.

Cette substance est celle qui approche le plus près du baume de la Mecque ; mais sa très-grande rareté lui fait souvent substituer le baume blanc du Pérou, qui est et plus commun et à meilleur marché : ils sont préférables l'un et l'autre à tous les autres baumes naturels. Pour que celui de Tolu soit réputé de bonne qualité, il faut que le fluide soit d'un rouge doré, sans être trop liquide ni trop épais, mais gluant et s'attachant aux doigts, d'une saveur douce et agréable, et d'une odeur suave qui dénote sa pureté et son excellence. Quant au baume brun ou en coques, il doit être plutôt légérement mou que totalement sec et friable, d'une saveur aromatique, d'une odeur agréable, d'un jaune foncé et obscur, tirant même fortement sur le noir. Il faut qu'il s'enflamme aisément, et qu'il répande une fumée épaisse et blanchâtre.

Il se rencontre quelquefois dans les boutiques une espèce de baume brun fluide, qu'on qualifie du nom de baume brun du Pérou, et qui n'est autre chose qu'un mélange d'huile distillée de benjoin, qu'on a fait macérer sur les jeunes boutons du peuplier à odeur de baume, et à laquelle on a ajouté quelques gouttes de vrai baume du Pérou ou de Tolu.

Le baumier de Tolu croît dans le continent de l'Amérique méridionale, principalement dans la province de Tolu ou Honduras. Si on lui donne quelquefois le nom de baume brun du Pérou, ce n'est que parce qu'il nous vient de ces contrées par le commerce ; car l'arbre d'où il découle ne croît nulle part dans ce vaste pays.

LE BAUMIER *de Carthagène* ou *des bois,* arbrisseau exotique, nucifère.

Amyris sylvatica. LIN.
L'amyris des forêts.

Amyris foliis ternatis ; crenatis, acutis. JA.
L'amyris à feuilles ternaires, crénelées, pointues.

Ce baumier n'est qu'un arbrisseau assez médiocrement rameux : il s'élève cependant quelquefois à quinze pieds et plus. Ses rameaux sont cylindriques et garnis de beaucoup de feuilles.

Ces feuilles sont ailées, composées de trois folioles ovales, portées chacune par un court pétiole, sur un filet cannelé et presque rhomboïde ;
elles sont pointues, lisses, sans duvet et très-cré-
nelées à leurs bords.

Les fleurs, petites, blanches, disposées en panicules droits, naissent à l'extrémité des rameaux,
et dans les aisselles des feuilles. On ne les a pas
assez observées, pour qu'on puisse détailler leur
figure, ni savoir le nombre de pétales et d'étamines
qui les constituent, non plus que la nature de leur
ovaire et de leurs autres parties.

On connoît un peu mieux le fruit qui leur succède. C'est une espèce de petite noix pulpeuse,
guère plus grosse qu'un pois, de couleur rouge
ainsi que le suc qu'elle contient : ce fruit devient,
en mûrissant et en se desséchant, une capsule
brune très-coriace, qui renferme une petite noix
lisse, globuleuse et assez dure, contenant une
amande.

Il découle de cet arbrisseau une assez grande
quantité d'un suc résineux passablement liquide,
gluant, d'une odeur très-forte, mais désagréable.
On fait, quoique rarement, usage de ce baume en
médecine, mais jamais intérieurement.

Cet arbrisseau croît dans les environs de Carthagène, au milieu des bois et dans les lieux om-
bragés.

L E BAUMIER *maritime*, arbrisseau exotique , nucifère.

1. *Amyris maritima.* Lin.
L'amyris maritime.

Amyris foliis ternatis, obtusis. Jaq.
L'amyris à trois folioles obtuses.

2. *Amyris fruticosus minor, foliis orbiculatis, ve-*
nosis, pennato-ternatis ; racemis terminalibus. Ja.
L'amyris (petit arbrisseau) à feuilles orbiculaires, veinées , ailées par trois folioles; à fleurs en
grappes terminales.

Ce balsamier pourroit bien n'être qu'une variété
du précédent; sa conformation, ses feuilles et ses
fruits l'en rapprochent entièrement ; mais celui-
ci n'est qu'un arbrisseau très-bas et qui ne s'élève
jamais; sa variété ne forme même qu'un buisson.

Les feuilles sont ovalaires, composées de trois
folioles obtuses, crénelées, dont la couleur est d'un
vert luisant.

Les fleurs, formées en panicules ou en espèces
de grappes, croissent à l'extrémité des rameaux et
dans les aisselles des feuilles. On ne connoît pas
plus leur conformation que celle du précédent.

Le fruit est noirâtre ou d'un pourpre très-
foncé ; il est deux fois plus gros que celui du
baumier de Carthagène, mais il est de la même
forme.

Il découle de cet arbrisseau un suc résineux,

qui ne diffère de celui du précédent que par l'odeur un peu moins désagréable, quoiqu'elle approche de celle de la rue. On n'est pas plus instruit de ses propriétés.

Jaquin, qui a fait connoître ce balsamier, annonce une autre variété de cet arbrisseau, plus petite encore, et qui diffère par ses feuilles orbiculaires et veinées, du reste composées de même de trois folioles. Les fleurs ne paroissent croître dans cette espèce qu'à l'extrémité des rameaux.

Ces arbrisseaux se trouvent à la Havane, près des bords de la mer, et le plus souvent parmi les rochers.

LE BAUMIER *de la Caroline,* arbre exotique, baccifère.

Cornus racemosa; trifolia et quinquefolia; foliis foraminulatis. PLUK.

Le cornouiller, à grappes à trois et à cinq folioles; à feuilles perforées.

Amyris elemifera, foliis ternatis, quinato-pennatis, subtus tomentosis. LIN.

L'amyris élémifère, à feuilles ternaires, ailées de cinq folioles, velues en dessous.

Frutex trifolius, resinosus; floribus tetrapetalis, albis, racemosis: icicariba Marcgravii. CAT.

L'arbrisseau à trois feuilles, résineux; à fleurs blanches, composées de quatre pétales en grappes: l'icicariba de Marcgrave.

Quoiqu'on ait placé ce baumier dans la nomenclature de l'icicariba , quelques particularités et le nom même de baumier qu'on lui a imposé , lui méritent une description plus détaillée.

Cet arbrisseau , que Plumier met au rang des cornouillers , ne s'élève jamais bien haut : sa cime est garnie de rameaux très-feuillés.

Les feuilles sont alternes , composées de trois ou de cinq folioles placées par paire avec une impaire , et portées chacune par un court pétiole sur un filet commun : elles sont ovalaires , pointues , légérement crénelées , d'un assez beau vert , en dessus plus pâle , en dessous garnies de duvet , pointillées ou perforées.

Les fleurs sont petites , disposées en grappes ou en panaches à l'extrémité des rameaux : quoiqu'elles ne soient pas décrites , on sait cependant qu'elles n'ont que quatre pétales.

On ne connoît autre chose du fruit , sinon que c'est une espèce de baie globuleuse.

Cet arbrisseau produit une résine dont on ignore les vertus : Linnæus pense qu'elle est du genre de l'élémi.

Il croît à la Caroline , et on le rencontre aux Antilles.

LE BAUMIER *de Giléad*, arbre exotique, baccifère.

Amyris gileadensis , foliis ternatis , integerrimis ; pedunculis unifloris , lateralibus. Lin.

L'amyris de Giléad, à feuilles ternaires, très-en-

...tières ; dont les péduncules sont uniflores et latéraux.

Amyris oppobalsamum. FORSK.
L'amyris portant baume.

Le baumier de Giléad est un arbre très-médiocre, dont les rameaux sont très-divergens et en
assez grande quantité. Son tronc est mal contourné; son écorce très-lisse, et d'une couleur cendrée.

Ses feuilles, alternes, ailées et composées de folioles rases, planes, entières et sans aucune découpure, sont portées par un très-petit pétiole
sur un filet commun très–mince et comme filiforme. Les deux folioles latérales sont entières
et de figure ovalaire; celle qui les termine est aussi
ovalaire, mais lancéolée, et un peu plus longue
que les autres.

Aux extrémités des rameaux poussent de longs
péduncules, dont chacun ne porte qu'une fleur,
composée d'un calice plein en forme de clochette,
persistant et se divisant en quatre dents ou segmens courts, serrés contre la corolle. Celle-ci est
formée de quatre pétales linéaires, droits, obtus
et rapprochés en forme de prisme à quatre faces.
Un petit cercle charnu et jaune, situé entre les
étamines et le pistil, forme une espèce d'anneau
qui environne l'ovaire. Les étamines sont au nombre de huit, plus courtes que la corolle, et leurs
filamens s'insèrent entre les pétales et le petit cer-

cle charnu ; l'ovaire supérieur est terminé par un style court et menu, couronné d'un stigmate obtus à quatre angles égaux.

Le fruit est une espèce de baie ovoïde, pointue et divisée par quatre sutures qui semblent être autant de valves formant la coque ou enveloppe extérieure. Cette enveloppe contient une pulpe visqueuse et très-tenace, divisée intérieurement en deux loges, n'en ayant cependant le plus souvent qu'une, et renfermant une semence ovoïde, pointue, de couleur brunâtre. Cette semence unique avorte même quelquefois, et manque entièrement. Les fleurs semblent monoïques ; quelques-unes d'elles en bon état ont un pistil très-vert avec un stigmate menu, tandis que d'autres ont des anthères flétries, et un ovaire rembruni, sillonné, chargé d'un style épais et à plusieurs faces.

Cet arbre laisse découler un suc résineux fluide, qu'on croit avoir les mêmes qualités que le baume de la Mecque. Quelques personnes l'ont confondu avec ce dernier, malgré les caractères très-différens qui les composent. Ce qu'il y a de certain, c'est que, lorsqu'on manque du baume des Sultanes ou du second de la Mecque, on lui substitue le baume de Giléad ; qui paroît avoir les mêmes propriétés, et jouir des mêmes avantages de propreté.

Le baumier de Giléad croît en Arabie.

LE BAUMIÈR *de Java*, arbre exotique, baccifère.

*Amyris (protium) foliis pennatis; foliolis undu-
latis, petiolatis.* LIN.

L'amyris (protium) à feuilles ailées; à folioles
ondées et pétiolées.

Protium javaicum. BARM.

Le protium de Java.

Le baumier de Java est encore un arbre de dimension assez médiocre, dont le tronc est mal
conformé, et dont les rameaux sont divergens.

Les feuilles qui les garnissent, opposées, quoiqu'assez imparfaitement, sont ailées et impaires,
composées de cinq à sept folioles rases, sans apparence de duvet, approchantes par leur figure
de celles du laurier.

Les fleurs naissent en grappes et en panaches.
Elles sont composées d'un calice persistant, obtus,
d'une seule pièce, mais se divisant en quatre segmens ou dents : il contient quatre pétales sessiles,
ovalaires, accompagnés d'un petit cercle membraneux, comme celui qu'on voit dans les fleurs
du baumier de Giléad, situé de même entre les
étamines et le pistil. Ces étamines sont au nombre de huit ; leurs filamens sont oblongs, ainsi
que les anthères qui paroissent formées comme s'il
y en avoit quatre de réunies. L'ovaire supérieur
est ovoïde, surmonté d'un style aussi long que les

nes,

étamines , terminé par un stigmate simple et relevé.

Le fruit est une baie ronde , verte dans l'ori-gine, d'une couleur très-jaune lorsqu'elle par-vient à sa maturité. Elle contient une pulpe sè-che, assez agréable au goût, et qui se mange mal-gré sa saveur un peu austère et astringente. Cette pulpe recouvre un noyau globuleux qui renferme une amande.

Cet arbre produit un baume ou suc résineux-fluide qu'on met en usage à Java pour plusieurs maux, tant internes qu'externes. Il paroît avoir beaucoup des caractères de celui de Giléad ; il est ce-pendant incontestablement une espèce différente.

On voit ce baumier dans l'île de Java ; il croît sur les lieux montueux.

LE **BAUMIER** *de la Jamaïque*, arbre exotique, baccifère.

Amyris balsamifera, foliis bijugis. Lin.
L'amyris balsamifère, dont les feuilles sont placées
par paires.

Amyris arborescens , foliis bijugatis , ovatis, gla-
bris ; racemis laxis, terminalibus. Bro.
L'amyris en arbre, à feuilles placées par paires,
ovalaires, rases, et sur lequel il croît des fleurs
en grappes très-amples et terminales.

Lauro arbor affinis, terebinthi folio alato ; ligno
candido , odorato ; flore albo. Sloa.
L'arbre ressemblant au laurier, à feuilles ailées

comme le térébinthe ; dont le bois est blanc et odorant ; à fleurs blanches.

Lucinium. PLUK.

Le lucinium de Plukenet, connu aussi sous le nom de *bois de Rhodes de la Jamaïque.*

Le bois de Rhodes ou baumier de la Jamaïque s'élève à plus de vingt pieds. Son bois est blanc, assez solide, très-résineux et d'une odeur suave, approchante de celle de la rose ; son écorce, d'une couleur brune un peu claire ; ses rameaux, nombreux, divergens et très-fournis de feuilles.

Les feuilles croissent par paires opposées, ailées et composées de deux ou trois paires de folioles ovalaires, terminées par une petite pointe souvent émoussée ou échancrée. Elles sont très-lisses, rases et soutenues par un pétiole très-court.

Les fleurs, petites et blanches, ont assez de ressemblance avec celles du sureau ; elles sortent de l'extrémité des rameaux en grappes courtes et lâches, qui forment des espèces de panaches : leurs parties sont inconnues.

Il découle de plusieurs endroits de cet arbre un baume ou suc résineux, d'une odeur très-suave, sur-tout lorsqu'on l'expose sur des charbons ardens, où il s'enflamme très-aisément. Cette odeur imite parfaitement celle du bois de Rhodes dont le parfum est recherché, et très-analogue à celle de la rose.

On ne connoît pas bien les vertus médicinales

de ce baume, qu'on assure très-vulnéraire ; mais il est du moins utile à parfumer le linge, ou d'autres objets auxquels on emploie aussi le bois.

Cet arbre croît à la Jamaïque, dans les endroits pierreux.

LE BAUMIER *de la Guiane*; arbre exotique, baccifère.

> *Amyris guianensis , foliis impari pennatis ; foliolis bijugis , ovato-oblongis ; fructu luteo , racemoso.* LIN.

L'amyris de la Guiane, à feuilles impaires ailées; à folioles doubles, ovalaires, oblongues; à fruit jaune en grappes.

> *Terebinthus maxima pennis paucioribus , majoribus atque rotundioribus ; fructu racemoso, sparso.* SLOA.

Le térébinthe (très-grand) à feuilles ailées, peu nombreuses, très-grandes et arrondies; à fruit disposé en grappes éparses.

Voyez à la suite du *Térébinthe*, Partie Seconde, Tome Ier, page 258, où l'on a donné la description de ce baumier.

LE BAUMIER-KATAF, arbre exotique, baccifère.

> *Amyris-kataf foliis ternatis, apice serratis ; pedunculis dichotomis.* FORSK.

L'amyris-kataf à feuilles ternaires, découpées en houppe; à péduncules dichotomes.

Le bois de ce baumier, qui ne s'élève jamais

qu'à une hauteur très-médiocre, est blanchâtre ;
sa tige est assez garnie de rameaux.

Ses feuilles, composées de trois folioles, portées sur un filet commun , et presque sessiles,
sont de figure ovalaire, plus ou moins pointues,
dentelées vers leur sommet par plusieurs découpures.

Les fleurs, portées sur des péduncules rameux
et alongés, viennent ensemble sur des espèces de
grappes auxquelles les péduncules, rangés par éta-
ges plus longs ou plus courts, donnent la figure
d'une petite houppe. Elles sont unisexuelles ; on
ignore le nombre et la forme de leurs pétales et
de leurs étamines ; du reste, elles ne croissent qu'à
l'extrémité des rameaux.

Les fruits ne sont guère plus connus ; on sait
seulement que ce sont des baies globuleuses, qui
ont à leur sommet une espèce d'ombilic.

Dans les mois pluvieux, l'écorce de cet arbre
paroît se gonfler, et ensuite cette espèce d'épais-
sissement se transforme et se résout en une poudre rouge, très-résineuse et d'une odeur très-
agréable. On ne connoît point les vertus médicinales de cette poudre ; elle ne semble avoir d'autre
emploi que celui qu'en font les femmes arabes
pour se parfumer la tête, et pour mêler avec les
parfums qu'elles emploient dans leur linge.

Cet arbre croît dans l'Arabie.

Le BAUMIER-KAFFAL, arbre exotique, baccifère.

Amyris-kaffal ramis apice spinosis. Forsk.
L'amyris-kaffal dont les branches sont garnies d'é-
pines vers leur sommet.

Le baumier-kaffal est assez ressemblant au baumier-kataf, dont on a traité dans l'Article précédent; mais il en diffère par son élévation beaucoup plus considérable. Son bois est d'ailleurs
d'une couleur très-différente; ses rameaux divergens sont garnis d'un grand nombre d'épines
aiguës et piquantes qui entourent leur sommet.

Les feuilles, velues lorsque l'arbre est jeune,
se dépouillent de leur duvet à mesure qu'il croît
et qu'il vieillit; elles sont ailées, composées de
trois folioles ovalaires, portées sur un filet commun, et dénuées de pétioles particuliers. Les folioles latérales sont de beaucoup plus courtes que
celle qui termine la feuille.

Les fleurs ne sont pas bien connues; mais les
fruits sont des baies ovales, munies à leur base
du calice persistant qui avoit servi aux fleurs. Ce
calice est d'une seule pièce divisée en quatre segmens pointus. Ces baies sillonnées en quatre portions dans toute leur longueur, contiennent, dans
leurs cavités, une semence osseuse dont la coque
ressemble assez à celle des noix; elles sont remplies

d'une espèce de pulpe qui exhale une odeur balsamique très-suave.

Les incisions que l'on fait à ces arbres procurent un suc blanchâtre, résineux, d'une très-bonne
odeur. On ne connoît pas ses vertus médicinales ;
on sait cependant que ce baume est purgatif ; du
reste, on l'emploie aussi pour la toilette des dames.

Le bois du baumier-kaffal est un objet de commerce assez considérable. On s'en sert pour faire
contracter aux vases de terre qu'on expose à sa
fumée, une odeur assez persistante, qui donne
aux liqueurs un goût très-agréable dans les contrées où l'on en fait usage.

Cet arbre croît en Arabie.

LE BAUMIER *huileux*, arbre exotique, pomifère.

> *Amyris oleosa foliis pennatis, subtrijugis; floribus*
> *racemosis; baccis obovatis, ex cœruleo nigris.*
> L'amyris huileux à feuilles ailées, triangulaires; à
> fleurs en grappes ; à baies ovoïdes, d'un bleu
> noirâtre.

> *Nanarium minimum, sive oleosum : nanari-minjac*
> *Malaicensium.* RUM.
> Le plus petit des nanaris, ou le nanaris huileux : le
> nanaris-minjac des Malais.

Comme cet arbre a plusieurs caractères du
camphrier, on en a joint la description à l'Article
de ce végétal; on la trouvera à la suite du *Canaris,*
Partie Première.

 ⌐ LE BAUMIER *vénéneux*, arbre exotique,
  baccifère.

Amyris toxifera, elemifera; foliis pennatis, planis.
  LIN.

  L'amyris vénéneux, élémifère; à feuilles ailées et
  unies.

*Toxicodrendon , fructu purpureo , pyri formæ ,
sparso.* CAT.
  Le toxicodrendon (ou l'arbre au poison), à fruit
  pourpre, épars, en forme de poire.

On finira la liste des baumes, proprement dits,
par un baumier dont les propriétés sont bien opposées à celle des précédens, par la mauvaise qualité de ses produits.

Cet arbre dangereux est toujours vert et très-
petit ; son écorce est unie et d'une couleur verte ,
grisâtre et claire.

Ses feuilles, portées sur de longs pétioles, sont
ailées et composées de cinq folioles oblongues ,
entières et sans découpures, soutenues chacune
sur un petit pétiole qui les attache au filet commun, opposées par paire, et terminées par une
impaire un peu plus longue que les autres.

Les fruits , quoique conformés en poire, ne
sont cependant que des baies, contenant, sous une
pulpe violette très-rembrunie, un noyau très-dur,
renfermant une amande.

Il découle de ce végétal un suc résineux, noir,

comme de l'encre, dont on ne connoît pas d'usage médicinal. On ne sait pas quelle raison a porté Linnæus à le placer dans la classe des élémi : on est fondé à penser que cette substance doit participer aux qualités malfaisantes de son bois, et sur-tout de son fruit, qui est regardé comme un poison violent.

Cet arbre croît à la Caroline; il se rencontre aussi dans les îles de Bahama.

Quoique parmi les différens baumiers qu'on vient de décrire, il y en ait plusieurs dont les propriétés médicinales sont peu connues, ou qui sont même totalement inutiles pour cette science, on a cru cependant devoir les placer tous à la suite les uns des autres, à cause de la dénomination commune qu'on s'accorde à leur donner.

§ I I.

Des Baumes qui n'ont pas retenu ce nom, ou des Baumes secs.

LE STYRAX, ou LE STORAX, arbre exotique, baccifère, dont une espèce cependant est indigène.

Styrax mali cotoneï foliis. Bau.
Le styrax à feuilles de cognassier : l'aliboûsier de Provence, ou indigène.

Styrax rubra officinarum. Bau.
Le styrax rouge des boutiques.

Styrax rubra. BELL.
Le styrax rouge.

Nasertipium. COR.
Le nasertipium.

Rosa-malos. PÉT.
Le rosa-malos.

Le styrax est un arbre qui ne s'élève guère qu'à la hauteur du cognassier, auquel il ressemble assez par la couleur de son bois rougeâtre, ainsi que celle du dernier, par son écorce blanchâtre et raboteuse sur le tronc, d'une teinte verte sur les jeunes branches. Il lui ressemble encore par la tortuosité de son tronc et de ses branches.

Les feuilles même se rapprochent beaucoup de celles du cognassier; elles sont simples, sans découpure, tant soit peu arrondies, d'une couleur verte en dessus, blanchâtre au revers et couvertes d'un duvet soyeux et très-fin. Elles sont posées alternativement et en assez petite quantité sur les rameaux, et attachées à un long pétiole.

Ce qui distingue ces deux végétaux, ce sont les fleurs et les fruits. Les fleurs du styrax naissent dans les aisselles des feuilles presque toujours à l'extrémité des rameaux. Le calice qui les contient n'est que d'une seule pièce, en forme de campanule, divisée en cinq segmens qui finissent en pointe assez aiguë. Le pétale unique est fait en entonnoir, dont le limbe est divisé en cinq échancrures profondément prolongées dans la partie inférieure de la corolle. Les étamines sortent de son sein au nombre de douze; elles sont d'une couleur blanche tirant sur le rouge, et terminées par des anthères ou sommets alongés. Ces étamines entourent un embryon composé d'un pistil arrondi, surmonté d'un style. Ces fleurs ont quelque rapport à celles de l'oranger; elles sont très – odorantes, et ont environ deux pouces de longueur.

L'embryon devient un fruit épais ou baie charnue, blanchâtre, cotonneuse et très-chargée d'un duvet fin, doux au toucher, délié, de couleur blanche sale. Cette baie contient, dans son intérieur, deux noyaux aplatis du côté où ils se touchent, convexes de l'autre, recouverts d'une pulpe médiocre et insipide : ces noyaux renferment une amande assez grosse. La baie entière a un goût douçâtre au commencement, mais qui se convertit ensuite dans la bouche en une saveur très-amère.

Il découle naturellement de l'écorce de cet arbre un suc butireux, résineux, balsamique; ou gomme-résine, à laquelle on a imposé le nom de *storax*. On le divise en deux espèces; l'une se nomme *storax* ou *styrax calamite*, parce qu'il étoit autrefois apporté de Syrie, d'Ethiopie et de Perse, renfermé dans des roseaux qui, chez les Latins, se nomment *calami* : cette espèce a une odeur très-forte et très-agréable; elle doit être en larınes de couleur rougeâtre, très-nettes et presque transparentes. Quelques voyageurs ont prétendu que ces larmes étoient le résultat du travail d'un petit vermisseau, qui, s'attachant à l'arbre, ronge son écorce, et laisse, en se retirant, un trou qui donne issue à la gomme résineuse. En effet, cette gomme suinte et découle de l'arbre en petites larmes blanchâtres, et la quantité des vermisseaux qui l'attaquent est si considérable, que l'arbre paroît comme couvert d'une substance farineuse.

Comme ces larmes, qui découlent naturellement, sont très-rares, et, par conséquent, d'un très-haut prix, les habitans des pays qui les produisent, ramassent ce storax précieux avec le plus grand soin, et l'amalgament avec une portion pour le moins égale de cire. Ils exposent le tout à la chaleur du soleil, par le moyen de laquelle cette mixtion s'incorpore parfaitement. Quand elle est parvenue à ce degré, et pendant que la matière est encore chaude, ils la passent à travers un tamis, et la faisant tomber dans de l'eau fraîche que contient un vase de terre propre et vernissé, il s'en forme des larmes. C'est ainsi qu'ils ont l'art de doubler la substance et le bénéfice, fraude difficile et presqu'impossible à reconnoître, parce que le styrax a une odeur extrêmement vive et pénétrante, facile à se joindre aux corps gras. On ne parvient à découvrir cette tromperie manifeste, qu'en soumettant ces larmes à l'expériencé de l'esprit-de-vin, qui les dissout en entier lorsqu'elles sont véritables, et qui, ne se chargeant que de la substance vraiment résineuse, abandonne les parties grasses qui surnagent à sa superficie.

La seconde espèce de styrax nous parvient en pains ou masses. Cette résine doit être grasse, difficile à rompre malgré sa nature molle, d'une couleur roussâtre ou d'un jaune très-clair, parsemée de petites taches blanchâtres, se réduisant, lorsqu'on la ramollit entre les doigts, en un substance onctueuse comme le miel, d'une odeur douce, suave, assez fixe et durable. Quelques naturalistes donnent à ces deux sortes de styrax le nom de *liquidambar oriental*; les habitans de la Louisiane, où le dernier se recueille, ont aussi l'art de le falsifier.

On connoît dans la pharmacie une autre espèce de styrax d'une odeur analogue à celle des précédens. Celui-ci est parfaitement fluide, et ne se dessèche qu'après un long intervalle de temps; c'est une liqueur graisseuse de la consistance des baumes, ou un baume liquide d'un jaune obscur, d'une odeur forte, pénétrante et résineuse; une substance mielleuse et tenace comme la térébenthine. Cette espèce varie, et on en voit dans le commerce deux différences : le jaune, réputé pour le meilleur, et le brun ou gris rougeâtre; on pense que ce dernier n'est que la lie ou le résidu de l'autre , et qu'on ne doit l'employer que dépouillé de la crasse qu'il contient.

On n'est pas généralement d'accord sur la véritable nature ou la composition de ce dernier baume ou styrax liquide, que tous les pharmaciens s'accordent à regarder comme factice. Quelques-uns l'ont pris pour celui que les anciens appeloient *stacté* ou graisse huileuse qu'on tiroit de la myrrhe ; d'autres le regardent comme une composition faite avec du storax en masse , dissous dans du vin et de l'huile , auxquels on a ajouté de l'huile de térébenthine , le tout cuit ensemble ; lorsque cette composition est refroidie , l'huile qui surnage constitue, selon eux, le baume liquide de styrax.

Une autre opinion attribue cette substance à l'expression des noix du styrax , dont on retire une liqueur de la nature des huiles qui ne se concrètent pas. Enfin , Pétivier avance qu'on l'obtient par une très-forte décoction des branches d'une espèce d'arbre connu dans une île de la mer Rouge, nommé *covras*, et qu'il appelle *rosa malos :* cette substance s'acquiert, selon lui , en faisant bouillir ces branches et l'écorce de l'arbre dans de l'eau de la mer, jusqu'à ce que ce mélange parvienne à la consistance d'un extrait mielleux et visqueux comme de la glu. On laisse reposer cette décoction , et on recueille la liqueur liquido-résineuse qui surnage : elle contient en cet état beaucoup de crasse et de parties hétérogènes : on parvient à la purifier par une nouvelle décoction, pareillement dans de l'eau de la mer.

Le vrai storax, ou le naturel, se dissout très-vîte et presqu'entièrement dans l'esprit-de-vin, et communique à ce menstrue son odeur agréable, ainsi qu'une légère saveur amère et aromatique. Cette teinture, mêlée avec de l'eau, s'épaissit, prend en un instant une couleur très-blanche et semblable à du lait. Cet effet vient de ce que la partie résineuse, dissoute par l'esprit-de-vin, se précipitant, les sels restent seuls en dissolution dans ce mélange d'eau et d'esprit, parce que ces sels se combinent et sont également dissolubles par l'un et par l'autre menstrue : c'est ce qu'on appelle le *lait virginal.*

Le baume ou résine styrax, quel que soit le nom qu'on veuille lui donner, est employé en médecine. Il est chaud, dessiccatif, résolutif, vulnéraire, céphalique et nervin ; aussi est-il très-bien indiqué pour les affections de la tête ou de la poitrine. On l'emploie utilement dans les cas de toux, de catarrhes ou de fluxions, tant intérieurement qu'extérieurement ; il supplée en plusieurs cas au benjoin : on en fait des fomentations et plusieurs préparations pharmaceutiques et chimiques ; on en tire les fleurs comme du benjoin ; on assure qu'il résiste puissamment au poison.

On se sert également du styrax liquide, plus souvent cependant pour les maux extérieurs,

parce que son odeur pénétrante, quelquefois légérement empyreumatique, fait mal à la tête, et
qu'il est un peu narcotique ; mais on le fait entrer
dans quelques compositions résolutives, digestives
ou nervines qu'on emploie pour l'extérieur : c'est
spécialement dans l'onguent styrax, dont on fait
un très-grand usage dans les hôpitaux, que le
baume liquide trouve sa place. L'usage du lait
virginal, pour la toilette des dames, est très-
connu.

Comme le styrax en masse est très-inflammable
et prend feu aisément, on l'emploie assez volontiers dans les parfums préparés pour être brûlés.
Son odeur suave le rend très-recommandable aux
gantiers et aux distillateurs de liqueurs odorantes
qui en font un usage fréquent.

Duhamel croit, avec la plus grande apparence,
que l'arbre connu en Provence sous le nom d'a-
libousier, est le même que celui dont on obtient
le styrax, et qui croît dans d'autres contrées : il a
remarqué dans celui-ci les mêmes caractères de
feuillage, de floraison et de fructification. Ses expériences lui ont fourni sur cet arbre indigène un
suc résineux ou baume très-odorant, qui s'épaissit
et devient concret ; en un mot, qui est parfaitement semblable au styrax des boutiques, tant par
son odeur que par sa forme : malheureusement,
ces expériences n'ont pas été poussées bien loin,
et l'alibousier fournit une trop petite quantité de

cette substance résineuse, pour en faire une comparaison exacte, et reconnoître à quel point elle possède les vertus et les propriétés reconnues dans le styrax.

L'arbre duquel découle le styrax croît en Syrie : on l'a retrouvé à la Louisiane ; et selon les apparences, il nous est indigène sous le nom d'aliboursier qu'on lui donne dans nos départemens méridionaux.

LE **LIQUIDAMBAR**, ou le COPALM, arbre exotique, à capsules.

1. *Liquidambar.* BAU.
   Le liquidambar.

Liquidambar, seu styrax, arbor virginiana, aceris folio. RAI.
   Le liquidambar, ou le styrax, arbre de la Virginie, à feuilles d'érable.

Liquidambar, sive styraci flua, aceris folio ; fructu triboloïdo , id est pericarpio orbiculari, ex quo plurimis apicibus coagmento semen recondens. PLUK.

Le liquidambar, ou l'arbre d'où découle une espèce de styrax, à feuilles d'érable ; à fruit triboloïde ou en chardon , c'est-à-dire composé d'un péricarpe rond, formé par un assemblage de plusieurs semences à pointes aiguës.

Liquidambar foliis palmato-angulatis. LIN.
   Le liquidambar à feuilles découpées en paume de main.

(357)

2. *Liquidambar foliis oblongis, sinuatis.* LIN.
Le liquidambar à feuilles oblongues, recourbées.

3. *Liquidambar, sive myrica, foliis oblongis, alter-natim sinuatis.* LIN.
Le liquidambar, ou la bruyère, à feuilles oblongues, alternativement recourbées.

Le liquidambar a obtenu sa dénomination de l'odeur agréable de son suc résineux, approchante de celle de l'ambre gris : cette odeur l'a fait appeler *ambar liquida* ou *ambra liquida*, ambre liquide, et par antonomase *liquida ambar*. Quelques naturalistes l'ont regardé comme une espèce de styrax, et ont joint ces deux noms pour désigner un arbre qui, par la ressemblance de l'odeur de sa substance résineuse avec celle depuis long-temps connue sous le nom de styrax, avoit porté à croire que ces deux substances, si analogues, devoient être le produit du même végétal. La découverte du Nouveau-Monde a fait connoître la dernière substance : lorsque la fureur des conquêtes et les victoires ont fait place aux recherches utiles, on a reconnu la différence, et des végétaux, et des substances qu'on en retiroit. Le liquidambar n'est plus dès-lors un baume semblable au styrax, mais une substance résineuse, dont la forme, l'odeur et les qualités diffèrent de celles du premier : les arbres qui les produisent ont des caractères très-dissemblables.

On connoît quelques variétés du liquidambar,

qui ne consistent en effet que dans la conformation de ses feuilles plus ou moins alongées, recourbées ou découpées. Il s'en cultive une espèce dans nos jardins botaniques, où elle a été transportée de la Louisiane ; ce sera d'après elle qu'on en donnera la description.

Il est impossible de juger par les individus que nous possédons, de la proportion à laquelle pourroit se porter cet arbre nouvellement transplanté et cultivé en France, et auquel la différence du climat peut nuire ; mais on sait qu'à la Louisiane, d'où ce végétal a été apporté, c'est un grand arbre qui s'élève à quarante pieds et plus. Il pousse une tige très-droite, recouverte d'une écorce lisse, assez dure et de couleur noirâtre ; il se garnit de rameaux dès le milieu de sa hauteur. Ses branches, que recouvre une écorce d'un vert cendré, s'étendent presque parallèlement, et, diminuant à mesure qu'elles s'élèvent, forment un cône qui décroît jusqu'au faîte : cette figure pyramidale lui donne un port agréable. Sa grosseur n'est pas très-forte, proportionnellement à sa hauteur ; il est très-rare d'en trouver qui aient deux pieds de diamètre : le bois de cet arbre est tendre, blanc, et extrêmement souple.

Les feuilles, qui ont une assez grande ressemblance avec celles de l'érable à feuilles de platane, sont laciniées, ont cinq échancrures très-profondes ; se terminent en pointes aiguës, sont

attachées à de très-longs pétioles, posées alternativement et d'un assez joli vert : ces pétioles semblent sortir d'un onglet d'une couleur un peu plus
claire, lequel a, par sa conformation, à peu près
l'air d'un calice.

Les fleurs, qui commencent à paroître avant que
les feuilles ne soient formées, ce qui arrive vers
la fin du mois de février, naissent et sont placées
à l'extrémité des rameaux ; elles sont distinguées
en fleurs mâles et en fleurs femelles, qui paroissent séparément sur le même individu.

Les fleurs mâles forment un épi d'un rouge
assez vif ; elles sont composées de quatre feuilles
ou plutôt folioles inégales, creusées en cuilleron,
formant un calice dénué de pétales ; mais ce calice
renferme un très-grand nombre d'étamines qui
s'élèvent en forme de houppes à aigrettes et à gre-
lots, contenant une poussière très-fine et de couleur jaunâtre. L'assemblage de plusieurs autres
folioles leur forme un calice commun.

Les fleurs femelles sont rassemblées en boule
à la base des fleurs mâles : elles sont supportées
par un calice composé de même de plusieurs folioles, et n'ont ni pétales ni étamines : en revanche, on y remarque une assez grande quantité
d'embryons, rassemblés en boule sphéroïdale,
surmontés chacun d'un style garni d'un stigmate
d'une couleur verte dans l'origine, qui prend à
la longue une teinte d'un brun rougeâtre.

Avec le temps ces embryons croissent, s'enflent et se grossissent : ils sont tous contenus dans une espèce de capsule de forme oblongue et pointue, attachés à un pivot commun qui rassemble, dans une alvéole particulière, chacun de ces embryons. Se pressant les uns sur les autres en figure circulaire, ils forment un petit globe de couleur rouge tirant un peu sur le jaune. Ils se fendent et se divisent par l'effet de la maturité, et laissent échapper leurs semences, qui sont oblongues, terminées par un appendice membraneux, et garnies de petites ailes très-légères. Ces petits globes ont assez de ressemblance avec ceux que forme la grande scabieuse, lorsque les fleurs en sont tombées. On trouve assez communément sur ces globes de petits grains qui accompagnent la semence, qui lui sont étrangers par la forme et la figure, et dont on ignore absolument l'origine, l'usage ou l'utilité.

Les variétés qui se trouvent dans la nomenclature, ne sont distinguées que par la forme de leurs feuilles : l'une les a longues et recourbées ; l'autre, de la forme approchante de quelque bruyère, les a oblongues et alternativement recourbées. Ces différences ne pourroient-elles pas faire soupçonner qu'on a confondu différens végétaux, par la seule raison que leurs résines ont quelque ressemblance ?

Entre le bois et l'écorce du vrai liquidambar,

il découle naturellement une liqueur gommo-ré-
sineuse, connue sous le nom de *liquidambar*,
ambre liquide, copalm des boutiques, quelquefois baume blanc du Pérou, styrax fluide. Cette
substance est très-fluide en sortant de l'arbre, claire, très-balsamique, d'une couleur blanche tirant
un peu sur le jaune, d'une odeur très-pénétrante,
mais très-agréable et approchante sensiblement de
l'ambre gris et du baume styrax.

La partie la plus liquide qu'on sépare soit par
expression, soit par une simple décantation, conserve le nom de *baume* ; elle se sèche très-diffi-
cilement, et à la longue ; jamais même intérieurement ; elle forme une croûte onctueuse qui renferme toujours quelques gouttes de substance fluide.
De la partie la plus grossière, le résidu du baume
liquide, on retire une résine ou baume concret,
susceptible de se dessécher en l'exposant à l'ardeur du soleil qui enlève les parties les plus humides : cependant cette résine conserve toujours
une certaine mollesse; et même dans le plus fort
état de siccité, on la trouve encore un peu grasse.
Elle est d'une couleur jaune, plus foncée à l'extérieur, claire, rougeâtre et assez brillante en
dedans.

Outre les substances ci-dessus mentionnées,
les habitans de la Louisiane ont une méthode
pour obtenir une huile résineuse et balsamique
des feuilles et des jeunes branches de cet arbre.

Ils les font bouillir à grande eau ; et lorsqu'elle est refroidie, ils ramassent l'huile sur la superficie de la liqueur aqueuse pour divers usages. On trouve cette espèce de baume dans les boutiques plus fréquemment que le véritable, pour lequel les droguistes le font souvent passer. Il est cependant très-aisé de le distinguer du baume naturel, celui-ci étant très-blanc, à peine taché d'une teinte fort légère de jaune ; au lieu que l'huile obtenue par l'ébullition est constamment d'un rouge ou d'un pourpre foncé, tirant beaucoup sur le noir.

Le liquidambar est d'un très-grand usage en médecine : on l'administre intérieurement par grains incorporés avec du sucre, en forme de bols, ou mêlés à un jaune d'œuf, et délayés dans quelque boisson appropriée. Il est indiqué dans tous les cas de suppuration interne, comme doué de qualités résolutives, détersives et vulnéraires. On l'ordonne dans la cure des obstructions, et pour quelques maladies de la matrice ; on assure aussi qu'il est spécifique dans les fièvres intermittentes. Dans ce cas on en prend dix à douze gouttes le matin, et autant avant les repas.

Le même baume entre, pour l'extérieur, dans la composition de quelques emplâtres résolutifs.

La résine ou baume sec n'a pas un usage aussi étendu ; quoiqu'elle soit émolliente, et regardée comme anti-hystérique : on lui préfère la térébenthine, et plusieurs autres substances résineuses.

Les gantiers font un très-grand cas du véritable baume liquidambar, et s'en servent pour parfumer leurs marchandises ; il entre aussi dans quelques parfums liquides, et le baume sec en particulier dans ceux qui sont préparés pour brûler. Les colons en font entrer quelquefois dans les vernis.

Le bois de cet arbre est si tendre et si souple, qu'en l'abattant on tire de son cœur des baguettes de cinq à six pieds de longueur et très-élastiques. Quoique souple et très-léger, on ne peut l'employer à d'autre usage, parce qu'il travaille, et se tourmente prodigieusement ; il prend, en se contournant, des formes extraordinaires. On assure cependant que celui du second numéro, étant agréablement marbré, d'un grain fin, et propre aux beaux ouvrages, on en tire parti pour la charpente et la menuiserie ; mais on ne l'emploie jamais nouvellement abattu. Il est trop sujet à se retirer et à se disjoindre ; il faut l'attendre jusqu'à ce qu'il soit entièrement sec, et garder les planches qu'on en tire huit ou dix ans au moins. On ne s'en sert donc guère ordinairement que pour brûler, encore est-il nécessaire qu'il soit parfaitement sec ; cueilli fraîchement, il s'enflamme aisément, et répand une odeur très-suave, mais beaucoup trop forte, et portant violemment à la tête. Cette odeur est plus douce et plus supportable lorsqu'elle est modifiée par la siccité. C'est en cet état que les missionnaires de la Nouvelle-Espagne s'en sont servis quelquefois à défaut d'encens, ce qui, dans ces contrées, a fait ajouter aux différens noms de ce végétal celui d'*encensier* ou d'*arbre à l'encens.*

On cultive cet arbre dans nos jardins botaniques; il est d'un assez beau port, se multiplie de graine et de bouture, et supporte assez bien le froid.

Cet arbre, qui nous a été apporté de la Louisiane, croît aussi au Pérou et à la Nouvelle-Espagne.

LE COURBARIL, arbre exotique, légumineux.

Hymœnœa, seu courbaril. LIN.
L'hyménéa, ou le courbaril.

Courbaril flore pyramidato. PLUK.
Le courbaril à fleurs pyramidales.

Arbor siliquosa, ex quâ gummus anime elicitur; sive lobus ex wingaude caow. BAU.
L'arbre à silique, d'où découle la gomme animé; ou cosses nommées dans le pays, *wingaude caow.*
Arbor siliquosa ex Virginia, lobo fusco, scabro.
L'arbre à siliques de Virginie, à cosses brunâtres et rudes au toucher.

Le courbaril est un très-grand arbre, et l'un des plus gros de l'Amérique. Son bois est très-

dur et très-solide, pesant et de couleur rouge.
Son écorce est épaisse, raboteuse et prodigieusement ridée, de couleur de châtaigne, tirant sur
le noir. Ses branches s'étendent au loin en large,
et sont garnies de rameaux très-feuillés qui lui
donnent un bel aspect.

Ses feuilles, très-nombreuses, ont à l'aspect quelque ressemblance avec celles du laurier ; cependant
elles sont plus solides, alternes, portées sur des
pétioles assez longs, croissant par paires, et de
manière que leur base représente assez bien un
pied de chèvre. Elles sont composées de six folioles ovalaires, sans impaire, pointues, presque
de la consistance du cuir, sans poil ni duvet, luisantes, d'une belle couleur verte, arrondies à
leur base, un peu pointues vers leur extrémité,
et recourbées en arc ; elles sont perforées ou parsemées de petits points transparens, dont on s'a-
perçoit lorsqu'on les regarde à la lumière, à peu
près comme les mille-pertuis.

Vers le sommet des rameaux et des petites branches, les fleurs naissent formées en papillons de
couleur rouge purpurine, et rassemblées en forme
pyramidale : le calice qui les entoure est composé
de quatre ou cinq divisions profondes et un peu
concaves ; il renferme cinq pétales oblongs,
ovalaires, un peu inégaux, et dépassant les segmens du calice : au milieu de la corolle se trouvent
dix étamines libres, terminées par des anthères

oblongues. L'embryon est un ovaire dont la forme cylindrique est aplatie ; il est surmonté d'un style qui paroît comme roulé et tordu, à stigmate simple et à couleur d'un rouge pâle.

Cet ovaire prend la forme d'une silique longue de six pouces à un pied , large de deux pouces et demi, obtuse aux deux extrémités, et presque cylindrique vers le dos , un peu aplatie sur les côtés, d'une couleur rousse rembrunie, très-âpre au toucher et comme chagrinée : elle ne s'ouvre pas comme les siliques ordinaires, mais elle reste entière, et n'a qu'une cavité. L'épiderme extérieur est épais, dur comme celui de la châtaigne : sa teinte brunâtre lui donne l'apparence de ce fruit, et il paroît uni, brillant et comme vernissé, quoiqu'il soit en effet raboteux. La cavité intérieure est remplie de petites fibres réunies par paquets, et parsemées d'une poudre ou espèce de farine de couleur jaunâtre, sèche, douce, et d'une saveur agréable : entre les fibres sont renfermées, et comme plongées dans cette farine, cinq graines ovpïdes, de la figure des osselets du pin franc, mais quatre fois au moins plus grosses, recouvertes d'un épiderme mince, léger comme l'épiderme intérieur de la châtaigne, poli, d'une couleur brune très-claire, d'une consistance approchante de celle du cuir, et tellement adhérent à la pulpe ou amande, qu'il est très-difficile de l'en séparer : on ne peut y réussir qu'à l'aide d'un couteau.

Il découle de cet arbre, soit naturellement, soit au moyen des incisions, un suc résineux, clair, de couleur jaunâtre, qui, en se séchant, devient une résine, à laquelle on donne improprement le nom de *gomme animé* : son odeur très-agréable l'a fait placer au rang des baumes ; elle est presque aussi inflammable que le camphre ; on ne l'obtient que des arbres déjà vieux.

On connoît dans le commerce deux espèces de résine, sous le nom impropre de *gomme animé* : l'animé orientale ou copal vrai, et l'animé occidentale.

L'animé orientale s'obtient d'un arbre inconnu jusqu'à ce jour. La résine qu'on nous apporte sous ce nom est plus ou moins blanche, et approche du succin blanc ou opaque : on ne lui trouve ni saveur, ni odeur bien marquée, à moins qu'on ne la brûle ; elle nous vient ordinairement en morceaux assez gros.

La gomme animé occidentale, qui est celle du courbaril, se trouve rassemblée en morceaux très-gros, assez communément d'un jaune citronné, quelquefois d'une couleur plus foncée, et presqu'approchante du rouge, luisante, très souvent transparente ou demi-transparente : ces deux substances semblent être congénères, et servent aux mêmes usages.

Cette résine est une des plus pures ; on l'emploie peu en médecine, quoiqu'on lui connoisse

quelques qualités : en effet, elle est atténuante,
résolutive, astringente, céphalique et sudorifique ;
on s'en sert quelquefois dans les maladies ner-
veuses, dans celles de la tête, dans les catarrhes,
les fluxions et les vents ; elle convient extérieurement aux plaies, sur-tout à celles de la tête, sous
forme de cataplasme ou en parfum. On en tire une
huile indiquée pour la guérison de quelques maux.

Cette résine a beaucoup de peine à se dissoudre
dans l'esprit-de-vin ; il est même souvent nécessaire de la joindre pour cet effet à quelqu'autre
suc résineux. Les liqueurs aqueuses en tirent une
teinture très-foible, provenante de la dissolution
des parties extractives, qui n'entraînent avec elles
qu'une très-petite portion de la substance résineuse.

La gomme animé pourroit peut-être devenir de
quelqu'utilité pour les arts, du moins la fait-on
entrer dans la composition de quelques vernis.
Le bois de l'arbre qui la produit, très-commun
dans les parties méridionales de l'Amérique, est
un des plus utiles de ces contrées : sa dureté le
rend propre à tous les ouvrages qui exigent cette
qualité : il est principalement employé pour le
charronnage, et sur-tout pour les roulettes des
affûts de canon qu'on fait d'une seule pièce. On
le préfère à tous les bois pour fabriquer les roues
et les rouages des moulins à sucre, d'autant mieux
qu'il dure très-long-temps.

(349)

Les fruits ou amandes de ces arbres sont peu
estimés ; ils ont une saveur très-fade, et n'approchent que légérement du goût de la châtaigne :
cependant les nègres les recueillent avec empres-
sement, parce qu'ils aiment beaucoup l'espèce de
farine contenue dans l'intérieur des coques : ce
fruit est en pleine maturité, et tombe vers les
mois de mai et de juin.

Le courbaril croît dans la Nouvelle-Espagne, au
Brésil, à la Virginie, dans les îles, et dans presque toutes les contrées de l'Amérique méridionale.

Du Benjoin.

Il y a différens arbres qui fournissent la substance connue sous le nom de *benjoin*, placée au
nombre des baumes; il y en a même un qui, se rapprochant de ces végétaux par le nom qu'on lui a
imposé, fournit une résine qui rendroit cet arbre
bien précieux par la très-grande abondance qui en
découle, si cette substance avoit les mêmes qualités que le véritable benjoin. On la nomme *faux
benjoin* ; on en traitera après les végétaux qui
produisent cette résine véritable.

LE BENJOIN, ou le BADAMIER AU BENJOIN,
arbre exotique, nucifère.

Terminalia-benjoin. LIN.
Le terminalia, ou l'arbre au benjoin.

Croton benzoœ. **Lin.**

Le croton, ou l'arbre au benjoin.

*Terminalia foliis angusto-lanceolatis, subrepan-
dis, pilosis, venis sanguineis, amœnè distinctis.*
Lam.

Le terminalia à petites feuilles menues, lancéolées,
traînantes en dessous, velues et garnies de veines
sanguinolentes, d'une couleur assez agréable.

Terminalia angustifolia. **Ja.**

Le terminalia à feuilles étroites.

On connoît sans doute plusieurs végétaux dont
les différentes parties, ou les sucs qui en découlent, exhalent l'odeur agréable du benjoin : on
croit cependant que l'arbre dont on va traiter,
auquel on a donné le nom de *badamier,* est le
seul dont on obtienne cette résine précieuse, connue sous le nom de *benjoin.*

Ce terminalia, croton, badamier, ou arbre au
benjoin, quelle que soit la dénomination qu'on
veuille lui donner, n'est, en effet, qu'un arbrisseau
qui croît rarement au-delà de sept pieds en hauteur : peut-être cependant, que sans la méthode
qu'on a adoptée de le couper après avoir obtenu la
matière exquise qu'on l'oblige de fournir, il parviendroit, en effet, à une hauteur qui pourroit
lui mériter d'être placé dans le rang des arbres.
Quoi qu'il en soit, sa tige est toujours assez
droite. Son écorce, épaisse de plus d'un pouce,
d'un brun clair et grisâtre, est rase, entièrement

dénuée de poil ou de duvet, mais pleine de crevasses dans plusieurs de ses points. Les rameaux
qui couronnent la tige sont minces, et, partant
souvent de la même place, ils semblent enfilés
comme des vertèbres.

Les feuilles sont très-étroites, conformées en
fer de lance, pointues aux deux extrémités, entières et sans découpures. Il s'en trouve quelquefois parmi elles qui sont garnies de quelques sinuosités anguleuses qui finissent par de petites
pointes très-aiguës. Ces feuilles sont velues à leur
revers, sur les bordures et sur les nervures; leur
couleur est d'un vert jaunâtre agréable, varié par
le rouge éclatant des nervures, ce qui les fait paroître panachées élégamment. Elles ont ordinairement de quatre à six pouces de longueur, sont
portées sur des pétioles assez courts et velus,
disposées au nombre de neuf, dix et jusqu'à quinze
ensemble, et rassemblées à l'extrémité des rameaux, où elles forment des espèces de co-
cardes ou rosettes, dont la plupart terminent ces
rameaux, et constituent un caractère distinctif
des terminalia.

Les fleurs naissent en grappes simples, courtes,
placées horizontalement près des aisselles des
feuilles, et au-dessous de leurs rosettes. Tout ce
qu'on sait de ces fleurs, c'est qu'elles sont blanches, très-odorantes et garnies d'un nombre indéfini d'étamines.

Le fruit, mieux connu, est une noix, convexe d'un côté, comme une écaille de tortue, un peu concave et formée en nacelle de l'autre côté: elle est entourée d'une pulpe ou brou sec et membraneux ; la noix est ligneuse, très-dure, ovoïde, raboteuse, n'ayant qu'une cellule unique, accompagnée d'un filet ou rebord léger qui l'entoure. On trouve dans cette noix une amande blanche, recouverte d'un épiderme très-mince, divisée en deux lobes.

Lorsque cet arbrisseau est parvenu à sa cinquième ou sixième année, les habitans des lieux où il croît font plusieurs incisions à la couronne du tronc. Ces incisions se font en longueur, et tant soit peu obliquement : il en découle bientôt un suc résineux, qui est d'abord d'une couleur blanche, claire, transparente, un tant soit peu glutineuse. Ce suc résineux, exposé à l'air, s'épaissit, se concrète, se durcit peu à peu, et prend une teinte jaunâtre. Si on recueille cette résine dans un temps convenable, elle est belle et brillante ; si, au contraire, on ne fait pas les incisions à propos, ou qu'on laisse trop longtemps la substance sur l'arbre, elle devient grossière, brune, opaque, et très-sujette à se charger d'ordures.

Le benjoin découle quelquefois naturellement et spontanément par les crevasses et les fentes de l'écorce, et il prend une forme de larmes brillantes ;

enfin,

enfin, si l'on coupe ou si l'on déchire les rameaux
de cet arbrisseau, il en découle un suc blanc et
laiteux qui se condense de la même manière. De
quelque façon qu'on obtienne cette substance, elle
a constamment la même odeur, qui est infiniment suave.

On n'obtient guère, par l'incision de ces végétaux, plus de trois livres de résine. Aussitôt
qu'ils paroissent épuisés, on les arrache, comme
désormais inutiles, pour leur faire succéder de
jeunes plants, qui, à l'époque prescrite, fournissent, à leur tour, le même suc résineux, de
meilleure qualité, et en plus grande quantité que
n'eussent fait les anciens, si on les eût laissé
subsister : ce fait a été prouvé par nombre d'expériences. Tel est le véritable benjoin, substance
absolument inconnue aux anciens, et qui nous
est apportée des Indes orientales, principalement
des îles de Java et de Sumatra. On en cultive
l'arbre au Jardin des Plantes.

Le benjoin, nommé par quelques auteurs *assa
dulcis*, par d'autres suc *cyrénaïque*, est rangé au
nombre des baumes, quoiqu'assez improprement :
sa solidité sembleroit devoir le faire placer dans une
classe différente. C'est un suc concret, balsamique,
exhalant une odeur très-agréable par elle-même,
qui participe de celle du citron ou du cédrat :
cette odeur, assez forte et pénétrante de sa nature,
le devient au suprême degré, et même au point

d'exciter une toux violente, lorsqu'on la frotte, ou qu'on la fait chauffer même légérement.

On distingue dans le commerce trois espèces de benjoin : le benjoin en larmes, le benjoin amygdaloïde, et le benjoin commun. La première espèce, très-rare et conséquemment d'un très-haut prix, n'est composée que des larmes blanches et sans tache, qu'on assure être le produit des plus jeunes arbres, d'où elles ont découlé spontanément, et avant qu'on ait fait aucune incision. La seconde espèce est formée par les larmes les plus belles et les plus pures dont on fait choix, à mesure qu'on recueille le benjoin, principalement lorsqu'il commence à découler : ces larmes, liées par un suc de même nature, sont blanches, et ont quelque ressemblance à des amandes pelées, tandis que le suc qui les unit, à une teinte brune ou roussâtre ; de - là vient que cet assemblage lui donne une forte ressemblance à un mélange d'amandes et de sucre brûlé, tel que nous le représente une composition qu'on sert sur les tables, sous le nom de *nougat*. La troisième est composée d'un suc roussâtre, tirant sur le brun, dans lequel il est rare de trouver des larmes blanches.

Ces différentes qualités de benjoin se rencontrent toutes dans les boutiques, partagées de la même odeur, très-suave dans toutes les espèces, sous quelque forme qu'elles se présentent ; elles

sont également inflammables ; et si on les expose
sur des charbons ardens , leur substance se fond ,
s'enflamme très – promptement , et répand un
parfum aromatique , qui s'exalte au point d'occasionner des toux violentes , et de porter doulou-
reusement à la tête : à la dégustation, leur saveur
est pareillement aromatique, un peu âcre , et légérement acidulée.

Le benjoin ne se dissout point en entier dans
l'eau , qui ne peut mordre sur la partie résineuse, à quelque degré d'ébullition qu'on la porte ;
elle n'en extrait que la partie saline , qui se
cristallise à mesure que la dissolution se refroidit.
Ces cristaux sont formés en aiguille , d'une saveur acide qui retient toujours quelque qualité
aromatique.

Par la sublimation , on retire encore le sel
essentiel de benjoin, auquel on a imposé le nom
de *fleurs de benjoin;* on se sert pour l'obtenir
de deux méthodes différentes. La première consiste à piler exactement le benjoin, et à le mettre
dans une cucurbite de verre , à laquelle on adapte
un carton ou un papier fort, plié en cône arrondi et pyramidal : le feu modéré de charbon , ou
même de cendres très – chaudes, qu'on applique
sous cet appareil, fait fondre la matière , et exalte
les fleurs ou les sels, qui s'attachent au papier :
il faut avoir grand soin de les ramasser à mesure,
de crainte qu'ils ne retombent dans la cucurbite.

Cette méthode est la plus usitée , quoiqu'elle entraîne plusieurs inconvéniens : en effet, une partie des fleurs est nécessairement absorbée en pénétrant dans le carton ou le papier, où elle reste figée , tandis qu'une autre partie s'échappe par les pores et se dissipe dans l'air ; ce qui peut aisément se reconnoître par l'odeur forte et pénétrante qu'on respire dans les laboratoires où l'on cherche les fleurs de benjoin par cette méthode.

La seconde manière dont on peut les obtenir, consiste à placer la substance résineuse benjoinique , pilée et préparée comme la précédente , dans un vase ou terrine de terre vernissée , qu'on recouvre d'un vase semblable, qui puisse s'adapter parfaitement, et uniment au premier. On en ferme exactement les bords avec un papier enduit de colle ; on a soin de laisser, au vase supérieur , un petit trou ou cheminée , qu'on puisse ouvrir et fermer à volonté, avec un bouchon de papier ; on pose le tout sur un feu très - doux , qu'on augmente graduellement jusqu'à ce que la chaleur soit au degré de l'eau bouillante. Le benjoin se fond peu à peu ; le sel le plus volatil se sublime et s'attache au vase supérieur, en forme de petites aiguilles. Lorsque la chaleur a été bien ménagée, les cristaux sont très-blancs et très-brillans ; si, au contraire, elle a été poussée trop vivement, ils se trouvent chargés d'impuretés par le mélange de quelques parties huileuses , et ils prennent une teinte roussâtre. Pour obtenir ces fleurs dans un état parfait de blancheur et de lucidité, on doit faire l'opération à plusieurs reprises. Les sels obtenus par la première subli-mation, seront toujours les plus beaux et les plus brillans, ainsi de suite, jusqu'à la dernière manipulation, dont les cristaux finissent par prendre une couleur d'un roux brûlé, et une odeur empyreumatique.

La matière qui reste après qu'on a extrait les fleurs, donne, à la distillation à feu de réverbère, un esprit acide, un peu de sel essentiel, et beau-coup d'huile épaisse, brune et empyreumatique : malgré tous les défauts de cette dernière substance, elle conserve cependant encore beaucoup de l'odeur suave du benjoin ; cette huile même, beaucoup plus pesante que l'eau, peut se recti-fier, et se rendre plus supportable en la distil-lant plusieurs fois.

Le benjoin se dissout entièrement dans l'esprit-de-vin. La teinture qu'on en tire, et à laquelle on ajoute quelque liqueur aqueuse, devient sur-le-champ blanche, et semblable à du lait, ce qui lui a fait donner le nom de *lait virginal*, ou de *magistère de benjoin*. Cette couleur est le ré-sultat des parties huileuses et résineuses qui se précipitent et se détachent de la liqueur spiri-tueuse qui les tenoit en dissolution, et qui, ne pouvant se joindre à la liqueur aqueuse, restent dans une espèce de stagnation, qui dure jusqu'à ce qu'on laisse cette liqueur mixte en repos; alors toute la matière oléagino-résineuse tombe entièrement dans le fond du vase, et la liqueur devient claire et limpide, quoiqu'elle tienne encore en dissolution la partie saline du benjoin. On lui redonne la même couleur, en l'agitant; mais d'une teinte un peu moins blanche. Cette opération ne sépare pas le benjoin de la teinture à l'esprit-de-vin; mais on y parvient complétement par le moyen de la distillation, qui le reproduit en entier et presqu'en nature.

Cette résine est chaude, dessiccative et incisive; on l'emploie en médecine sous différentes formes, tant intérieurement qu'extérieurement. Dans le premier cas, elle est indiquée pour la toux, l'asthme et les affections catarrheuses; on en fait aussi grand cas dans les maladies de poitrine : elle est salutaire dans les occasions où il se trouve des plaies ou des ulcères dans cette partie. On recommande sur-tout les fleurs ou cristaux.

On s'en sert extérieurement comme d'errine propre à purger le cerveau, en forme de sternutatoire, quelquefois en fumigation. Cependant comme son odeur est violente, et pourroit, en excitant la toux, déranger quelques fibres, cette dernière manière de l'administrer est peu mise en pratique : cette substance entre d'ailleurs dans plusieurs onguens ou emplâtres. La pharmacie connoît diverses préparations du benjoin, l'huile, le magistère, les fleurs, les trochisques, etc.

Toutes les préparations du benjoin ont des propriétés qui regardent autant l'agrément et les arts que la médecine. Quant au premier, le principal usage qu'on fait de cette résine ou baume, c'est en forme de cosmétique, sous celle de lait virginal ou teinture à l'esprit-de-vin. On sait que cette dissolution dissipe les rougeurs, efface les taches de rousseur, et blanchit la peau : on ajoutera à ce qu'on a dit de sa manipulation, que, pour lui procurer une senteur plus douce et plus suave, on se sert, au lieu d'eau commune, de l'eau distillée de roses ; dans cet état même, ses vertus deviennent plus efficaces, il efface mieux et plus promptement les taches, et il blanchit avec certitude les teints les plus rembrunis. La même résine se joint aux parfums qu'on fait brûler, soit pour l'agrément, soit pour purifier l'air dans les chambres des malades.

Quant à ce qui regarde les arts, le benjoin est employé par les parfumeurs et les gantiers, dans la préparation de leurs marchandises : les derniers, pour parfumer les gants, font dissoudre le benjoin dans de l'huile de noyaux de cerises, tirée par expression ; ils y ajoutent de l'ambre, du musc, ou de la civette, selon le plus ou moins d'odeur qu'ils veulent joindre à celle du benjoin.

On le met aussi en usage dans la composition

de quelques vernis ; cependant il lenr donne un ton roussâtre. Son odeur, jointe à celle des autres résines, les exalte à un trop haut degré, et dure trop long-temps ; on s'est même aperçu que le parfum qui s'exhale de ce mélange est peu agréable, et porte à la tête plus vivement que les autres.

Le terminalia au benjoin croît aux Indes orientales, principalement dans les îles de Java et de Sumatra : on le cultive au Jardin des Plantes.

BENJOIN (LE LAURIER), arbrisseau exotique, baccifère.

Laurus-benzoin, foliis ovatis, utrinque subacutis, annuis ; floribus glomeratis, sessilibus, lateralibus. LIN.

Le laurier-benjoin à feuilles ovalaires, pointues des deux côtés, annuelles ; à fleurs rassemblées en pelotons, sessiles et latérales.

Laurus-benzoin, foliis enerviis, ovatis, utrinque acutis, integris, annuis. LAM.

Le laurier à benjoin, à feuilles lâches, ovalaires, pointues aux deux extrémités, entières, annuelles.

Arbor benzoini, folio citri. BAU.

L'arbre au benjoin, à feuilles de citronnier.

On a cru assez long-temps que le benjoin éloit le produit d'un laurier dont la nomenclature est à la tête de ce Paragraphe : l'odeur de la résine qui découle de cet arbre, est si analogue à celle de la substance qu'on obtient de l'autre, qu'on a confondu les deux individus; mais on ne peut pas douter maintenant que le véritable benjoin ne se recueille sur le terminalia décrit précédemment.

Quant au laurier-benjoin, c'est un arbrisseau qui ne s'élève jamais bien haut : il est très-pourvu de rameaux qui s'étendent en forme de buisson; la tige en est recouverte d'une écorce rase, grise, légère, verdâtre sur les branches. Ces buissons prennent quelquefois un assez grand diamètre; et on en a vu des tiges s'élever jusqu'à huit à neuf pieds.

Les feuilles sont alternes, ovalaires, assez larges, un peu rétrécies vers la base, médiocrement pointues vers le sommet, vertes, lâches, molles, rases à leur surface, mais garnies d'un léger duvet sur leurs bords lorsqu'elles sont encore jeunes, marquées à leur revers de nervures rameuses et peu saillantes, portées sur de courts pétioles qui, n'ayant qu'une ou deux lignes tout au plus, font paroître ces feuilles comme sessiles : elles sont d'ailleurs annuelles, et tombent vers la fin de l'automne.

Les fleurs de cet arbrisseau, petites, de couleur herbacée, tirant un peu sur le jaune, paroissent assez généralement avant le développement des feuilles, disposées le long des rameaux par petits paquets latéraux, dépourvues de péduncules, mais garnies de trois à cinq folioles portées sur des pétioles très-courts ; ces paquets de fleurs forment des espèces d'ombelles ou parasols qui ont à leur base une manière d'onglet composé de quatre petites écailles ovalairement arrondies et concaves. Ces folioles sont comme des espèces de pétales du bourgeon, qui, contenu lui-même dans un petit calice divisé en cinq segmens, renferme neuf étamines inégales. Il y a apparence que cet arbrisseau est fourni de deux fleurs différentes, ou mâle et femelle ; car certaines de ces fleurs présentent des étamines assez bien développées, mais, manquant de pistil, elles demeurent stériles ; tandis que les fleurs, qu'on peut regarder comme les véritables femelles, sont pourvues d'un pistil ou ovaire accompagné d'autant d'étamines que les fleurs infécondes. La seule différence qu'on peut remarquer entr'elles, c'est que le calice qui soutient les dernières, est dépourvu de folioles ; il n'a que quatre, ou rarement cinq divisions ou segmens.

Le pistil de ces fleurs femelles se change en une petite baie rouge dans l'origine, brune ou noirâtre au temps de la maturité. Ces baies sont ovoïdes et oblongues, absolument dénuées de calice ou de feuilles, qui tombent au moment que ces baies se forment.

Ce fruit a une saveur un peu âcre et très-piquante, au point même qu'on s'en est servi quelquefois pour suppléer au piment : on en fait usage en médecine dans les coliques venteuses. Son suc exprimé est, selon la tradition, souverain contre les morsures des serpens, et plus particulièrement contre celles du reptile redoutable, connu sous le nom de serpent à sonnettes.

Il découle de ce laurier un suc résineux dont l'odeur ressemble absolument à celle du benjoin : on ignore si ce baume a quelqu'utilité. L'arbrisseau entier exhale la même odeur ; la distillation a tiré de ses feuilles et de ses rameaux garnis de fleurs, une huile qui a le même parfum.

On cultive cet arbrisseau au Jardin des Plantes, où il a assez bien réussi; on a même essayé de le planter en pleine terre, et il a passablement supporté la température de notre climat.

Cet arbrisseau croît spontanément dans l'Amérique septentrionale.

LE FAUX-BENJOIN, ou le BADAMIER *de Bourbon*, arbre exotique, baccifère.

Terminalia Mauritaniæ, foliis oblongo-lanceolatis , obsoletè crenatis, glabris ; staminibus calice longioribus. LAM.

Le terminalia de Mauritanie, à feuilles oblongues, lancéolées; à crénelures usées, rases et sans poil; dont les étamines sont plus longues que le calice : le badamier de l'île de Bourbon.

Aristotelia , seu resinaria. COMMER.

L'aristotélée, ou la résinaire : le faux benjoin.

Pamea guianensis. Aub.
Le paméa de la Guiane.

Le badamier de Bourbon, *terminalia*, résinaire ou faux benjoin, a été sur-tout remarqué
par Commerson, qui le regarde comme un des
plus grands arbres des îles de France et de Bourbon. Cet arbre porte, sur une tige élevée, nombre
de grosses branches écartées les unes des autres,
sans ordre ni symétrie, couvertes de nœuds,
fournies d'une très-grande quantité de rameaux.

Les feuilles croissent à l'extrémité de ces rameaux, où leur assemblage forme des rosettes,
qui sont, comme on l'a dit, un caractère commun
à tous les terminalia. Ces feuilles, oblongues, faites
en fer de lance, garnies d'un pétiole très-court,
finissent toutes par un rétrécissement sensible
vers les deux extrémités : elles sont marquées à
leurs bords par des découpures oblongues, peu
saillantes et peu remarquables, qui ont plutôt
l'air de déchirures que de véritables crénelures ;
lisses, rases et sans poil des deux côtés, d'un vert
assez gai à l'extérieur, tirant un peu sur le jaune
au revers ; elles ont ordinairement six pouces de
longueur, sur deux de largeur.

Les fleurs naissent, entre les feuilles, en
grappes simples ; le calice qui les porte est velu
intérieurement.

Le fruit est une baie à rebord large et mince,
semblable à un feuillet relevé d'un côté ; ce qui lui

donne assez bien la forme et la figure d'un écusson concave , dont le milieu est relevé en bosse et contient la semence.

Cet arbre est si résineux, que Commerson l'a distingué des autres terminalia , par le nom de *resinaria*, arbre à résine. On ignore encore quelles sont la forme, la couleur et la nature de sa résine , qui varie dans différens individus , vraisemblablement selon la nature du terrain : un colon de l'île de France [1] en a vu de verdâtre , de rousse, de friable comme la résine du pin, de molle comme de la poix.

On connoît aussi peu ses vertus médicinales et ses propriétés pour les arts; mais le genre où ce végétal est classé, la ressemblance de son caractère avec le terminalia au benjoin, malgré la différence de ses proportions , et le nom de *faux benjoin* qu'on lui a imposé, tout porte à croire que cette résine est une espèce ou une variété du végétal qui produit cette substance précieuse. Il seroit à désirer que les naturalistes et les chimistes s'occupassent à rechercher des propriétés si peu connues. M. de Cossigny, que ses affaires ont rap-

[1] M. de Cossigny : ce citoyen , de retour de l'île de France , m'a en effet donné plusieurs renseignemens utiles sur différens objets, et fait part de plusieurs expériences neuves. Ce que je dis ici du faux benjoin, ainsi que de quelques autres remarques, a été écrit pendant son séjour dans cette île.

pelé dans sa patrie , m'a promis des renseignemens positifs sur cet objet, comme sur plusieurs
autres végétaux résineux dont les Indes sont si
riches , ainsi que les îles de France , de Bourbon
et de Madagascar ; recherches dont je me propose
de rendre compte dans cet Ouvrage, si elles peuvent me parvenir avant l'impression.

Si les vertus et les propriétés de la résine du faux
benjoin ont échappé à la sagacité de l'habile naturaliste qui l'a décrit, il nous a appris du moins que
le bois de cet arbre est utilement mis en œuvre dans
les constructions civiles ou navales, et qu'on s'en
est souvent servi avec succès pour construire des
pirogues.

Cet arbre croît spontanément aux îles de France
et de Bourbon : Aublet l'a reconnu à la Guiane ,
mais il lui a donné un autre nom.

ARTICLE II.

Des Végétaux résineux, qui produisent des Substances qui ne portent pas le nom de Baumes.

SECTION PREMIÈRE.

De l'Assa fœtida, du Sagapénum, du Galbanum.

§ Ier.

De l'Assa fœtida.

L'ASSA FŒTIDA, plante exotique, à ombelles.

Ferula, seu assa fœtida, foliis alternatim sinuatis, obtusis. Kæm.

L'assa fœtida, ou la férule, à feuilles alternativement recourbées et obtuses.

Assa fœtida, umbellifera, levistico affinis. Lin.

L'assa fœtida, à ombelles, ressemblante à la livéche.

Silphium Dioscoridis, apud Germanos stercus diaboli.

Le silphium de Dioscoride, appelé par les Allemands *merde du diable.*

Laser, lasertipium, seu succus lybicus, syriacus, cyrenaïcus.

Le laser, le lasertipium, ou le suc de Lybie, de Syrie, cyrénaïque.

Cette plante, sur laquelle on a été long-temps en discussion, nous est enfin connue par le détail intéressant qu'on en trouve dans les Aménités exotiques de Kœmpfer : on suivra cet auteur dans la description qu'on en va donner.

La racine de cette plante est plus vivace qu'aucune de celles de tous les végétaux connus, qui ne sont ni arbres, ni arbrisseaux, et dont les racines ne sont pas ligneuses. Elle devient prodigieusement grosse, et non moins alongée, selon les différens terrains où elle prend sa croissance. Plus légère dans les terres humides que dans les sablonneuses, elle ressemble assez à la carotte ou au navet, par la manière pivotante qui lui est commune avec ces plantes, et qui est dans celle-ci d'une façon unie. Elle se diverge cependant quelquefois, et s'élargit en racines latérales, selon les obstacles qu'elle rencontre : elle prend alors la figure de la mandragore. Son écorce très-succulente se détache aisément, pourvu que la racine soit fraîchement cueillie : l'épiderme extérieur de cette écorce est noir, mais la chair est très-blanche en dedans, et de la solidité à peu près du navet. Elle contient en fort grande abondance un suc gras, onctueux, fétide et nauséabonde, de l'odeur du poireau en putréfaction.

Cette racine pousse hors de terre une tige entourée à sa base, ou à la superficie la plus proche du niveau de la terre, d'une très-grande quantité

de

de fibres filamenteuses et soyeuses, d'une couleur rousse obscure, formant un bourlet autour de la cime de la racine. Les feuilles ne paroissent qu'en octobre au nombre de six ou de sept, selon la grosseur et la vigueur de la racine : elles résistent aux rigueurs de l'hiver, et se dessèchent au commencement de l'été, pour faire place à de nouvelles feuilles qui paroissent dans la saison suivante. Ces feuilles ont assez de ressemblance avec celles de la livéche ; elles sont grandes, plates, profondément dentelées, et entourent la tige ; leur odeur est un peu moins rebutante que celle du suc ; la saveur est amère, un peu âcre et aromatique.

La tige qui s'élève du milieu de ces premières feuilles, est un tronc très-noueux de la hauteur de trois ou quatre pieds, garni, principalement vers sa cime, de rameaux longs d'une palme, au nombre de six, rarement de sept. Le tronc lui-même n'est guère plus gros que le petit doigt. Les petites feuilles solitaires dont il est garni, et dont le nombre n'est pas certain, sont plus alongées sur les côtés que vers la cime. Quelques stipules en forme de houppes légères, répandues solitairement et sans quantité déterminée, sortent des aisselles des rameaux : ces stipules oblongues, et quelquefois ovalaires, rangées obliquement et verticales, sont divisées par plusieurs crénelures ; d'une couleur verte très-claire, légères et très-fragiles : le dedans de cette tige est rempli d'une

moelle abondante qui se propage à travers, et malgré une quantité de nœuds; elle est très-blanche
et de nature spongieuse.

Des rameaux de cette tige, et vers leur extrémité, partent des fleurs rassemblées en ombelles
ou parasol, portées sur un long péduncule de
trois à quatre doigts, divisé à son sommet en
rayons nombreux, au nombre de quinze, vingt
et davantage : ces rayons, disposés circulairement,
ont l'air de se partager de nouveau en six portions, ou petits péduncules, qui soutiennent
chacun une petite fleur composée de cinq pétales
blancs et courts, contenant un pistil alongé, entouré d'étamines.

Ce pistil se change en semence droite et unique,
arrondie d'un côté, aplatie de l'autre, et marquée
de trois longues cannelures sur sa partie convexe :
ce pistil, d'une couleur fauve et roussâtre, ressemble prodigieusement aux graines de carottes.
Les semences de l'assa fœtida, en diffèrent cependant par la grosseur, la couleur un peu plus
foncée, et la quantité de poils dont elles sont
chargées, qui la rendent très-rude au toucher. Leur
odeur participe à celle du poireau; leur saveur,
amère et très-piquante, est désagréable et nauséabonde.

Cette plante se plaît dans les lieux humides,
mais plus encore sur les montagnes : telle est
l'opinion de Kœmpfer, d'après les détails qu'il

donné, soit sur la description de la plante, soit
sur la récolte du suc résineux qu'elle produit;
nous croyons devoir l'adopter avec plus de raison,
que celle de Bontius, qui a regardé ce suc comme
le produit d'un certain liseron qu'il dit croître
dans les mêmes lieux, et que celle de Valentin,
qui fait la description d'une plante à feuille de
coudrier. Peut-être les différens végétaux, cités
par ces auteurs, donnent un suc qui approche,
par son odeur, ou par quelqu'autre qualité, de
l'assa fœtida, comme le sagapénum : mais celui
connu et employé sous le nom d'*assa fœtida*, dérive certainement de la plante décrite par Kœmpfer, sur laquelle il ne peut plus rester aucun
doute d'après cet auteur, et d'après ceux qui ont
remarqué le même végétal et les mêmes procédés.

La racine de cette espèce de navet hermaphrodite dure très-long-temps en terre : si on en croit
la tradition, elle y subsiste autant et plus que la
vie ordinaire d'un homme, et elle augmente tous
les ans en grosseur, d'où il résulte qu'il s'en rencontre de monstrueuses : on en a vu quelquefois de
plus de vingt pouces de diamètre et d'une brasse
de longueur. Dans un âge un peu moins avancé,
il est commun de les trouver de la grosseur du
bras ; mais la racine d'un an n'est guère plus
grosse que le pouce ; on la néglige toujours dans
la récolte.

A a 2

C'est de cette racine coupée transversalement qu'il découle naturellement, et en très-grande abondance, un suc gommo-résineux, connu sous le nom d'*assa fœtida*, quelquefois *merde du diable :* cette substance ne peut s'obtenir ni par art, ni par distillation ; elle découle, comme on le verra, spontanément et sans de très-grands apprêts. Pour avoir les qualités qui la caractérisent, il faut que la plante soit âgée de quatre ans au moins; en l'employant plus jeune, elle ne fournit qu'une espèce de lait jaunâtre qui ne se fige jamais ; plus elle est vieille, plus elle coule avec abondance, et moins sa nature est fluide.

C'est vers la fin d'avril qu'on se met à faire la récolte de cette gomme résineuse, temps auquel les feuilles inférieures commencent à se dessécher et à tomber : on voit alors les habitans des contrées où se trouve la plante, sortir en troupes, et se rendre sur les montagnes où ils sont sûrs d'en rencontrer; ils se divisent les cantons, et, s'éloignant les uns des autres, ne restent que quatre ou cinq de société. A mesure qu'ils font la rencontre de quelque plante qu'ils jugent d'une qualité requise, ils creusent la terre avec précaution de peur de blesser la racine qu'ils en retirent; qu'ils en coupent les feuilles et les fibres entortillées autour du collet; ils forment ensuite avec ces feuilles, et de petites herbes arrachées pour cet usage, des fagots qu'ils posent sur les racines, et qu'ils assujettissent au moyen de quelques pierres : le but de cet apprêt est de garantir les racines des effets du vent, et de l'ardeur des rayons du soleil ; un jour seul suffiroit pour les faire pourrir si elles en étoient frappées.

On laisse les racines en cet état pendant l'espace de trente ou quarante jours, après lesquels les mêmes ouvriers reviennent, enlèvent les fagots ; et avec un couteau à lame bien tranchante, ils coupent chaque racine transversalement : le plat de la coupure se couvre sur-le-champ en abondance et sur chaque tronçon, de larmes assez grosses qu'on enlève avec une large spatule de fer à mesure qu'elles paroissent. On en remplit des vases, qu'on dépose ensuite dans des corbeilles pour les transporter dans les maisons ; on recouvre les racines, et on les laisse reposer vingt-quatre heures, au bout desquelles on rafraîchit légérement la plaie, pour recueillir les nouvelles larmes qu'elles répandent : après cette double opération, on les laisse reposer de nouveau en prenant le même soin de les recouvrir, et on en va faire autant dans un autre canton.

Au bout de dix jours on revient au même endroit, et on rafraîchit de nouveau les plaies des disques, qui fournissent des larmes qu'on recueille comme les précédentes : on les mêle avec la substance qu'on a déjà ramassée, et on place l'une et l'autre dans de plus grands vases, pour empêcher qu'elles ne sèchent trop promptement. Lorsque dans cette troisième opération on a retiré les premières larmes, on coupe alors les tronçons de la racine en trois nouveaux endroits ; on les visite de trois en trois jours pour faire encore une récolte, ce qui dure neuf jours, après lesquels on donne encore à l'opération un relâche de dix jours. Au bout de ce temps on recommence les coupures et la cueillette, qui, comme les précédentes, a lieu de trois jours en trois jours, et fournit quelque peu de suc. On termine enfin, après trois essais ; et lorsque les racines, ne suintant plus, paroissent épuisées, on les abandonne alors au grand air, qui les a bientôt desséchées : cependant, si les racines sont très-grosses, on fait une quatrième fois la même opération. On évalue que quatre hommes peuvent ramasser cinquante livres de cette substance par jour.

On ne peut trop se hâter de faire découler ce suc, car les racines, une fois desséchées, n'en rendent plus ; toute la substance liquide s'évanouissant et disparoissant, elles demeurent fibreuses, et semblables à une éponge ou à de l'étoupe. L'écorce seule retient quelque peu de matière résineuse, mais en trop petite quantité pour mériter d'être recueillie.

Le suc de l'assa fœtida, récemment tiré, est d'une couleur blanche, tirant un peu sur le jaune, liquide, oléagineux, à peu près de la consistance que la crême un peu ancienne. Quand on l'expose au grand air, il s'épaissit peu à peu, devient concret, et prend une couleur roussâtre : son odeur est alors prodigieusement forte et pénétrante, d'une puanteur affreuse et nauséabonde, semblable à celle de l'ail ou du poireau en putréfaction. Toutes ces qualités constituent cependant une partie des vertus de cette substance ; plus elles sont à un degré éminent, et plus la gomme résineuse est estimée. Ce degré est de beaucoup plus considérable dans sa nouveauté ; car il est de fait qu'une drachme d'assa fœtida, récemment extraite des racines, répand plus d'odeur que cent livres de la même matière parvenue à un état parfaitement concret, telle qu'elle se trouve en Europe dans le commerce et dans les boutiques.

On transporte une très-grande quantité d'assa fœtida dans le Korasan par la voie des caravanes, qui ne sont guère composées que de gens adonnés à ce commerce. Si quelqu'une de ces caravanes s'arrête près d'une ville, au dehors de laquelle elle est forcée de camper, et même assez loin, l'odeur qui émane des ballots où cette marchandise est renfermée, est si pénétrante et si fétide, que, malgré l'éloignement, les maisons en sont empestées.

Pour les transporter en Perse, et dans diffé-

rentes parties des Indes orientales, on se pourvoit
d'une barque, dont ces ballots constituent la plus
grande partie de la cargaison. Sans cette précaution, si on les chargeoit pêle-mêle avec d'autres
marchandises, l'odeur infecte de l'assa fœtida les
corromproit à coup sûr, de manière à les faire
rejeter ; en effet, cette odeur est si pénétrante,
qu'elle s'insinue dans les liqueurs à travers les
bouchons les mieux goudronnés, et même le
verre.

On rencontre quelquefois, mais rarement, de
l'assa fœtida en larmes d'un blanc jaunâtre ; mais on
apporte ordinairement cette substance en pains,
qui, composés d'un assemblage de larmes jaunes
extérieurement, blanchâtres dans l'intérieur, sont
d'une odeur très-fétide et nauséabonde, d'une
saveur âcre, amère, repoussante et très - désagréable.

Le produit des racines de l'assa fœtida est une
gomme-résineuse, que l'analyse démontre composée d'un tiers de résine, et de deux tiers de matières extractives. On la reconnoît pour un médicament fondant, discussif, anti-hystérique au premier degré. On en use intérieurement dans les cas
de colique violente, et dans ceux d'hydropisie ;
on en donne aussi quelquefois pour les extinc-
tions de voix, et on la joint alors à de l'oxymel.
Elle est recommandée pour exciter ou réveiller
l'appétit, ainsi que pour chasser les vents qui

surchargent l'estomac. On se sert aux Indes de
sa graine qu'on emploie aux mêmes usages, mais
ses vertus sont beaucoup moins efficaces ; on
emploie aussi extérieurement la résine pour dissoudre les tumeurs de la rate, dans les panaris,
les maux d'aventure, et plusieurs autres cas.

Outre les deux qualités d'assa fœtida dont on
a fait mention, et qu'on trouve dans le commerce,
on en connoît et on en débite dans les boutiques
une troisième espèce, noire ou de couleur de rouille,
très-chargée d'impuretés : c'est une falsification
composée de son et de sagapénum ; c'est cependant
celle qu'on vend le plus communément, et qui
est employée plus particuliérement dans l'art vétérinaire, où elle est d'une grande utilité.

Cette substance est très-peu employée chez les
Persans ; mais les habitans de la plus grande partie
des Indes orientales en font une très-grande consommation : on assure même qu'ils en mêlent dans
leurs mets, et qu'ils la trouvent d'un goût agréable. Il faut, ou que l'assa fœtida qu'ils emploient
à cet usage ait une odeur moins rebutante, ou
qu'ils connoissent une manière de la préparer
qui lui enlève sa qualité nauséabonde, ou enfin
qu'ils aient un palais à l'épreuve des sensations
désagréables. Cependant Kœmpfer atteste qu'il
en a mangé dans un potage, et qu'il ne l'a pas
trouvée aussi mauvaise qu'il s'y étoit attendu. On
sait que les anciens Romains la faisoient entrer

dans certains ragoûts , parce qu'ils ne connoissoient que très-imparfaitement les épices qui sont
d'un goût suave et aromatique, bien différent de
celui-ci ; mais l'assa fœtida qu'ils employoient
étoit-elle bien la substance que nous connoissons ?
n'étoit-ce pas le produit de quelqu'autre plante
dont nous ne savons que le nom sans pouvoir l'appliquer sur aucun individu avec quelque certitude ? Tels étoient le *silphium* de Dioscoride et
son *lasertipium ;* les artistes modernes se sont
long-temps, et en vain, efforcés d'appliquer ces
noms tant aux sucs qui leur sont attribués, qu'aux
plantes desquelles ces sucs dévoient découler.

On a coutume, dans quelques endroits des Indes, de frotter le bord des verres avec cette substance, dans l'intention d'exciter l'appétit ; du
reste, elle est employée, dans ces contrées, tant
pour les maladies des hommes, que pour celles
des animaux.

Les mêmes Indiens jettent des feuilles et des
racines de cette plante dans les canaux qui arro-
sent leurs jardins, et les complantations de leurs
palmiers : son odeur tue et empoisonne les vers
et les autres insectes mal-faisans qui dévorent les
plantes.

L'assa fœtida est indigène à la Perse, à la Syrie
et à la Libye, d'où elle a obtenu les noms de *suc
libyen, syrien* ou *cimmérien.* Elle croît aussi
dans quelques endroits de l'empire de la Chine.

§ II.

Du Sagapénum.

L E **SAGAPÉNUM**, arbre exotique, baccifère.

Sagapenum. Diosc.
Le sagapénum de Dioscoride.

Serapium Mathioli.
Le sérapium de Mathiole.

*Frutex arborescens, sagapeni fetoris ; flore malæ
aurantiæ ; fructu polyspermo, cerasi facie.* Kæm.

L'arbrisseau croissant en arbre, ayant l'odeur fétide du sagapénum ; à fleurs semblables à celles
de l'oranger ; à fruit polysperme, ou contenant
une très-grande quantité de semences, ressemblant à l'extérieur à la cerise.

Kœmpfer vient encore à notre secours pour
le végétal qui fournit la résine nommée *sagapénum :* il laisse cependant un doute au sujet de
cet Article, par la manière dont il s'exprime dans
le sommaire préliminaire de sa description. Il ne
dit rien qui décide entièrement la question ; il
n'appelle pas l'arbre qu'il décrit, *sagapénum,*
d'une manière formelle ; mais il dit que cet arbre
exhale un parfum semblable à l'odeur fétide de
la gomme résineuse qui porte ce nom. Cependant
la substance qui en découle semble devoir dé-

cider à l'adopter pour le véritable végétal, dont on retire celle qui nous est connue sous le nom de *sagapénum*.

Cet arbre, ou plutôt cet arbrisseau que sa dimension peut quelquefois faire placer parmi les arbres, s'élève assez haut; ses branches s'étendent horizontalement et en assez grand nombre, ainsi que les rameaux dont elles sont chargées. La tige en est droite, le bois foible, très-mou et renfermant une moelle abondante, très-spongieuse. Son écorce, infiniment raboteuse et parsemée d'excroissances tranchantes, est très-gluante, pleine de suc résineux, se détachant avec beaucoup de facilité, d'une odeur de bouquin, forte, puante et pénétrante. Toutes les parties de l'arbre exhalent la même odeur désagréable, qui se rapporte en tout à celle de la gomme-résine nommée *sagapénum*.

Les feuilles, supportées par de courts pétioles, entourent les rameaux dans toute leur longueur, et comme si elles se tenoient les unes aux autres. Elles sont grasses, pleines, roides, longues de deux ou trois pouces; leur base, plus étroite, s'élargit et prend une figure arrondie; les rebords de ces feuilles sont entiers et sans échancrure; leur couleur est d'un vert plus foncé en dedans. Un nerf très-profond, protubérant, d'une teinte plus légère, les traverse, et, du milieu qu'il occupe, donne naissance à une quantité d'autres nerfs et de veines qui parcourent et raient la feuille presqu'entière et en tout sens.

Les fleurs, placées vers l'extrémité des rameaux, s'y trouvent répandues en très-grande quantité, et en forme de faisceaux : leur grande abondance et leur blancheur éblouissante les offrent aux yeux vers le mois de mai, comme les boules de neige ou roses de Gueldre. Elles tiennent à un péduncule de près d'un pouce de longueur sur lequel elles sont élevées, droites, unies et quelquefois par paire. Elles sont composées d'un calice de couleur verte, d'une seule pièce divisée en dents très-aiguës. Ce calice est garni de cinq pétales blancs, figurés comme ceux de la fleur de l'oranger, exhalant une odeur très-approchante de celle du citron. Les étamines sont aussi au nombre de cinq, avec des filamens blancs, comme les pétales; mais terminées par des anthères en forme de houppe, d'un jaune tendre; elles sont assez longues, et entourent un embryon ou pistil surmonté d'un style court qui reste attaché au fruit.

Ce fruit est une baie très-ronde et ressemblante à une cerise, tant pour la forme que pour la grosseur; elle est solitaire, de couleur rouge vif ou écarlate, cernée par-dessus de trois rainures, qui, en s'ouvrant au temps de la maturité, c'est-à-dire en automne, laissent voir trois semences compactes, arrondies d'un côté, anguleuses des autres

par l'effet de leur mutuelle compression. Ces semences, de la grosseur des graines de paradis, ou
un peu moindre, d'un rouge clair en dessus, d'une
substance blanche en dedans et gluante, peu dures, et d'une saveur austère et désagréable, sont
entourées d'une substance glutineuse ; leur épiderme commun est ras, charnu, gras et coriace.

Cet arbre laisse découler naturellement et spontanément, dans les temps brumeux, un suc résineux blanchâtre, mou et très-visqueux. Ce suc
ne se coagule qu'à la longue, et ne durcit jamais
très-parfaitement ; il jaunit en vieillissant : son
odeur est parfaitement semblable à celle du sagapénum des boutiques.

Tel est le détail que donne Kœmpfer de cet arbre
résineux. Quoique le suc qu'on en obtient soit absolument analogue à celui désigné sous le nom
de *sagapénum* ; quoique l'arbre soit indigène à la
Syrie, comme celui qui donne cette substance débi-
tée dans les boutiques et apportée de ces contrées,
ainsi que des Indes, par la voie d'Alexandrie, d'où
les marchands vénitiens la tirent pour la répandre
dans tous les états de l'Europe, on ne peut cependant pas assurer que ce soit le végétal décrit par
cet auteur qui produise véritablement cette résine.
Cependant l'odeur de son suc et celle de son écorce,
en supposant qu'elles puissent être distinctes, feront toujours placer ces deux substances dans la

même classe. Quelle singularité remarquable cependant que la différence entre le parfum agréable de cet arbre, et l'odeur fétide et repoussante de ses autres parties! et comment expliquer cette disparate? Cet effet est le contraste de ce qu'on a dit du cannellier observé à l'île de France, dont toutes les parties ont un parfum très-agréable, tandis que ses fleurs exhalent une odeur perfide.

De quelque végétal que découle le sagapénum, celui qu'on trouve dans les boutiques est un suc gommo-résineux qui, d'après son analyse, ne contient qu'une cinquième partie de matière vraiment résineuse, sur quatre parties de matière extractive. On nous l'apporte en larmes, tantôt jaunâtres, tantôt d'un blanc mat, le plus souvent d'une couleur rouillée; d'une odeur très-fétide d'ail ou de poireau, mais puante cependant, et moins pénétrante que l'assa foetida : il doit être pur, net, transparent, rougeâtre en dedans, quelle que soit sa couleur extérieure ; d'une saveur âcre et piquante comme le poireau, et d'une odeur forte qui s'augmente en l'exposant sur des charbons ardens.

Cette substance est très-chaude, dessiccative, apéritive, et si attractive qu'elle tire les flèches et les balles engagées dans le corps. Elle est recommandée en médecine comme remède intérieur dans les cas d'hydropisie, de spasmes et de plusieurs maladies nervines. On s'en sert en fumigation pour l'extérieur , et il soulage les épileptiques ; on en fait usage de la même manière dans les suffocations de matrice et dans les vapeurs : on le met , aussi au nombre des purgatifs , des fébrifuges et des drogues qui excitent les règles ; cependant il peut être dangereux dans ces cas. On le fait entrer dans quelques emplâtres et autres compositions pharmaceutiques ; on substitue souvent cette substance au galbanum.

Le sagapénum des boutiques nous vient de Perse , et vraisemblablement est le produit de l'arbre sagapénifère , décrit par Kœmpfer , et qui croît dans le même empire.

§ I I I.

Du Galbanum.

LE **GALBANUM**, plante exotique, à ombelles.

Bubon-galbanum , foliolis rhumbeo-ovatis , dentatis, striatis, glabris; umbellibus paucis. LIN.

Le bubon galbanifère, à folioles rhomboïdo-ovalaires, dentelées, découpées, rases et sans poil; à ombelles peu nombreuses.

Oreo-sellinum galbaniferum, frutescens; folio anisi. TOUR.

L'oréo-sellinum galbanifère , plante croissant en arbrisseau ; à feuilles d'anis : espèce de férule.

La plante qui fournit le galbanum est une espèce

espèce de sous-arbrisseau du genre des férules, dont les racines sont ligneuses, assez dures, d'un blanc pâle tirant un peu sur le jaune. Les tiges s'élèvent à deux ou trois pieds de hauteur; elles sont ligneuses, ainsi que les branches qu'elles jettent en tout sens : l'écorce qui les recouvre est d'un gris verdâtre.

Les feuilles sont longues et étroites, ovalaires, dentelées, rases et sans poil, portées sur un pétiole très-court, cannelé; elles ressemblent beaucoup aux feuilles de l'anis, sont d'un vert pâle, d'une odeur forte et désagréable, d'une saveur amère, un peu astringente et aromatique.

Les fleurs naissent à l'extrémité des rameaux ; elles sont rassemblées en espèces de bubons ou boutons, qui, en se développant, prennent la forme d'une ombelle composée de plusieurs péduncules, dont chacun porte une petite fleur de couleur jaune à cinq pétales disposés en roses, et garnis d'étamines qui entourent un pistil très-menu : ces ombelles sont en assez petite quantité.

A ce pistil succède une semence ovalaire, cannelée et bordée d'une petite membrane très-mince.

Il découle de cette plante, soit spontanément, soit par incision, un suc gommo-résineux très-jaune, tirant même sur le brun, un peu blanchâtre, gras et mollasse, quelquefois en forme de larmes arrondies ou de grains, ce qu'on rencontre

rarement à cause de la mollesse de la substance,
dont l'odeur est très-forte, désagréable, nauséabonde, très - approchante de celle de l'oppo-
ponax.

Le galbanum ne se dissout qu'imparfaitement
dans l'eau bouillante ; cette dissolution est très-
trouble, d'un jaune foncé et sale. La teinture
qu'on en retire par le moyen de l'esprit-de-vin, est
au contraire d'une belle couleur d'un jaune doré
et transparent ; elle conserve beaucoup plus d'o-
deur que dans les décoctions par les liqueurs
aqueuses, ce qui vient de la grande abondance
de résine qu'elle contient, et qui renferme plus
d'esprit recteur et de qualités odorantes, que la
matière gommeuse dissoluble dans l'eau. Cette
substance contient en effet, d'après son analyse ,
trois quarts d'huile ou de résine dissoluble par les
esprits, et une quatrième partie de matière extractive, sur laquelle les spiritueux n'ont point de
pouvoir, et qui se dissout aisément dans les
aqueux.

Le galbanum est d'un assez grand usage en médecine : il est chaud, émollient, résolutif, attractif,
médiocrement purgatif, indiqué dans les cas d'obstructions et de plusieurs maladies chroniques, dans
la toux invétérée, l'asthme, etc. C'est la meilleure
de toutes les gommes-résines pour les affections de
la matrice ; elle sert extérieurement dans plusieurs
maladies des femmes : on l'emploie pour la gué-

rison des furoncles et des lentilles ; on en tire une huile, on en compose un baume, un cérat et plusieurs autres préparations.

Le galbanum croît en Ethiopie, en Syrie, en Arabie, dans plusieurs parties des Indes orientales, au Cap de Bonne-Espérance, et dans plusieurs autres lieux de l'Afrique.

———

ARTICLE III.

Du Ladanum.

LE CISTE LADANIFÈRE, arbrisseau exotique et indigène, baccifère.

1. *Cistus-ladanum cretica.* TOUR.
Le ciste-ladanum ou ladanifère de Crète.

Cistus cretica. LIN.
Le ciste de Crète.

Cistus fruticosa, exstipulata, foliis spatalato-ovis, petiolatis, lanceolatis, hirsutis, margine undulatis; pedunculis brevibus, unifloris. LAM.

Le ciste venant en arbrisseau, sans stipules; à feuilles en spatules ovalaires, pétiolées, lancéolées, ridées, velues, ondées sur leurs bords; à fleurs uniflores, portées sur de courts péduncules.

a. *Cistus foliis minoribus, undulatissimis et crispis; junioribus tomentosis.* LAM.
Le ciste à petites feuilles très-ondées et crépues, velues dans leur jeunesse : variété du précédent.

2. *Cistus ladanifera orientalis, flore purpureo majori.* TOUR.
Le ciste ladanifère oriental, à très-grandes fleurs purpurines.

3. *Cistus ladanifera hispanica.* BAU.
Le ciste ladanifère d'Espagne.

4. *Cistus ladanifera Monspelliensium.* Bau.
Le ciste ladanifère de Montpellier.

Cistus ladanifera, sive ledon monspessulanum, angusto folio, nigricanti.
Le ciste ladanifère, ou le lédon de Montpellier, à petites feuilles d'un vert noirâtre : variété du précédent.

Ledon. Mat.
Le lédum de Mathiole.

Cistus-ledum angusto folio Clu.
Le ciste-lédon à feuilles étroites.

5. *Cistus ladanifera florentina.* Mil.
Le ciste ladanifère de Florence.

6. *Cistus ladanifera africana, symphyti folio : ledon.* Tour.
Le ciste ladanifère d'Afrique , à feuilles de consoude : le lédon.

7. *Cistus canariensis, latifolia, hirsuta; flore carneo, amplo.* Rai.
Le ciste des îles des Canaries, à grandes feuilles, velu et à grosses fleurs charnues.

Cistus symphytifolia , fruticosa , exstipulata ; foliis petiolatis , oblongo-lanceolatis , supra villosis, basi vaginantibus, connatis. Lam.
Le ciste à feuilles de consoude , arbrisseau dénué de stipules; à feuilles pétiolées, oblongues, lancéolées, velues en dessous, formant une gaîne vers leur base, qui les rassemble et les fait paroître connées.

8. *Cistus purpurea, fruticosa, exstipulata, foliis lan-*

*ceolatis, utrinque acutis, rugosis; pedunculis
brevibus unifloris.* Lam.

Le ciste de couleur de pourpre, arbrisseau sans
stipules; à feuilles lancéolées, aiguës aux deux
bouts, ridées; à péduncules courts; à fleur unique.

Parmi l'immense quantité de cistes que l'on
connoît, on distingue le ciste ladanifère ; il y en
a même plusieurs espèces qui produisent du ladanum, et ces espèces se subdivisent encore en variétés. Les unes ou les autres naissent sous différens climats ; il en est même qui nous sont indigènes. Le ciste de l'île de Candie, nommée jadis
l'île de Crète, est celui qui fournit en plus grande
abondance cette substance ou résine connue sous
le nom de *ladanum.*

C'est un arbrisseau très-touffu, dont les branches s'élèvent et forment une espèce de buisson ;
une partie rampe sur la terre, et l'autre monte
autour du tronc, à deux ou trois pieds de hauteur
tout au plus. Cet arbrisseau ressemble beaucoup à
un autre ciste à feuilles de saule ; sa racine est
très-dure, ligneuse, blanche en dedans, rougeâtre
en dehors, très - munie de fibres longues et chevelues. Il sort ordinairement de cette racine plusieurs tiges qui viennent de la grosseur du pouce,
ligneuses, ridées, d'un vert très-rembruni, ger-
cées et subdivisées en rameaux de couleur rouge,
dont les jeunes jets sont d'un vert blanchâtre,
velus, couverts de poils, et très-garnis de feuilles.

Ces feuilles sont opposées, ovalaires, faites en forme de spatules, très-ondées vers les bords, hérissées de poils courts, assez épaisses, ridées en dessus, remplies de veines et comme chagrinées au revers, rétrécies et formant presqu'un pétiole à la base des feuilles. La couleur de celles-ci est d'un vert foncé ; leur longueur est d'un pouce ou quatorze lignes, et leur largeur de huit à neuf lignes : elles sont émoussées vers la pointe. Le pétiole qui les porte a quatre ou cinq lignes de longueur, et tout au plus une de largeur : il est de forme angulaire ; il en faut excepter cependant celles qui supportent les feuilles attenantes aux fleurs, dont le pétiole est un peu arrondi et plus épais : ce soutien des uns et des autres est garni de beaucoup de poils.

Les fleurs naissent vers la sommité des grands et petits rameaux : elles sont portées sur de très-courts péduncules. Le calice est composé de cinq folioles ovalaires, terminées par une pointe recourbée le plus souvent vers le bas, et chargée de poils de couleur blanchâtre, un peu soyeux. Les pétales sont au nombre de cinq, minces, chiffonnés, échancrés vers leur bord qui est flottant, rétrécis à leur base, attachés par un onglet jaunâtre, large, et longs d'environ un pouce, de couleur blanche. Ils renferment un très – grand nombre d'étamines jaunes, plus longues que les pétales, terminées par des anthères sphériques : ces étamines entourent un ovaire ou embryon verdâtre , surmonté d'un pistil arrondi.

L'embryon devient une capsule ovoïde , brune , obtuse , longue d'environ cinq lignes , couverte d'un duvet très - fin : il est partagé en cinq lobes remplis de graines ou semences alongées , rousses et anguleuses. Lorsque cet arbrisseau est en pleine floraison , on le reconnoît par l'odeur que ses fleurs exhalent , et qui approche un peu de celle du galbanum.

Tel est le ciste qui croît dans la plupart des îles de l'Archipel , mais principalement dans celle de Candie , jadis l'île de Crète.

On retire de cet arbrisseau une résine connue sous le nom de ladanum ; c'est une surabondance de séve que les grandes chaleurs attirent et poussent vers les feuilles : ce n'est que dans la saison brûlante qu'on peut obtenir cette substance.

Le procédé dont on se sert pour faire cette récolte, est particulier aux paysans grecs. Ils choisissent pour cet effet les jours les plus chauds , sur-tout les plus calmes. Ces ouvriers se rendent dans les champs, où se trouvent en plus grande quantité les cistes : ils sont pourvus d'un instrument fait en forme de râteau , ou plutôt de fouet à manche alongé, garni d'un double rang de courroies de cuir tanné. Ils passent et repassent ce fouet sur les buissons ; à force de secouer et de frotter les feuilles de l'arbrisseau, les courroies se char-

gent d'une espéce de glu odoriférante attachée à
ces feuilles. Cette partie superflue des sucs nour-
riciers de la plante transpire comme une sueur
grasse, dont les gouttes ont le luisant et le clair de
la térébenthine. Lorsque les lanières sont assez
chargées de cette substance graisseuse, on les ra-
tisse avec un couteau arrondi, et on fait tomber la
matière dans des vases : bientôt elle se rapproche,
se joint, prend peu à peu de la solidité, et se
forme en pains : c'est alors qu'on lui donne le
nom de ladanum.

Cette substance, ainsi recueillie, sembleroit
devoir être très-pure ; cependant elle n'est pas toujours dénuée de parties hétérogènes. Quel que soit le
calme de l'air, le vent des jours précédens a toujours chassé sur ces feuilles une poussière que la
viscosité de leur suc y retient. Ces accidens si naturels engagent ceux qui désirent avoir cette substance nette et pure, à la soumettre à une opération qui la dégage de toute immondice : ils la
mettent fondre et dissoudre à un feu modéré, et
la filtrent en la passant par un tamis. Cette opération est d'autant plus nécessaire, que les villa-
geois la falsifient assez communément en y mêlant, dans la vue d'en augmenter le poids, un
sable noir et très-fin, qui se trouve abondamment
dans ces îles. Ce sable est composé de parties si
ténues, qu'il est très − difficile de découvrir la
fraude.

Un homme robuste et laborieux peut recueillir chaque jour trois livres et plus de cette substance ; mais ce métier, qui ne se fait que dans les plus grandes chaleurs, est on ne peut pas plus pénible. Outre le moyen que nous venons d'indiquer, et qui ne paroît pas nouveau, on retire encore, comme on faisoit du temps de Dioscoride, quelques portions de ladanum de la barbe et du poil des cuisses des chèvres, lesquelles, ainsi que les chamois, sont très-friandes des feuilles de toutes les espèces de cistes, et les préfèrent à toute autre nourriture.

Le ciste de Candie est le principal, mais n'est pas le seul qui fournisse une matière résineuse. Parmi les nombreuses espèces ou variétés de cet arbrisseau, il n'en est peut-être aucune dont on ne puisse retirer quelque substance analogue à celle du ladanum. On l'a reconnu plus particulièrement dans ceux qui forment la nomenclature ci-dessus, et qui ne diffèrent entr'eux et du premier que par quelque circonstance. Celui du second numéro se distingue par la grande dimension de ses feuilles, et principalement de ses fleurs, qui sont d'une couleur purpurine. Une autre variété remarquable est celle dont les feuilles ont quelque ressemblance avec celles de la consoude. Plusieurs se rencontrent aux Indes orientales.

Il en croît une espèce plus particulièrement connue, au Cap de Bonne-Espérance, sur les côtes d'Afrique et dans les îles Canaries. L'écorce de ce ciste est d'un gris brun tirant sur le rouge , très-velue et presque cotonneuse. Les feuilles, opposées, attachées à un pétiole oblong , sont abondamment chargées en-dessous de poils lâches et un peu lanugineux ; longues de quatre ou cinq pouces , sur deux de largeur , elles forment une espèce de gaine blanchâtre, légérement colorée de rouge. Les fleurs en sont très-grandes, d'une légère couleur rouge , et garnies d'étamines jaunes et safranées , en aussi grande quantité que les fleurs des autres cistes.

Le ciste ladanifère, qui croît en Espagne et sur les montagnes des Pyrénées , a des feuilles approchantes de celles du saule ; c'est celui qui produit les feuilles les plus alongées. Le même arbrisseau est remarquable par la forme de ses baies ; il est uniflore, et ses fleurs sont accompagnées de bractées , ce qui fait encore une différence avec les autres cistes. La tige de cet arbrisseau est très-rameuse ; son écorce, d'un brun qui approche du noir ; ses rameaux sont chargés de feuilles lancéolées, linéaires, rases et sans apparence de poil en dessus , mais couvertes d'un duvet cotonneux sur leur revers , blanchâtres , presque sessiles , rétrécies vers leur base.

Les fleurs latérales, de couleur blanche , très-grandes , ont trois ou quatre pouces de diamètre. Elles naissent chacune à l'extrémité d'un péduncule simple et alongé ; et sont garnies de bractées dans toute leur longueur. Ces bractées, connées et par paire, forment à leur base une gaine évasée en forme de bassin, et se terminent par des languettes d'autant plus rapprochées et à gaine plus large, qu'elles sont plus près de la fleur : celles qui approchent le plus du calice sont courtes, larges, et se confondent avec ses folioles aussi concaves et très-velues. L'ovaire est orbiculaire, cordonné, accompagné d'un stigmate sessile.

Le fruit provenant de cet ovaire est une capsule à dix valves, soutenue par un péduncule nu, le calice ni les pétales n'étant pas persistans dans cette espèce. Ces pétales sont marqués vers leur base d'une belle tache violette tirant sur l e pourpre ; ce qui donne à la fleur un aspect très-agréable.

Cet arbrisseau, qui naît également en Espagne et en Portugal, fournit une substance visqueuse et résineuse, très-odorante et semblable en tout au ladanum qui nous vient de Crète ; mais ce dernier est beaucoup plus surchargé de matières hétérogènes. La manière dont on le recueille est le principe de cette différence : on fait bouillir, dans une grande quantité d'eau, les rameaux de la plante chargés de leurs feuilles ; par la cuisson, la résine se détache et surnage, mais mêlée avec des parties mucilagineuses, extractives et aqueuses : elle ne peut se condenser au même degré que la résine recueillie sur les feuilles ; de-là vient qu'on fait très-peu de cas de ce ladanum, et qu'on lui préfère celui de Candie.

Le ciste de Montpellier, qui a du rapport au précédent par la forme de ses feuilles, en diffère par celle de ses fleurs. Cet arbrisseau ne s'élève guère au-dessus de deux pieds : l'écorce en est d'un brun moins foncé ; les feuilles opposées, presque sessiles, rases et sans poil au-dessus, cotonneuses et blanchâtres au revers ; les fleurs sont blanches, d'une grandeur médiocre, rassemblées en bouquet terminal formé presqu'en couronne comme celle du lierre, et portées sur un support commun. Les pétales sont garnis d'un onglet de couleur jaune ; le calice est composé de cinq folioles hérissées de poils blancs et soyeux ainsi que le pédicule. Le fruit est semblable à celui des autres cistes.

Il y a une variété de ce ciste de Montpellier, qui s'élève un peu plus haut, et dont les fleurs forment des panicules : ce ciste croît aux environs de Narbonne. L'un et l'autre fournissent une espèce de ladanum qu'on obtient par le même procédé qu'en Espagne ; cette méthode, qui abrége le travail et le rend moins pénible, est pratiquée dans plusieurs endroits, et même dans l'île de Candie ; il favorise la foiblesse, et quelquefois la paresse des ouvriers.

Le ciste de Florence ressemble assez aux deux précédens, et ne paroît en différer que par ses feuilles, qui sont d'une moindre dimension : il fournit aussi un suc visqueux et résineux. Il en est de même de plusieurs autres cistes, dont la famille est très-nombreuse et se monte à plus de soixante variétés, qui toutes naissent dans les pays chauds et méridionaux.

Le ladanum est donc une matière résineuse que produit la séve des cistes, raréfiée et exaltée par l'ardeur du soleil, et ramassée en petites larmes orbiculaires, au moyen de la fraîcheur des nuits, et de la rosée du matin. Ces larmes se condensent d'une manière gluante et visqueuse, et ne prennent de solidité parfaite que lorsqu'elles sont réunies en masse, et peuvent se joindre les unes aux autres par tel procédé qu'on les obtienne : le plus favorable, celui qui fournit la matière la plus pure, est sans doute celui qu'on pratique dans l'île de Candie.

C'est principalement de cet endroit que nous tirons le ladanum. Il nous parvient sous deux formes : dans l'une, il est en masses assez grandes, un peu mou et gluant, d'une couleur rousse, tirant un peu sur le noir, et enveloppé dans des peaux ou dans des vessies : cette espèce est la plus pure et la plus rare.

La seconde est le ladanum qu'on trouve communément dans les boutiques ; il est aussi formé en pains, mais roulés et tortillés, d'où lui vient la dénomination de *ladanum in tortis*. Celui-ci

est très-sec et fragile, dur et s'amollissant plus
difficilement au feu ; sa couleur est plus noire,
et il est plus souvent mêlé de ce sable noir et délié
dont il a été question. Ce n'est qu'en le filtrant,
après l'avoir fait fondre, qu'on parvient à l'avoir
un peu plus pur ; alors cette résine est une
substance d'une odeur forte, mais assez douce ;
d'une saveur aromatique peu agréable : elle se
concrète aisément et devient dure et friable, in—
flammable, susceptible de se ramollir à une chaleur modérée ; d'une couleur verte rembrunie,
et tirant sur le noir; alors, légère et onctueuse,
elle ne contient plus ce sable qui frémit sous la
dent. Telles sont les qualités qui constituent la
pureté du ladanum.

Cette résine, d'un usage aujourd'hui moins
commun, est employée en médecine ; elle est
émolliente, dessiccative, maturative, apéritive,
astringente. On s'en sert dans les catarrhes, quelquefois dans les dyssenteries : appliquée extérieurement, elle ramollit, atténue, et résout; on en
fait des pilules ; on l'emploie dans des emplâtres
indiqués pour le soulagement des douleurs; on
en obtient une huile par le moyen de la distillation.

Les parfumeurs en tirent une huile odorante.
Le ladanum est en faveur dans l'Orient; les femmes
grecques en tiennent volontiers dans la bouche
de petites boules, composées de la racine seule,

ou combinées avec de l'ambre ou d'autres aromates : cette substance contribue à rendre leur
haleine plus douce ; c'est un substitut du mastic
qui plaît tant à ces belles femmes. Cette résine
entre pareillement dans plusieurs *préparations
qui regardent la toilette.

Les cistes ladanifères croissent dans les îles de
l'Archipel, principalement dans celle de Candie ;
en Espagne, en Portugal, en France, en Italie,
aux Canaries, en Afrique, aux Indes, et dans
presque tous les pays chauds.

ARTICLE

ARTICLE IV.

La Scammonée, le Turbith, la Soldanelle

SECTION PREMIÈRE.

De la Scammonée.

LA SCAMMONÉE, plante exotique, à capsules.

> *Scammonia foliis sagittatis, partim truncatis, te-
> retibus, subtrifoliis.* LIN.
> La scammonée à feuilles en flèche, en partie tron-
> quées, cylindriques, en dessous à trois feuilles.
>
> *Convolvulus syriacus, sive scammonea syriaca.*
> BAU.
> Le liseron syrien, ou la scammonée de Syrie, ou
> d'Alep.

La plante qui fournit la résine scammonée a
une racine épaisse, de la forme de celle de la
brionne, charnue, blanchâtre en dedans, brune
en dehors, garnie d'une grande quantité de
fibres, et remplie d'un suc laiteux. Les tiges qui
s'élèvent de cette racine, sont minces et grêles,
herbacées et rampantes, garnies dans toute leur
longueur de feuilles semblables à celles du petit
liseron, triangulaires, à base taillée en forme de

flèche, lisses , échancrées, d'un vert clair, attachées alternativement à de très-longs pétioles.

Des aisselles de ces feuilles sortent des fleurs
en cloche, de couleur blanche mélangée de taches
jaunes et purpurines. Le périanthe du calice
est divisé ; la corolle n'est composée que d'un
grand pétale qui, en sortant du calice , paroît
entortillé et plié en tire-bouchon ; le limbe s'ouvre
en se développant , et laisse voir cinq lobes ou
découpures comprimées , qui enferment cinq
étamines , dont les filamens en alêne supportent
des anthères ovalaires , et entourent un pistil
obrond , surmonté de deux stigmates oblongs.

Cet ovaire se change en une capsule pointue,
qui contient une grande quantité de semences
noirâtres et anguleuses.

On obtient de cette plante un suc résineux,
médiocrement gommeux , qui se concrète , et
devient une résine sèche et friable, d'une couleur
cendrée un peu rougeâtre extérieurement, d'un
gris noirâtre dans la partie intérieure. L'odeur
de cette résine est peu agréable , elle est même
fétide et nauséabonde ; la saveur en est âcre et
mordicante.

On connoît cette substance sous deux formes ,
qui semblent constituer deux espèces : l'une qui
vient d'Alep, est la plus légère, et d'une couleur
moins foncée ; l'autre qu'on apporte de Smyrne ,
est plus compacte, plus pesante et plus noire.

On doit faire la plus grande attention à cette différence, et ne choisir que la scammonée brillante, facile à rompre, qui ne brûle pas fortement la langue, et qui, mêlée avec la salive, devienne blanche et laiteuse.

C'est principalement de la racine de la plante qu'on extrait cette substance ; il y a plusieurs méthodes pour en faire la récolte. Les uns découvrent la racine en écartant un peu la terre qui l'environne ; ils coupent cette racine ou y font quelqu'incision ; ils mettent ensuite au-devant de la plaie des coquilles de moule, dans lesquelles le suc découle et se ramasse. Quand elles sont pleines, on fait sécher ce suc, et on le serre lorsqu'il est parfaitement solide sans le tirer de ces coquilles : la scammonée ainsi recueillie est très-rare ; les habitans qui la gardent pour leur usage particulier, en mettent très-peu dans le commerce : elle est en belles larmes de couleur jaune.

Il y a une autre méthode usitée ; on coupe la tête de la racine, et on y fait une espèce de tasse ou creux hémisphérique, dans lequel le suc se rend et se ramasse. On le recueille tous les jours par le moyen de certaines spatules arrondies et creuses ; au défaut desquelles on se sert de coquillages. Cette méthode en produit une plus grande quantité que la première.

Il en existe une troisième qui consiste à creuser la terre, tout autour de la racine, qu'on

découvre presqu'entièrement. On y fait alors plusieurs incisions, et on met pour recevoir le suc qui
en découle, des feuilles de noyer, sur lesquelles il
se concrète à mesure ; ou bien lorsque la racine
s'élève hors de la terre, ce qui arrive assez fréquemment, on coupe ce qui déborde, et il sort
journellement par la plaie un suc laiteux gommo-
résineux, qu'on ramasse et qu'on fait sécher.

Ces différentes méthodes entraînent après elles
l'incommodité de ne pas recueillir cette substance
pure ; elle est toujours chargée de terre, et
d'autres parties hétérogènes.

Quelques personnes arrachent cette racine, la
coupent, et l'exposent à un feu doux, en font
sortir une matière résineuse dont on forme des
pastilles, sur chacune desquelles on imprime un
cachet; ou bien ou pèle ces racines, et on les
met à la presse : le suc qu'on obtient en les ex-
primant de cette manière, est aussi scellé lorsqu'il
est sec ; ce suc est grossier et pesant.

Enfin, on extrait un suc des tiges et des feuilles ;
il devient alors sec, noir, ou d'un vert très-foncé,
et de très-mauvaise odeur. On se sert de cette
dernière méthode en Languedoc ; car la même
plante qui croît en Syrie, se trouve aussi dans
les environs de Montpellier.

Quant à la scammonée qui nous vient de l'O-
rient, elle n'est plus en coquilles, ni imprimée
d'un cachet. On ignore absolument de quelle ma-

nipulation on se sert pour fabriquer celle qui se rencontre dans le commerce, et qui nous est apportée en gros morceaux gris, opaques et chargés d'ordures.

Ces différentes manipulations peuvent être cause de la diversité qu'on trouve dans les résultats de l'emploi qu'on fait en médecine, de la scammonée. Cette substance, très-chargée de résine, en contient plus ou moins, vraisemblablement d'après la manière dont elle a été recueillie; car tantôt les pharmaciens [1] ont trouvé, par l'analyse à l'esprit-de-vin, quatre parties de matière résineuse, trois de matière extractive par le moyen de l'eau, avec un huitième de matière absolument indissoluble; tantôt d'autres artistes [2], d'après l'analyse faite avec les mêmes menstrues, ont trouvé cinq sixièmes de résine, différence prodigieuse qui explique les divers effets de ce médicament, et peut occasionner une infinité d'erreurs nuisibles. En effet, la même drogue qu'on croiroit pouvoir employer comme un puissant purgatif, en l'administrant en dose convenable, peut produire, à la même dose, une forte superpurgation, si elle est chargée de trop de parties résineuses, et ne faire que très-peu d'effet dans le cas contraire. Cette différence est sans doute l'effet de la fabrication, plutôt que celui des menstrues

[1] Cartheuser.
[2] Geoffroy,

avec lesquels on dissout cette résine : on emploie ordinairement de l'esprit-de-vin , quoique l'eau bouillante la dissolve aussi, mais d'une manière très-trouble ; la matière résineuse, désunie par une forte ébullition , se réunit même en se refroidissant, se sépare des particules gommeuses, et se précipite.

La scammonée est d'usage en médecine , comme puissant purgatif : elle a , en effet, cette vertu à un degré tel qu'on l'emploie rarement seule , et sans la corriger par quelqu'agent, soit doux, comme les extraits de réglisse, ou de coing ; soit acide , tel que le sel d'oseille, ou le suc de citron ; soit en la passant à la vapeur du soufre pour en diminuer l'activité. On se sert de beaucoup de préparations chimiques et galéniques , pour dompter sa trop grande activité , ce qu'on peut voir dans les dispensaires.

Cette substance purgative est très-violente, très-âcre, très-chaude et très-mordicante : on la triture avec des amandes douces ou du sucre, pour déguiser ces mauvaises qualités qu'elle possède au point de corroder les intestins, et, en procurant des superpurgations, occasionner des inflammations dangereuses. Elle est cependant d'un assez grand usage, lorsqu'il s'agit de détacher les humeurs bilieuses ou séreuses endurcies, qui résistent à des purgatifs plus doux : mais, pour cet effet, on doit la choisir peu solide, aisée à fondre, friable, de couleur roussâtre, légère, et se changeant en un suc laiteux, lorsqu'on y applique la langue qu'elle ne doit pas brûler. Les grosses masses noires et pesantes doivent être rejetées comme contenant des matières étrangères, et par-là plus nuisibles, spécialement le suc laiteux du tithymale trop souvent employé pour la sophistiquer.

On croit que la scammonée en usage chez les anciens, étoit différente de la nôtre. Chez eux c'étoit un suc si doux, qu'on l'administroit jusqu'à la dose d'un gros, tandis que la nôtre ne peut se donner que par grains, en très-petite quantité et corrigée. Les anciens s'en servoient aussi en linimens pour la guérison de la galle et d'autres maladies cutanées : elle leur venoit de Syrie, ainsi que la nôtre. Il y a apparence, ou qu'elle n'étoit pas de la même nature, ou qu'elle étoit plus pure et moins sophistiquée que celle qu'on trouve dans le commerce et qu'on emploie pour différentes maladies.

On se sert également de la scammonée dans l'art vétérinaire.

La plante dont on l'extrait est vivace, comme la plupart des liserons.

Cette plante croît en Syrie, du côté de Smyrne et d'Alep ; on en trouve aussi dans nos départemens méridionaux, vers Montpellier et Valence.

SECTION SECONDE.

La Soldanelle.

LA SOLDANELLE, plante exotique, baccifère.

1. *Convolvulus*, salsa do Praya *Lusitanorum*. **Pis.**
    Le liseron que les Portugais nomment *salsa do Praya.*

    Convolvulus marinus catharticus, folio rotundo ; flore purpureo. **Pluk.**
    Le liseron maritime cathartique ou purgatif, à feuilles arrondies ; à fleurs purpurines.

2. *Convolvulus marinus catharticus, foliis acetosæ ; flore niveâ.* **Pluk.**
    Le liseron maritime purgatif, à feuilles d'oseille et à fleurs blanches.

La racine de ce liseron jette des scions, ou espèces de sarmens très-longs, qui occupent une très-grande étendue de terrain dans les lieux sablonneux et le long des côtes, où il croît. Les racines ont ordinairement un pouce de grosseur ; elles sont de consistance presque ligneuse, très-blanches dans leur intérieur, et pleines d'une substance laiteuse : leur couleur est noire en dehors ; l'épiderme qui les recouvre, tout gercé. De ces premières et principales racines, il en pousse d'autres plus minces que le petit doigt, lesquelles rampent très-loin dans le sable, et jettent vers l'endroit de leurs nœuds quelques petites branches fibreuses et blanchâtres, qui poussent dans toute leur étendue quantité de feuilles.

Ces feuilles sont portées sur une queue ou pétiole long et épais, verdâtre, tacheté de trois marques rouges du côté où commence la feuille, et ayant à leur base une espèce d'onglet ; la feuille qui tient à ce pétiole, est un ovale arrondi à la base, pointu vers le sommet. Un peu repliées en dedans, elles ont quatre pouces de longueur, et sont fournies d'un nerf protubérant qui prend naissance à l'extrémité du pétiole, le traverse obliquement et se courbe vers les bords. Ces feuilles sont d'un beau vert en dessus et en dessous ; lorsqu'on les coupe, elles laissent découler un suc laiteux, ce qu'elles ont de commun avec toute la plante : elles sont membraneuses, et quelquefois leur couleur varie et prend une teinte d'un vert très-brun.

Des mêmes tiges qui supportent les feuilles, on voit s'élever des péduncules très-longs, portant trois ou quatre fleurs, quelquefois jusqu'à dix ou douze, de la même forme et de la même figure que celles du liseron commun, cependant un peu plus grandes ; leur couleur, en dedans et en dehors, est d'un assez beau rouge tirant sur le pourpre ; totalement épanouies, elles ont trois pouces et plus de diamètre. On y remarque cinq ou six étamines dont les filets blancs, très-légers, sont terminés par une petite tige ronde ou anthère en boule arrondie, divisée en quatre parties, de couleur jaunâtre tirant sur le rouge. L'ovaire qu'elles entourent est une espèce de petite tête ou pistil arrondi, surmonté d'un style alongé et blanchâtre. Ces fleurs, qui forment une cloche presque quadrangulaire, s'ouvrent le matin et se referment dans l'après-midi, pour s'épanouir de nouveau le lendemain; leur ressemblance avec celles de la patate, donne à ce liseron le nom de *patate de mer.*

L'embryon se change en fruits ou semences veloutées, de couleur noirâtre, assez ressemblantes à de petites noisettes, au nombre de trois ou quatre, renfermées dans des bourses composées de quatre feuilles membraneuses de couleur tannée.

Le suc laiteux et résineux qu'on tire de toutes les parties de la plante, épaissi et presque dur, est un purgatif très-violent, très-analogue à la scammonée. On l'administre à la même dose et pour les mêmes maladies. On le corrige, comme la première, par la fleur de soufre, la crême de tartre, le suc de coing, de citron ou de groseille; ou bien on le triture avec du sucre ou avec des amandes.

Les racines et les feuilles fraîches de cette plante ont une chaleur tempérée, et sont très-émollientes: on les emploie avec succès pour des bains qui fortifient le corps; elles sont indiquées dans les cas de maladies froides.

Cette plante croît au Pérou.

Plumier donne la description d'une plante semblable et de même nature, qui rampe dans les
mêmes terrains, et ne diffère que par les feuilles.
Dans cette espèce, elles sont de même grandeur
et de même figure que celles de l'oseille commune, cependant un peu plus épaisses, un peu
plus tendres, d'un vert plus gai, repliées en dedans et garnies de nervures transversales. Les
fleurs, du même caractère que dans l'espèce précédente, ne diffèrent que par leur couleur, blanche comme du lait. L'embryon est divisé en étoile,
caractère qui distingue toutes les espèces de férules. Du reste, toute la plante épanche un suc
laiteux, semblable à celui de la précédente, lequel, en s'épaississant, devient un purgatif dont
les vertus sont pareilles et servent aux mêmes
maladies.

Cette plante croît à la Martinique.

S E C T I O N   T R O I S I È M E.

Le Turbith.

LE TURBITH, plante exotique, à capsule.

1. *Convolvulus-turpethum, foliis cordatis, angulatis;
   caule membranaceo, quadrangulari; floribus
   pedunculatis.* Lin.
   Le liseron-turbith, à feuilles faites en cœur et anguleuses; à tige membraneuse, quadrangulaire;
   à fleurs garnies d'un péduncule.

2. *Convolvulus alatus, zeilanicus, maximus, foliis ibici nonnihil similibus, angulosis.* Herm.

Le grand liseron ailé de Ceylan, à feuilles anguleuses, un peu ressemblantes à celles de la guimauve.

3. *Turpethum repens, indicum, foliis altheæ : seseli æthiopicum.* Diosc. Bau.

Le turbith rampant des Indes, à feuilles de guimauve : le séséli d'Ethiopie de Dioscoride.

Turbithum, seu turbith Arabum. Cor.

Le turbith des Arabes.

La résine connue sous le nom de *turbith*, est le produit d'une plante du genre des liserons. La racine de ce végétal, qui est pour l'ordinaire de l'épaisseur d'un pouce, s'enfonce en divers sens, et en serpentant, dans la terre à la profondeur de huit ou dix pieds, et plus; elle se diverge en plusieurs branches couvertes d'une écorce épaisse, d'une couleur brune, très-garnie de chevelus, et qui recouvre un corps ligneux rempli de fibres très-prononcés.

Du collet de cette racine s'élèvent des tiges sarmenteuses, sur lesquelles croissent des branches garnies de quatre ailes ou filets membraneux, entortillés en divers sens. Ces tiges sont ligneuses, grosses d'un doigt dans leur origine, de couleur roussâtre ou verdâtre dans toute leur étendue, qui est de sept ou huit aunes. Quelques-unes de ces tiges sont couchées et rampantes sur la terre,

tandis que d'autres se lient par leur circonvolu-
tions aux arbres ou aux arbrisseaux qui se trouvent à leur portée.

Les feuilles sont garnies chacune d'un pétiole
alongé, ailé et fait en gouttière; elles ont quelque
ressemblance avec celles de la guimauve, sont mol-
lasses, couvertes d'un duvet très-court, soyeux
et blanchâtre; anguleuses, crénelées sur les bords,
et un peu pointues.

De l'aisselle à l'extrémité des rameaux, sortent
des pédicules plus longs que les queues des feuilles, plus fermes, qui ne présentent point d'ailes,
et dont la forme arrondie n'est point faite en gouttière. Ces pédicules portent trois ou quatre têtes
oblongues et pointues, recoquillées en vilebre-
quin; chacune de ces têtes est un bouton dont le
calice est composé de quatre folioles vertes, panachées de rouge. Ce bouton, en s'épanouissant,
offre une fleur composée d'une seule pièce en
entonnoir, et très-semblable à celle du liseron
vulgaire. Cette fleur contient cinq étamines blanches dont les filamens sont garnis d'anthères d'un
blanc pâle tirant sur le jaune; elles entourent un
embryon arrondi, couronné d'un style.

Cet embryon devient une capsule à trois loges
membraneuses, remplies de graines arrondies
sur le dos, et anguleuses dans les autres parties, de
la grosseur d'un grain de poivre, d'une couleur
tannée et noirâtre.

Cette plante est vivace, et du nombre des parasites.

Lorsqu'on rompt la racine de ce liseron , il en découle un suc laiteux et gluant, qui devient, en s'épaississant et se séchant , une résine d'une couleur jaune pâle , d'une odeur assez désagréable , et d'une saveur fade ou même douceâtre dans le principe , piquante et très-mordicante dans la suite, excitant même de fortes nausées.

Les médecins emploient le turbith, et sur-tout sa racine, ou plutôt l'écorce qui l'entoure, séparée de sa partie ligneuse et de sa moelle. Cette racine nous parvient en morceaux de la grosseur d'un doigt, oblongs, résineux, de couleur brunâtre ou grise en dehors, blanchâtre en dedans, d'un goût un peu âcre et nauséabonde.

Cette plante, inconnue aux anciens, a été primitivement mise en usage par les Arabes : c'est un remède très-salutaire, et très-efficace pour tirer, des parties les plus éloignées, les humeurs épaisses, gluantes et glaireuses ; en conséquence, elle est ordonnée et recommandée dans plusieurs maladies chroniques, telles que la goutte, l'hydropisie, la paralysie et autres ; dans lesquelles elle purge ces humeurs assez vigoureusement. Comme elle cause des nausées et excite au vomissement, on la corrige avec la cannelle, le gingembre, le mastic et autres substances aromatiques. On la mêle ordinairement avec quelqu'autre minoratif plus doux. On l'a aussi quelquefois employée avec succès dans les maladies vénériennes ; elle est souveraine dans celles occasionnées par les vers.

On fait plusieurs préparations pharmaceutiques de ce remède, dans lesquelles on n'emploie que l'esprit-de-vin, parce que la puissance curative et purgative de cette racine, consistant seulement dans sa partie résineuse qui ne se dissout point dans les liqueurs aqueuses, elle ne peut leur communiquer ses vertus. On confond quelquefois le turbith et la scammonée, avec laquelle ce premier a quelque ressemblance ; les qualités qui les distinguent, doivent détourner d'une erreur qui pourroit devenir dangereuse.

Cette résine est aussi en usage dans l'art vétérinaire.

Le liseron-turbith croît en Syrie, d'où sa racine nous parvient par la voie d'Alexandrie : on la trouve aussi dans l'île de Ceylan et dans d'autres parties des Indes orientales.

S E C T I O N   Q U A T R I È M E.

De l'Ipecacuanha, de la Filipendule et du Caaapia.

§ Ier.

De l'Ipecacuanha.

L'IPECACUANHA, plante exotique, bac-cifère.

1. *Ipecacuanha fusca, brasiliensis, officinarum, seu radix brasiliensis.*

   L'ipecacuanha brun du Brésil, ou la racine du Brésil des boutiques.

   Ouragaga. LIN.

   L'ouragaga.

2. *Ipecacuanha fusca altera.* PIS.

   Autre ipecacuanha brun.

3. *Ipecacuanha cinerea, vel radix peruviana officinarum.*

   L'ipecacuanha de couleur cendrée, ou la racine du Pérou des boutiques.

4. *Ipecacuanha alba.* PIS.

   L'ipecacuanha blanc.

5. *Ulmaria major, virginiana, trifolia; flore amplo, pentapetalo.* PLUK.

   La grande ulmaria de la Virginie, à trois feuilles; à fleurs amples, à cinq pétales : l'épée des Canadiens.

   Ulmaria trifolia; floribus candidis, amplis, longis, acutis. MOR.

L'ulmaria

L'ulmaria à trois feuilles; à fleurs blanches, amples, longues et aiguës.

L'ipecacuanha est une plante qui n'a été connue que dans ces derniers temps, quoique ses vertus la rendent très - recommandable. C'est de sa racine principalement que l'on fait usage : on en voit de deux sortes dans les boutiques, ou peut-être de trois : la blonde ou grise, la brune et la noire. La dernière se remarque par sa figure tortueuse et plus chargée de rugosités que les autres, sur-tout que la grise, et beaucoup plus menue : elle est de l'épaisseur tout au plus d'une ligne et demie, brune et noirâtre en dehors, blanche en dedans, tant soit peu amère. Cette racine, très-longue, donne origine à une tige d'environ une demi-coudée de longueur, garnie seulement de deux à cinq feuilles, rampante et couchée sur la terre, et presque jamais branchue; elle n'a de feuilles que vers son extrémité.

Les feuilles sont opposées, ovalaires, terminées en pointe, raboteuses, de couleur verte, dont la teinte est plus pâle au revers, longues de trois pouces, sur deux de largeur. Les intersections de la tige ont à peine un pouce de longueur.

Les fleurs qui naissent sur cette plante sont composées d'un calice persistant, découpé en cinq parties égales, étroites, terminées en pointe, et qui renferment cinq pétales accompagnés de cinq étamines : elles entourent un embryon placé entre

le calice et les pétales ; on ignore s'il est accompagné d'un style.

Cet embryon devient une graine arrondie, placée
sur le calice, et creusée dans le haut en forme de
nombril. Cette baie n'a qu'une cavité qui contient
trois noyaux osseux, voûtés d'un côté, aplatis par
les deux autres, réunis ensemble et représentant
une petite boule. Chaque noyau renferme une semence de même forme, mais marquée par cinq
cannelures.

On ne connoît pas avec certitude le végétal qui
fournit l'ipecacuanha blanc, à moins que ce ne
soit une petite plante basse qui a assez de ressemblance avec le pouliot rapporté par Pison,
dont la tige s'élève du milieu de plusieurs feuilles
velues, et accompagnées de petites fleurs blanches
disposées en anneaux et en vertèbres.

Il y a d'ailleurs quelques autres plantes auxquelles on a aussi donné le nom d'ipecacuanha,
parmi lesquelles on compte l'ulmaria à trois feuilles,
qu'on nomme *épée* en Canada. La racine de cette
plante est dure, ligneuse, chargée de petites fibres
filamenteuses, très-noueuse dans sa partie supérieure ; elle donne naissance à plusieurs tiges ligneuses, cannelées, d'un rouge très-foncé, lisses et
branchues.

Sur les branches ou rameaux de cette plante,
sont placées sans ordre des feuilles oblongues,
pointues, ridées, un peu velues à leur revers,

portées au nombre de trois sur le même pétiole,
finement dentelées sur les bords, à peu près comme
celles de l'ormeau dont la plante a pris son nom,
ou comme celles du charme. Elles se terminent en
pointe grêle, et sont longues de deux pouces, sur
un de largeur ; quelquefois aussi la même queue
porte deux folioles , de sorte que ces feuilles ressemblent alors à celles de la quintefeuille.

Des aisselles des feuilles naissent d'autres branches, petites , menues et grêles , sur lesquelles paroissent quelques fleurs en petite quantité , blanches et panachées de rouge. Leur pédicule, qui
paroît être un prolongement de ces petites branches, supporte un calice persistant, d'une seule
pièce , divisé en cinq parties , du sein duquel sortent cinq pétales arrondis, un peu aplatis et réfléchis en dehors, accompagnés d'une foule d'é-
tamines qui entourent cinq embryons surmontés
d'autant de styles.

A la chute des pétales, ces embryons se dessèchent et prennent une teinte brune ; ils renferment cinq graines pointues et oblongues.

L'ipecacuanha qu'on nomme tantôt racine du
Pérou, tantôt racine du Brésil, est un très-fort
purgatif qui opère par haut et par bas. On préfère
celui qui nous est apporté du Pérou, son opération étant plus douce ; celui du Brésil excite trop
puissamment le vomissement. Il faut, dans le choix
qu'on fait de cette racine, s'attacher à celle qui

est bien conservée, pleine de suc et aussi récente qu'il est possible. Quoique les vieilles racines ne soient pas absolument à rejeter, elles perdent cependant une partie de leur vertu vomitive; mais elles sont toujours purgatives, sudorifiques et d'une astriction propre à arrêter les diarrhées. Cette racine est recommandée dans les cas de dyssenterie et de diarrhées confirmées et obstinées, qu'elles guérissent comme par enchantement, en vingt-quatre heures.

La vertu vomitive est le résultat de la résine de l'ipecacuanha : il en contient une assez grande quantité, qu'on trouve avec certitude en pilant cette racine et en la faisant macérer dans l'esprit-de-vin. Il en résulte une teinture chargée de résine; en évaporant cette teinture, il restera une espèce d'extrait qui, sur huit onces de matière, contiendra dix gros de véritable résine : la même quantité dans une décoction de liqueur aqueuse, n'en a rendu que six gros, le reste se réduisant en une gomme ou extrait gommeux, beaucoup moins vomitif que la résine, et ne conservant vrai-semblablement cette qualité que par quelque reste de cette dernière. Au surplus, cette résine n'a pas les mêmes vertus, et ne guérit pas aussi bien que la racine entière; la poudre qui reste après la teinture ou la décoction, n'a presque plus aucune vertu : de-là vient qu'on ne fait point bouillir la racine lorsqu'on l'administre ; on la donne en poudre, ou délayée dans une liqueur aqueuse, et on avale dans ces derniers cas l'eau et le marc. On en donne depuis dix à douze grains, jusqu'à trente-cinq ou quarante, selon l'âge ou le tempérament.

La saveur assez désagréable et nauséabonde de cette racine, et les efforts qu'elle produit dans l'estomac, ont fait chercher, pour lui enlever quelques-uns de ces vices, plusieurs moyens parmi lesquels on recommande la manière suivante de l'administrer : des expériences réitérées en garantissent l'efficacité.

On met huit grains de cette racine réduite en poudre très - fine, dans une tasse ordinaire ; on y ajoute de l'eau très-bouillante, environ jusqu'aux deux tiers de la tasse ; on couvre et on laisse infuser la poudre jusqu'à ce que la chaleur se soit suffisamment dissipée, pour qu'on puisse boire cette infusion sans se brûler. On décante la liqueur avec précaution, laissant le marc au fond de la tasse ; on mêle si on veut avec cette eau un peu de sucre, et encore mieux de cassonade ou de miel, et on boit par-dessus un bol de thé ou d'autre liqueur chaude appropriée : cette boisson ne manque guère d'exciter le vomissement, mais sans beaucoup d'efforts, et presque sans nausées. Si ces vomissemens n'ont pas lieu, ou paroissent trop peu copieux, on donne une heure après une dose semblable, suivie d'une troisième, en laissant aussi une heure de distance, dans le cas où les deux premières n'auroient pas produit l'effet désiré; du reste on suit la même méthode de boisson que pour les autres vomitifs.

La viscosité de cette racine est telle qu'il est nécessaire de prendre des précautions en la pilant; car il suffit assez souvent d'en triturer une ou deux livres, pour que la poussière qui s'en élève occasionne des enflures et des inflammations au visage, et sur-tout aux yeux, des difficultés de respirer, même quelquefois des crachemens de sang et des hémorragies par le nez, ainsi que des maux de gorge. Ces symptômes alarmans se dissipent d'eux-mêmes en peu de jours, ou bien on les fait cesser par une saignée légère.

Nous devons la connoissance de ce remède aux habitans du Pérou et du Brésil; ils en ont fait long-temps un secret, et ce n'est que vers le milieu du dix-septième siècle qu'on a reconnu la plante. Son usage a éprouvé bien des contradictions avant d'être employé en Europe; celui des autres vomitifs, sur-tout de l'antimoine sous différentes formes, a long-temps prévalu; mais à la fin on a reconnu que ce remède n'étoit pas moins efficace que les vomitifs employés, qu'il étoit plus doux, et qu'il possédoit plusieurs qualités et vertus particulières, et indépendantes de sa propriété vomitique : il est maintenant indiqué dans bien des cas. On en fait différentes préparations, notamment des pastilles qui réparent le délabremènt de l'estomac.

Des plantes qui nous fournissent l'ipecacuanha, l'une croît au Pérou, l'autre au Brésil ; une autre est originaire du Canada.

§ I I.

De la Filipendule.

LA FILIPENDULE, plante indigène, baccifère.

Filipendula foliis ternatis. **LIN.**
La filipendule à feuilles ternaires.

On placera après l'ipecacuanha quelques autres plantes, au nom desquelles on a ajouté celui de ce vomitif par excellence, parce qu'elles paroissent posséder une partie des mêmes vertus. Parmi ces plantes on citera l'espèce de filipendule de Linnæus, dont la racine, très-ligneuse, chargée dans sa partie supérieure d'une très-grande quantité de fibres noueuses, donne naissance à plusieurs tiges aussi ligneuses, cannelées, d'un rouge foncé, lisses et assez branchues.

Sur les rameaux nombreux de cette plante, sont placées sans ordre grand nombre de feuilles oblongues, pointues, ridées, chargées au revers d'un duvet lanugineux peu abondant, rassemblées au nombre de trois sur un pétiole commun, longues

de deux pouces, sur un de largeur vers leur milieu:
elles sont d'ailleurs finement dentelées sur leurs
bords, à peu près comme les feuilles du petit
ormeau ou du charme ; elles se terminent en
pointe ; quelquefois la même queue porte encore
deux autres feuilles, qui ont chacune un petit pétiole ; ces feuilles rassemblées donnent à la plante
l'apparence de la quintefeuille : leurs caractères
ressemblent assez à celui de l'ulmaria du Paragraphe précédent, ainsi que les rameaux qui portent
les fleurs ; mais celles-ci en diffèrent totalement.

Ces fleurs naissent dans les aisselles des feuilles,
sur de petits rameaux très-grêles ; elles ne sont
pas en très-grande quantité, et ne paroissent qu'à
l'extrémité des branches ou des rameaux. Leur
couleur est d'un blanc panaché de rouge assez
vif ; elles sont portées chacune sur un péduncule
particulier, long d'un ou tout au plus deux
pouces, et composées d'un calice d'une seule pièce,
découpé en cinq segmens : ce calice renferme cinq
pétales accompagnés de cinq étamines ·plus petites qu'eux, surmontées d'anthères longues, qui
entourent cinq embryons garnis et terminés par
autant de styles.

Le calice est persistant, et, après la chute des
pétales, il reste attaché à l'embryon, qui devient
un fruit sec ou capsule, dans laquelle sont renfermées cinq semences ou graines oblongues, pointues et disposées en rond.

Cette plante nous est indiquée comme ayant des vertus très-approchantes de celles de l'ipecacuanha, et pouvant lui être substituée.

La filipendule de Linnæus est indigène à l'Europe, où elle croît en Allemagne, et on la trouve dans plusieurs de nos départemens.

§ III.

Du Caaapia.

LE **CAAAPIA**, plante exotique, à capsule.

Radix brasiliensis, caaapia *dicta*. Pis.
Plante appelée au Brésil, *caaapia*.

Voici encore un végétal placé par ses vertus dans la classe de l'ipecacuanha : c'est une très-petite plante, très – basse, mais remarquable par ses vertus médicinales. Sa racine est peu longue, grosse à peu près comme une plume d'oie ou de cygne, quelquefois même comme le doigt, noueuse, garnie à ses côtés de filamens chevelus, longs de trois à quatre travers de doigt. Elle est d'un gris foncé et un peu noirâtre en dehors, très-blanche en dedans, presqu'insipide dans les premiers momens qu'on la tient dans la bouche, ensuite d'un goût âcre et un peu piquant.

De la racine de cette plante s'élèvent trois ou quatre petites tiges plus menues qu'elle, très-tendres, portant chacune une feuille large de deux travers de doigt, longue de trois ou quatre, d'un

vert luisant en dessus , un peu blanchâtre au revers. Ces feuilles sont garnies , en dessous et dans
toute leur longueur, d'un nerf protubérant qui se
divise en veines relevées.

La fleur, portée sur un péduncule particulier ,
est ronde , composée de plusieurs rayons, assez
semblable à la marguerite des prés (*bellis*) : elle
est garnie d'un nombre indéfini d'étamines, et
d'un ovaire qui renferme une multitude de semences arrondies , plus petites que les graines de
la moutarde.

Cette plante possède les mêmes vertus que l'ipecacuanha , mais beaucoup moins puissamment ;
on lui a donné très-improprement le même nom ,
étant d'une nature différente et d'un caractère
bien opposé : c'est un vomitif assez actif. Elle a
en outre une qualité astringente qui la rend propre
à arrêter les flux de ventre et les dyssenteries ; on
la regarde aussi comme un contre-poison d'une
vertu très-efficace pour absorber le venin des
flèches empoisonnées, et pour en appaiser les
douleurs.

Le caáapia croît au Brésil : il ne faut pas le
confondre avec le végétal appelé *caoapia* en
langue brasilienne, et dont on trouvera la description à la Quatrième Partie.

ADDITION à l'*Article du* CYNOMÈTRE *ou* TANOURA, *Tome II, Partie II, page* 282 *et suivantes.*

LE cynomètre, indigène de Madagascar, qui est le sauvage de Rumphius, a été transplanté dans l'île de France, où il réussit très-bien. Au nom de *tanoura,* sous lequel il est connu dans les deux îles, on a ajouté celui d'*arbre du vernis,* on ne sait sur quel fondement; car jusqu'à présent on n'en a obtenu aucune résine par incision à l'arbre, et le fruit n'a pas été mis en usage, pour employer à aucune espèce de vernis la substance résineuse qu'il contient.

Ce qu'il y a de certain, c'est que les protubérances qui sont un des caractères du fruit, forment autant de petites cellules remplies par une résine très-blanche, très-brillante, argentée, ou plutôt ayant l'apparence de petits cristaux, la plupart du temps arrondis. Ils sont très-friables, et se réduisent en une poussière un peu moins blanche que lorsqu'elle est conglomérée; leur odeur, très-âcre, se développe en les brûlant, et leur saveur est légérement styptique.

Les Madécasses, malgré leur ignorance, ont bien reconnu cette résine et ont su l'employer. Ils mettent dans un vase de la graisse de bœuf, et l'exposent sur le feu avec beaucoup de fruits du tanoura, parvenus à leur maturité : pendant l'ébullition, ils retournent constamment cette matière avec un bâton. La grande chaleur occasionne une raréfaction dans la résine que contiennent les cellules ; la peau fine qui la recouvre, se crève ; la substance résineuse se fond et s'incorpore à la graisse : ils passent alors cette composition pour la séparer des parties solides, et, par ce moyen, ils en obtiennent une espèce de goudron, dont ils enduisent leurs pirogues, et qu'ils prétendent contribuer à les faire durer plus long-temps.

En adoptant la méthode des Madécasses, on pourroit peut-être obtenir de ces fruits une espèce de vernis ; mais il faudroit faire bouillir ces graines dans quelqu'huile siccative ; peut-être l'amande qu'elles renferment pourroit fournir cette huile : il est certain que cette amande en contient, mais il scroit nécessaire d'employer ces graines avant leur parfaite dessiccation ; car, dans ce dernier cas, elles sont très-dures et rendent peu d'huile.

Il seroit peut-être possible d'obtenir cette résine en masse, en prenant les fruits dans leur fraîcheur, soit en employant une distillation *per descensum*, soit en les exposant purement et simplement dans un vase qu'on mettroit sur le feu ; alors cette substance pure pourroit se mêler à quelque liqueur, soit huileuse, soit spiritueuse, et, par l'emploi qu'on en feroit en guise de vernis, justifier le nom que les colons de l'île de France lui ont donné. Il seroit à désirer qu'on essayât cette expérience, ainsi que la distillation ordinaire, qui nous donneroit l'analyse chimique de ce fruit, dont on ne connoît aucune qualité.

ADDITION à l'Article du LIQUIDAMBAR.

PAGES 336 et 337. Le Liquidambar n°. 1, est le *Liquidambar Styraciflua*. LIN., et les n°°. 2 et 3 appartiennent au *Liquidambar asplenifolia*. LIN.

ERRATA DU TOME SECOND.

Page 14, ligne 7, *Arira*; *lisez* areira.
65, 21, On y trouve; *lisez* on trouve.
75, 16, Concret, gras; *lisez* concret, quoique toujours gras.
78, 22 et 23, Rameaux et alternes, sont composés; *lisez* aux rameaux, sont alternes et composées.
100, 13, A Madagascar; *lisez* à Amboine.
121, 1 et 3, *Concamedria*, etc.; *lisez cenchramidea.*
151, 4, De l'air y contenu; *lisez* qui y est contenu.
154, *ligne dernière*, On l'emploie pour marquer; *ajoutez* le linge.
177, 21, Première cueille; *lisez* première cueillette.
206, 18, Charles-Quint; *lisez* de Charlemagne.
210, 1, Ovaloïde; *lisez* ovoïde.
217, 18, Feuillés; *lisez* feuillus, *ainsi qu'aux pages* 284, 301, 317 et 345.
250, 5, *Fragrans*; *lisez flagrans.*
286, 13, Sur un peu plus de longueur d'une; *lisez* sur un peu plus d'une de longueur.
291, 9 et 10, Y contenue; *lisez* qui y est contenue.
309, 25, *Cerasiœ*; effacez l'œ.
317, 11, D'un assez beau vert, en dessus plus pâle, en dessous garnies; *lisez* d'un beau vert en dessus, plus pâle en dessous, garnies.
344, 20, *Gummus*; lisez *gummi.*
363, 20, *Terminalia Mauritaniœ*; et plus bas: Terminalia de Mauritanie; lisez *Mauritiana* et de l'île Maurice, qui est l'ancien nom de l'île de France.
413, 10, De l'aisselle à l'extrémité; *lisez* de l'aisselle et à l'extrémité.
427, 13, *Exotibue*; lisez *exotique.*

TABLE

TABLE

DES CHAPITRES

Contenus dans ce second Volume.

SUITE DE LA

SECONDE PARTIE.

Des Arbres, Arbrisseaux et Plantes qui peuvent être mis en usage pour plusieurs Arts.

SUITE DE L'ARTICLE II.

SECTION QUATRIÈME.

Des Lentisques et des Mollés.

SECTION CINQUIÈME.

Des Arecs et des Arbres fournissant le Cachou.

(429)

ARTICLE XXIV.

Du Giroflier ou Géroflier.

ARTICLE XXV.

Du Cynomètre.

TROISIÈME PARTIE.

Des Arbres, Arbrisseaux ou Plantes qui ont un rapport plus immédiat à la Médecine ; des Aromates ; et des Végétaux vénéneux.

ARTICLE PREMIER.

SECTION UNIQUE.

Des Baumes proprement dits.

§ Ier. *Des Baumes liquides.*

SECTION QUATRIÈME.

De l'Ipecacuanha, de la Filipendule et du Caaapia.

FIN DE LA TABLE DES CHAPITRES.